普通高等教育"十一五"国家级规划教材
21世纪交通版高等学校教材

工程质量控制与管理
（第二版）

邬晓光 主编
廖正环
郑南翔 主审

人民交通出版社

内 容 提 要

本书是普通高等教育"十一五"国家级规划教材、21世纪交通版高等学校教材,内容包括**质量控制原理与方法及控制技术措施**两大部分。前者由第一、第二、第三章组成,着重介绍工程控制理论、方法及工具在公路工程中的应用;后者由第四、第五、第六章组成,着力介绍道路、桥梁、隧道及交通安全与环保设施的质量控制措施。全书系统性强,内容新颖,方法科学,案例丰富,通俗易懂。

本书可作为道路工程、桥梁工程、隧道工程、工程管理等专业的必修或选修教材,亦可作为有关院校师生的教学参考书,对公路工程建设各个部门的技术管理人员也有参考意义。

图书在版编目(CIP)数据

工程质量控制与管理/邬晓光主编. —2版. —北京:人民交通出版社,2011.6
 ISBN 978-7-114-09116-2

Ⅰ.①工… Ⅱ.①邬… Ⅲ.①工程质量–质量管理–高等学校–教材 ②工程质量–质量控制–高等学校–教材 Ⅳ.①TU712

中国版本图书馆CIP数据核字(2011)第092459号

 普通高等教育"十一五"国家级规划教材
 21世纪交通版高等学校教材

书　　名:	工程质量控制与管理(第二版)
著 作 者:	邬晓光
责任编辑:	沈鸿雁　郑蕉林
出版发行:	人民交通出版社股份有限公司
地　　址:	(100011)北京市朝阳区安定门外外馆斜街3号
网　　址:	http://www.ccpress.com.cn
销售电话:	(010) 59757973
总 经 销:	人民交通出版社股份有限公司发行部
经　　销:	各地新华书店
印　　刷:	北京市密东印刷有限公司
开　　本:	787×1092　1/16
印　　张:	16
字　　数:	387千
版　　次:	2005年1月　第1版　2011年6月　第2版
印　　次:	2019年7月　第5次印刷
书　　号:	ISBN 978-7-114-09116-2
定　　价:	30.00元

(有印刷、装订质量问题的图书由本社负责调换)

21 世纪交通版
高等学校教材(公路与交通工程)编审委员会

顾　　　问：王秉纲　（长安大学）
主 任 委 员：沙爱民　（长安大学）
副主任委员：(按姓氏笔画排序)
　　　　　　王　炜　（东南大学）
　　　　　　陈艾荣　（同济大学）
　　　　　　徐　岳　（长安大学）
　　　　　　梁乃兴　（重庆交通大学）
　　　　　　韩　敏　（人民交通出版社）
委　　　员：(按姓氏笔画排序)
　　　　　　马松林　（哈尔滨工业大学）
　　　　　　王殿海　（吉林大学）
　　　　　　叶见曙　（东南大学）
　　　　　　石　京　（清华大学）
　　　　　　向中富　（重庆交通大学）
　　　　　　关宏志　（北京工业大学）
　　　　　　何东坡　（东北林业大学）
　　　　　　陈　红　（长安大学）
　　　　　　邵旭东　（湖南大学）
　　　　　　陈宝春　（福州大学）
　　　　　　杨晓光　（同济大学）
　　　　　　吴瑞麟　（华中科技大学）
　　　　　　陈静云　（大连理工大学）
　　　　　　赵明华　（湖南大学）
　　　　　　项贻强　（浙江大学）
　　　　　　郭忠印　（同济大学）
　　　　　　袁剑波　（长沙理工大学）
　　　　　　黄晓明　（东南大学）
　　　　　　符锌砂　（华南理工大学）
　　　　　　裴玉龙　（哈尔滨工业大学）
　　　　　　颜东煌　（长沙理工大学）
秘 书 　长：沈鸿雁　（人民交通出版社）

总 序

当今世界,科学技术突飞猛进,全球经济一体化趋势进一步加强,科技对于经济增长的作用日益显著,教育在国家经济与社会发展中所处的地位日益重要。进入新世纪,面对国际国内经济与社会发展所出现的新特点,我国的高等教育迎来了良好的发展机遇,同时也面临着巨大的挑战,高等教育的发展处在一个前所未有的重要时期。其一,加入 WTO,中国经济已融入到世界经济发展的进程之中,国家间的竞争更趋激烈,竞争的焦点已更多地体现在高素质人才的竞争上,因此,高等教育所面临的是全球化条件下的综合竞争。其二,我国正处在由计划经济向社会主义市场经济过渡的重要历史时期,这一时期,我国经济结构调整将进一步深化,对外开放将进一步扩大,改革与实践必将提出许多过去不曾遇到的新问题,高等教育面临加速改革以适应国民经济进一步发展的需要。面对这样的形势与要求,党中央国务院提出扩大高等教育规模,着力提高高等教育的水平与质量。这是为中华民族自立于世界民族之林而采取的极其重大的战略步骤,同时,也是为国家未来的发展提供基础性的保证。

为适应高等教育改革与发展的需要,早在 1998 年 7 月,教育部就对高等学校本科专业目录进行了第四次全面修订。在新的专业目录中,土木工程专业扩大了涵盖面,原先的公路与城市道路工程,桥梁工程,隧道与地下工程等专业均纳入土木工程专业。本科专业目录的调整是为满足培养"宽口径"复合型人才的要求,对原有相关专业本科教学产生了积极的影响。这一调整是着眼于培养 21 世纪社会主义现代化建设人才的需要而进行的,面对新的变化,要求我们对人才的培养规格、培养模式、课程体系和内容都应作出适时调整,以适应要求。

根据形势的变化与高等教育所提出的新的要求,同时,也考虑到近些年来公路交通大发展所引发的需求,人民交通出版社通过对"八五"、"九五"期间的路桥及交通工程专业高校教材体系的分析,提出了组织编写一套 21 世纪的具有鲜明交通特色的高等学校教材的设想。这一设想,得到了原路桥教学指导委员会几乎所有成员学校的广泛响应与支持。2000 年 6 月,由人民交通出版社发起组织全国面向交通办学的 12 所高校的专家学者组成 21 世纪交通版高等学校教材(公路类)编审委员会,并召开第一次会议,会议决定着手组织编写土木工程专业具有交通特色的**道路专业方向、桥梁专业方向以及交通工程专业**教材。会议经过充分研讨,确定了包括**基本知识技能培养层次、知识技能拓宽与提高层次**以及**教学辅助层次**在内的约 130 种教材,范围涵盖**本科**与**研究生用**教材。会后,人民交通出版社开始了细致的教材编写组织工作,经过自由申报及专家推荐的方式,近 20 所高校的百余名教授承担约 130 种教材的主编工作。2001 年 6 月,教材编委会召开第二次会议,全面审定了各门教材主编院校提交的教学大纲,之后,编写工作全面展开。

21 世纪交通版高等学校教材编写工作是在本科专业目录调整及交通大发展的背景下展开的。教材编写的基本思路是:(1)顺应高等教育改革的形势,专业基础课教学内容实现与土木工程专业打通,同时保留原专业的主干课程,既顺应向土木工程专业过渡的需要,又保持服务公路交通的特色,适应宽口径复合型人才培养的需要。(2)注重学生基本素质、基本能力的培养,为学生知识、能力、素质的综合协调发展创造条件。基于这样的考虑,将教材区分为二个主层次与一个辅助层次,即基本知识技能培养层次与知识技能拓宽与提高层次,辅助层次为教学参考用书。工作的着力点放在基本知识技能培养层次教材的编写上。(3)目前,中国的经济发展存在地区间的不平衡,各高校之间的发展也不平衡,因此,教材的编写要充分考虑各校人才培养规格及教学需求多样性的要求,尽可能为各校教学的开展提供一个多层次、系统而全面的教材供给平台。(4)教材的编写在总结"八五"、"九五"工作经验的基础上,注意体现原创性内容,把握好技术发展与教学需要的关系,努力体现教育面向现代化、面向世界、面向未来的要求,着力提高学生的创新思维能力,使所编教材达到先进性与实用性兼备。(5)配合现代化教学手段的发展,积极配套相应的教学辅件,便利教学。

教材建设是教学改革的重要环节之一,全面做好教材建设工作,是提高教学质量的重要保证。本套教材是由人民交通出版社组织,由原全国高等学校路桥与交通工程教学指导委员会成员学校相互协作编写的一套具有交通出版社品牌的教材,教材力求反映交通科技发展的先进水平,力求符合高等教育的基本规律。各门教材的主编均通过自由申报与专家推荐相结合的方式确定,他们都是各校相关学科的骨干,在长期的教学与科研实践中积累了丰富的经验。由他们担纲主编,能够充分体现教材的先进性与实用性。本套教材预计在二年内完全出齐,随后,将根据情况的变化而适时更新。相信这批教材的出版,对于土木工程框架下道路工程、桥梁工程专业方向与交通工程专业教材的建设将起到有力的促进作用,同时,也使各校在教材选用方面具有更大的空间。需要指出的是,该批教材中研究生教材占有较大比例,研究生教材多具有较高的理论水平,因此,该套教材不仅对在校学生,同时对于在职学习人员及工程技术人员也具有很好的参考价值。

21世纪初叶,是我国社会经济发展的重要时期,同时也是我国公路交通从紧张和制约状况实现全面改善的关键时期,公路基础设施的建设仍是今后一项重要而艰巨的任务,希望通过各相关院校及所有参编人员的共同努力,尽快使全套21世纪交通版高等学校教材(公路类)尽早面世,为我国交通事业的发展做出贡献。

21世纪交通版
高等学校教材(公路类)编审委员会
人民交通出版社
2001年12月

第二版前言

随着我国对公路基础设施特别是对高速公路建设投资力度的增大,公路工程建设在不断开创新的局面。因此,既懂公路工程技术又善于工程管理的复合人才是道路桥梁与渡河工程、土木工程(道路方向、隧道方向)及工程管理专业本科生的培养目标。本书是根据公路类教材《工程质量控制与管理》编写大纲编写的,教学计划按 30~40 学时编写,其内容由工程质量控制原理与方法(第一~第三章)及控制技术措施(第四~第六章)两大部分组成。从公路工程整体而言,工程质量控制与管理由政府监督、社会监理、建设单位、施工单位等多方共同进行,本教材定位在施工单位对公路工程质量的直接控制与管理。

本书在 2008 年被评为"普通高等教育'十一五'国家级规划教材"。随着国内外一些标准和规范的修订与完善,如《公路沥青路面设计规范》(JTG D50—2006)、国际 9000 族标准(ISO9001,2008 年版)等的颁布实施,本教材也随之进行了调整与修改。修订后本书共 6 章,内容包括质量控制原理与方法及控制技术措施两大部分。前者由第一~三章组成,重点介绍工程控制理论、方法及其工具在公路质量控制与管理中的应用;后者由第四~六章组成,着力介绍公路专业工程质量控制技术措施。

本书由长安大学公路学院邬晓光主编,邬晓光编写了第一章、第二章、第三章、第五章和第六章,张嘎吱编写第四章。全书由重庆交通大学廖正环和长安大学公路学院郑南翔主审。教材编委会和人民交通出版社领导及编辑为本书的出版付出了辛勤的劳动,谨在此表示诚挚的感谢。书中参考了大量文献,无论是否列出,在此一并表示衷心感谢和敬意。

由于编者水平有限,书中错漏在所难免,敬请读者批评指正。来函请寄:
西安市南二环中段长安大学公路学院　邬晓光
邮编:710064
电话:029-82334455
E-mail:wxgwst.cn@126.com

邬晓光
2011 年 2 月于西安

第一版前言

随着我国对公路基础设施特别是对高速公路建设投资力度的增大,公路工程建设出现了前所未有的发展局面。因此,既懂公路工程技术又善于工程管理的复合型人才是公路、桥梁、隧道及工程管理专业本科生的培养目标。为此,面向21世纪交通版高等学校教材编审委员会研究确定编写该教材。本书正是根据该委员会审定的《工程质量控制与管理》编写大纲编写的,教学计划按30~40学时讲授,其内容由工程质量控制原理与方法(第一~第三章)及控制技术措施(第四~第六章)两大部分组成。从公路工程整体而言,工程质量控制与管理由政府监督、社会监理、建设单位、施工单位等多方共同进行,本教材定位在施工单位对公路工程质量的直接控制与管理。

本书共6章,前3章具体内容包括绪论、全面质量管理、质量控制技术及应用等,重点介绍工程质量控制理论、方法及其工具在公路质量控制与管理中的应用;后3章路基与路面工程、桥梁与隧道工程、安全设施及环境保护等质量控制与管理,着力介绍公路专业工程质量控制技术措施。本书由长安大学公路学院邬晓光主编并编写第一章、第二章、第三章、第五章和第六章,张嘎吱编写第四章,由重庆交通学院廖正环教授主审。教材编委会和人民交通出版社领导及编辑为本书的出版付出了辛勤的劳动,谨在此表示诚挚的感谢。书中参考了大量文献,无论是否列出,在此一并表示衷心感谢和敬意。

由于编者水平有限,书中错漏在所难免,敬请读者批评指正。来函请寄:

西安市南二环中段长安大学公路学院

邮编:710064

电话:029-82334455

E-mail:wxgwst.cn@126.com

邬晓光

2004年9月于西安

目 录

第一章 绪论 1
  第一节 工程质量控制与管理概论 1
  第二节 质量保证体系的建立和运行 4
  第三节 质量管理阶段的划分及内容 7
  第四节 公路工程质量管理的主要内容 9
  第五节 学习本课程的目的和任务 13

第二章 全面质量管理 16
  第一节 概述 16
  第二节 全面质量管理保证体系 20
  第三节 全面质量管理的一般统计方法 25

第三章 质量控制技术及应用 35
  第一节 工程质量管理数理统计 35
  第二节 直方图法及应用 40
  第三节 管理图法及应用 48
  第四节 相关图法及应用 56
  第五节 质量控制七种新工具简介 66

第四章 路基与路面工程质量控制与管理 80
  第一节 路基土石方工程 80
  第二节 排水及支挡防护工程 89
  第三节 软土地基处理 102
  第四节 路面基层及底基层 117
  第五节 沥青类和水泥混凝土面层 132

第五章 桥梁与隧道工程质量控制与管理 152
  第一节 桥梁基础施工 152
  第二节 桥梁墩台施工 175
  第三节 梁(拱)桥上部浇筑与砌筑施工 181
  第四节 梁(拱)桥装配施工 190
  第五节 索结构施工 210
  第六节 桥面系施工 218
  第七节 隧道工程施工 221

第六章 安全设施及环保质量控制与管理 232
  第一节 交通安全设施 232
  第二节 工程环保质量控制标准 235
  第三节 公路施工期环保要求 238
  第四节 绿化工程 240

参考文献 242

第一章 绪 论

第一节 工程质量控制与管理概论

一、工程质量控制与管理的重要性

在公路工程建设项目中,质量控制与管理是工程建设的关键内容。工程任何一个部位、任何一个环节出现质量问题,都会给工程的整体质量带来严重的后果,直接影响到公路的使用效益,甚至会导致返工重建,造成巨大的经济损失。因此,工程质量控制与管理是贯穿公路工程建设整个过程的活动。

1. 工程质量的概念

(1) 质量

国家标准(GB/T 19000)和国际标准(ISO 9001,2008年版)对质量的定义是"一组固有特征满足要求的程度。"该定义中"固有的"就是指某事或某物本来就有的,尤其是那种永久的特性;"要求"是指"明示的、通常隐含的或必须履行的需要或期望,"而"通常隐含"是指组织、顾客和其他相关方的惯例或一般做法,所考虑的需要或期望是不言而喻的。质量不仅是指产品质量,也可以是某项活动或过程的工作质量,还可以是质量管理体系运行的质量。

(2) 产品质量

产品质量是指满足人们在生产及生活中所需的使用价值及其属性,体现为产品的内在和外观的各种质量指标。根据质量的定义,产品质量可从两个方面予以理解:第一,产品质量的高低和好坏是根据产品所具备的质量特性能否满足人们需要及满足程度来衡量的;第二,产品质量具有相对性,一方面对有关产品所规定的质量要求及标准等会随时间、条件而变化,另一方面满足期望的程度由于用户的要求程度不同,也会因人而异。

(3) 工程项目质量

工程项目质量包括工程产品实体和服务这两类特殊产品的质量。其中工程实体作为一种综合加工的产品,它的质量是指建筑工程产品适合于某种规定的用途,满足人们要求所具备的质量特性的程度;而"服务"是一种无形的产品,服务质量是指企业在推销前、销售时、售后服务过程中满足用户要求的程度。其质量特性依服务业内不同行业而异,但一般包括:服务时间、服务能力、服务态度等。

结合公路工程施工项目的特点,即招标投标、投资额大、生产周期长,因此服务质量同样是工程项目质量中的主要因素之一。公路行业的服务质量既可以是定量的,也可以是定性的,例如施工工期是定量的,而现场布置、与现场监理之间的协作配合、工程竣工后的保修等则是定性的。

(4) 工作质量

工作质量是指参与工程的建设者,为了保证工程项目质量所从事工作的水平和完善程度,工作质量包括社会工作质量、生产过程工作质量等,它是质量的广义内容。工作质量不像产品质量那样直观，它体现在整个企业的一切技术和管理活动之中，并通过生产过程中的工作效率、工作成果、经济效益和产品质量集中表现出来。

多年的施工技术经验表明，要保证公路施工生产处于较高的工作质量水平，必须从人(man)、材料(material)、设备(machine)、方法(method)和环境(environment)这五大要素着手，简单称为"4M1E"。因此，要想确保工程质量，就必须要求有关部门和全体人员精心工作，对决定和影响工程质量的所有因素严加控制，即通过工作质量来保证和提高工程质量。

(5) 三阶段质量控制与管理

质量控制与管理贯穿于公路工程建设生命的全过程，其主要内容包括设计阶段、施工阶段和运营阶段的质量控制与管理。三者是相辅相成的，设计阶段的质量控制与管理不仅可以优化设计参数，而且可以尽可能地保证设计图纸没有错误，减少设计变更，使设计更趋于合理，为下阶段的施工控制提供明确的目标；施工阶段的质量控制与管理是关键内容，科学的施工控制是实现设计目标的可靠保证，也是今后公路运营阶段安全可靠的保障，是为运营阶段的质量控制与管理奠定基础；运营阶段的控制是前两者的延续，通过公路运营安全性和耐久性综合监测，为今后的工程质量控制与管理提供改进意见。

2. 工程质量的特征

质量特征是人们对质量的要求，它包括以下方面的含义：

(1) 适用性，即适合使用的性能，反映内在和外观质量。

(2) 寿命，即能使用的期限。

(3) 可靠性，即使用期限内的耐用程度。

(4) 安全性，即使用时的人身、环境等危害的程度或有无危害。

(5) 经济性，即效率高，成本低，养护费少。

质量特性分类一般为直接定性和间接定性。前者可用测试仪器、工具来直接测定，如强度、厚度等；后者只能用目测、手感、体验来确定，或者用测定某些个别特性来间接确定，如舒适、美观等。

3. 工程质量控制与管理的意义

多年来，我国一直贯彻执行"百年大计、质量第一"的建设方针，质量管理取得了巨大成就，并积累了宝贵经验，这对建立和发展社会主义市场经济和扩大对外开放发挥了重要作用。

随着改革开放的不断深入和发展，质量管理工作已经越来越为人们所重视，企业领导清醒地认识到了高质量的产品和服务是市场竞争的有效手段，是争取用户、占领市场和发展企业的根本保证。虽然我国的工程质量和服务质量的总体水平在不断提高，但是与国民经济发展水平和国际水平相比，仍有很大的差距，因此提高工程质量控制与管理水平，是建筑企业走向国际市场的前提。

工程项目是一种涉及面广、建设周期长、影响因素多的建设产品。由于其自身具备的群体性、固定性、协作性、复杂性和预约性等特点，决定了工程质量难以控制的特点。要想获得理想的、满足用户使用要求的建设产品，并在额定的使用寿命期发挥其作用，就必须加强工程项目的质量控制与管理。如果工程质量差，不但不能发挥应有的作用，而且还会因质量、安全等问题影响到国家和人身财产的安全。如云南昆禄公路，1998年5月，在未经验收的情况下就开放了交通，通车18天后，局部路段路基边坡发生了大量塌方、滑坡，造成国家财产损失的累计长度达7.39km。如在全国普遍存在一个现象，新建道路运行1~2年内，就出现严重病害，须得开膛破肚的大修，这都是质量不过硬的具体表现。又如浙江省的一座桥龄为四年的新桥，因质量控制不严格，2009年12月检测时出现严重病害：东侧桥头沉降约20cm，引桥路面和桥面明显错开，多个承重支座脱空滑移严重需要更换，主桥连接桥面墩顶处出现横向贯通裂缝，裂缝直接导致桥面雨水渗透到桥底。

工程质量的控制与管理,还直接影响到国家基础设施的建设速度。工程质量差本身就是最大的浪费,低劣的质量一方面需要大量增加返工、加固、补强等人工和材料消耗,另一方面还给用户增加使用过程中的修理、改造费用。同时,质量的低劣必然缩短工程的使用寿命,使用户遭受经济损失。此外,质量低劣还会产生其他的间接损失,给国家和使用者造成的浪费、损失将会更大。

二、工程质量管理发展简史

随着科学技术的发展和市场竞争的需要,以及人们对质量要求的不断提高,质量管理逐步发展成为一门新兴的学科。一些工业发达国家质量管理的实践表明,质量管理大致经历了质量检验、统计质量管理和全面质量管理以及质量管理标准的形成等多个发展阶段。

1. 质量检验

质量检验阶段大约诞生于20世纪20年代,当时由于生产力的发展,机器大生产的方式与手工作业的经验管理制度的矛盾,阻碍了生产力的发展,于是出现了质量管理的革命。美国的泰勒研究了大工业生产的管理实践,创立了科学质量管理的新理论,即企业中设"专职"的质量检验部门和人员,从事质量检验。这个阶段的质量管理主要是靠事后把关,其特点是质量单纯依靠事后检查,剔除废品,它对防止不合格产品出厂或流入下道工序具有积极意义,但它的管理效能有限。按现在的工程质量管理观点来看,工程质量的检查与验收仍在执行这种管理方法。要想达到工程建设质量的预期目标,这种事后把关制度仍然是一个必不可少的环节。

1924年,美国统计学家休哈特提出了"预防缺陷"的概念。他认为质量管理工作除事后检查外,还应做到事先预防,在出现不合格产品的苗头时,就应发现并及时采取措施予以制止。他还创造了统计质量控制图预防质量事故的理论。与此同时,还有一些统计学家提出质量管理的抽样检验法。这些统计方法由于当时不为人们充分认识和理解,所以在实践中未得到真正应用。

2. 统计质量管理

第二次世界大战初期,即20世纪40年代,由于战争的需要,美国的许多民用生产企业转为军备用品生产。由于缺乏事先控制产品质量的经验,生产中出现了大量的次品,而且质量检验大多属于破坏性检验,因此不可能对全部产品进行事后检验。于是人们采用了休哈特的"预防缺陷"的理论,采用质量统计法,并制订了一系列美国战时质量管理方法。这套方法主要采用统计质量控制图,采用预防和检查相结合的方法,使产品不合格率大为下降,在保证产品质量方面取得了良好的效果。

统计质量管理方法,通过分析生产中可能影响产品质量的因素和环节,把单纯的质量检验变成了过程管理,使质量管理从"事后"转到了"事中",较质量检验阶段迈进了一大步。但统计质量阶段过分强调少数数理统计人员的作用,忽略了广大生产和管理人员的作用,其结果既没有充分发挥数理统计方法的作用,又影响了管理功能的发展。到20世纪50年代,人们认识到统计质量方法不能全面保证产品质量,从而导致了"全面质量管理"新阶段的出现。

3. 全面质量管理

全面质量管理是质量管理的第三阶段,从20世纪50年代末、60年代初开始。全面质量管理的基本思想是把专业技术、经营管理、数理统计和思想教育结合起来,建立起产品的研究设计、生产制造、售后服务等一整套质量保证体系,从而用最经济的手段,生产出用户满意的产品。基本核心是强调以提高人的工作质量,保证工序质量,确保产品质量,达到全面提高企业和社会效益的目的。其基本特点是从过去的事后检验把关为主,变为预防、改进为主,从管结果变成管因素,把影响质量问题的诸因素全部找出来,并分析主要因素,抓主要矛盾,发动全员、全部门参与管理,依靠科学理论、程序、方法,使生产、经营的全过程都处于受控状态。

由此可见,全面质量管理的理论和方法,它不是全面否定前两阶段的传统质量管理,而是继承和发扬了传统质量管理方法,并在深度和广度上都向前发展了。

我国自1978年开始从日本引进全面质量管理,作为质量管理四大支柱之一的QC(质量控制)小组同时被引入。从历年QC小组注册登记的数量来看,自20世纪80年代初开始,每年以超过20%的速度递增,到90年代中期以后,一直维持在150万至170万个之间。QC小组活动范围不断拓展,由机械行业迅速发展到电子、纺织、轻工、冶金、煤炭、国防工业、化工、建筑、石油、电信、电力、铁路、商业、民航等行业。QC小组活动成果亦是从无到有,活动程序从模仿发展到质量研究、诊断与评估,由重结果向重过程转变,注重PDCA的循环活动,注重用数据说话,以事实为依据,更加重视解决质量问题的科学性和合理性。

4. 质量保证标准的形成

质量检验、统计质量管理和全面质量管理三个阶段的质量管理理论和实践的发展,促使各国制订了国家标准和企业标准,以适应全面质量管理的需要。为了加强国际间的技术合作、统一国际质量工作语言,制订共同遵守的国际规范,在总结发达国家质量管理经验的基础上,于20世纪70年代末,国际标准化组织(ISO)制订了国际通用的质量保证标准。于1987年3月制订并颁布了ISO 9000系列质量保证标准,其中ISO为国际标准化组织,9000为质量保证的系列标准编号,或称为1987版ISO 9000系列国际标准,现在使用的是2008年版ISO 9000族标准。

2008年版的ISO 9000与全面质量管理比较既有相同点,又有不同点。

(1)相同点

①质量宗旨均是为了顾客满意;

②质量目标十分明确;

③强调建立完整的质量体系;

④强调程序化、规范化管理;

⑤强调培训教育;

⑥注意预防为主,不断改进;

⑦强调过程控制;

⑧重视领导作用;

⑨强调应用统计技术工具。

(2)不同点

①全面质量管理(TQC)强调广义质量,而ISO 9000是仅与产品有关的质量;

②TQC是以人为中心的质量管理,而ISO 9000是以标准为基础的质量管理;

③TQC追求超过用户期望,但ISO 9000要求符合标准;

④TQC重在信誉,而ISO 9000重在证据;

⑤TQC强调经营哲学,而ISO 9000是固定的质量体系模式;

⑥TQC注意激励创造性,ISO 9000要求遵守程序文件。

第二节 质量保证体系的建立和运行

我国于2008年修正了等同采用2008年版国际标准GB/T 19000—ISO 9000《质量管理和

质量保证》的系列标准。该标准由四项核心标准组成,1994 年版标准的其他内容转换成技术报告或小册子,如表 1-1 所示。

2008 版 ISO 9000 族标准的构成 表 1-1

核 心 标 准	其 他 标 准
ISO 9000:质量管理体系——基本原理和术语 ISO 9001:质量管理体系——要求 ISO 9004:质量管理体系——业绩改进指南 ISO 19011:质量和环境审核指南	ISO 10012:测量设备质量保证要求
技 术 报 告（TR）	小 册 子
ISO/TR 10006:项目管理指南 ISO/TR 10007:技术状态管理指南 ISO/TR 10013:质量管理体系文件指南 ISO/TR 10014:质量经济性指南 ISO/TR 10015:教育和培训指南 ISO/TR 10017:统计技术在 ISO 9001 中的应用	质量管理原理、选择和使用指南 ISO 9001 在小型企业的应用

以上系列标准可以帮助企业建立、完善质量体系,提高质量意识和质量保证能力,开展内部与外部质量保证活动,从而提高管理素质和市场经济条件下的竞争能力。

一、建立质量体系的基础工作

2008 年版 GB/T 19000—ISO 9000 族标准运用过程控制原理、系统理论将质量管理法规化、文件化、规范化。其中 GB/T 19004《质量管理体系 业绩改进指南》标准对企业建立质量体系明确了几项基础工作:即确立质量环、完善质量体系结构、质量体系文件化,定期审核质量和质量体系的评价。

1. 确定质量环

质量环是从产品立项到使用过程各个阶段中影响质量的相互作用活动的概念模式,包括市场调研、设计、采购、售后服务等阶段,构成了产品形成与使用的过程。

GB/T 19004 标准给定了通用的典型质量环,将产品质量划分为 11 个阶段,即:

(1)营销和市场调研。

(2)设计/规范的编制和产品开发。

(3)采购。

(4)工艺策划和开发。

(5)生产制造。

(6)检验、试验和检查。

(7)包装和储存。

(8)销售和分发。

(9)安装和运行。

(10)技术服务和维护。

(11)用后处理。

对建筑施工企业而言,其特定的产品是工程,依据 GB/T 19004 标准质量环,对照施工程序,建筑施工企业质量环则由以下 8 个阶段组成:

(1)工程调研和任务承包。

(2)施工准备工作。

(3)材料、设备采购。

(4)施工生产。

(5)试验与检查。

(6)建筑物功能试验。

(7)竣工交验。

(8)回访与保修。

2.完善质量体系结构

根据GB/T 19004标准规定,企业决策层和管理层要负责质量体系的建立,并完善质量体系的结构,使质量体系得以有效地运行。一般一个企业只有一个质量体系,其基层单位的质量管理和质量保证活动只能是企业的组成部分,是企业质量体系的具体表现。这样通过相应的组织机构网络,充分发挥质量职能的有效控制,使企业质量体系达到预期的目标。

3.质量体系文件化

质量体系文件化是一项重要的基础工作。质量环和产品体系结构等各项工作必须制订质量管理文件,并得以有效的贯彻与实施。

质量体系文件内容在GB/T 19004标准中作了详细规定,主要包括总则、质量手册、文件控制和记录控制等几项分类文件。而2008年版GB/T 19004中,质量管理体系的"文件",在提高质量体系和过程的有效性和效率方面给予了综合性的指导。

4.定期审核质量

为了检验质量体系的实施效果是否达到了企业规定的目标,相应的管理人员应制订企业内部质量审核计划,定期进行质量体系审核。

审核质量体系的内容如下:

(1)组织机构。

(2)管理程序和工作程序。

(3)人员、装备和器材。

(4)工作区域、作业和过程。

(5)确定制品是否符合规范和有关标准。

(6)文件、报告和记录等。

质量体系审核由企业内部能胜任管理工作的人员对体系各项活动,即对质量体系运行中各种文件的实施程序及产品质量水平进行符合性评价。该项工作要求这些审核人员应独立于被审核的部门和活动范围之外。

5.质量体系评价

质量体系评价是由企业上层领导亲自组织,对质量体系、质量方针、质量目标等工作展开的适合性评审。

质量体系评价的内容与质量体系审核的工作范围相同,但与质量体系审核不同的是,质量体系评价侧重于体系的适合性,且评价活动由企业领导直接组织;另外,质量体系审核时主要精力放在工作计划是否落实、实施效果如何,而质量体系评价重点为该体系的计划、结构是否合理有效,尤其是结合市场及社会环境,进行企业情况全面分析,一旦发现不足,就应对其体系结构、质量目标、质量政策提出改进意见,要求企业管理者采取必要的措施,使质量体系达到企业规定的目标。

二、质量体系的运行程序

1.建立质量体系的程序

根据国际标准2008年版ISO 9000、国家标准GB/T 19000,建立一个新的质量体系的工作程序如下:

(1)企业领导决策:领导亲自组织、实践和统筹安排,是建立好质量体系的首要条件。

(2)编制工作计划:即进行培训教育、体系分析、职能分配、文件编制、配备仪器设备等工作内容。

(3)分层次教育培训:组织学习ISO族国际、国内标准,结合企业特点,研究与本职工作有直接影响的要素,提出质量要素控制的办法。

(4)分析企业特点:结合企业的特点和具体情况,确定采用哪些质量要素控制方法和程序。

(5)落实各项要素:企业在选好合适的控制质量要素后,再进行二级要素分析,制订实施二级要素所必需的质量活动计划,并把各项质量活动落实到具体部门或个人。

(6)编制质量体系文件:按文件作用分为法规性和见证性两类,前一类是规定各项质量活动的要求、内容和程序的文件,后一类是用以表明质量体系的运行情况和证实有效性的文件。

2.质量体系的运行

质量体系的有效运行是依靠体系的组织机构进行组织协调、实施质量监督、开展信息反馈,进行质量体系审核等程序的实现。

(1)组织协调:其工作是维护质量体系运行的动力,就公路施工企业而言,计划部门、施工班组、技术部门、试验部门、测量部门、检查部门都必须在目标、分工、时间等方面协调一致,责任范围内不能出现空当,保持体系的连续性。

(2)质量监督:其任务是对工程实体进行连续性监视和验证,发现质量偏差,要求企业采取纠正措施,严重时责令其停工整顿,使工程质量符合标准所规定的要求。

(3)质量信息管理:在质量体系运行中,通过质量信息反馈系统对信息进行反馈处理,从而使工程实体质量处于受控状态。

(4)质量体系评审:其评审内容包括三个方面:一是评审质量体系要素;二是对体系进行管理;三是评价质量体系对环境的适应性。开展质量体系评审是保证质量体系持续有效运行的主要手段。

第三节 质量管理阶段的划分及内容

从整体而言,工程质量管理是由政府机构、建设单位、施工单位及社会监理等共同进行的控制工作。本教材仅介绍施工单位对工程质量的直接控制与管理,因此本节只讨论施工质量管理阶段的划分及内容。

施工质量管理应包括施工准备、施工过程和保修过程的质量管理三个组成部分。施工准备阶段、施工阶段和工程保修阶段质量管理都有它的基本内容,下面分别介绍各阶段质量管理的工作内容。

一、施工准备阶段质量管理

施工准备阶段质量管理工作的主要内容如下。

1. 熟悉和审查施工图纸

施工图设计图纸是工程施工的依据,因此,要保证施工质量首先要学习和熟悉施工图设计图纸,了解设计意图。同时,通过熟悉和审查施工图,也可以发现设计中可能存在的差错,或者不便施工和难以保证施工质量之处,并申请办理变更设计手续,为工程项目施工创造有利于施工质量的条件。

2. 编制施工组织设计

施工组织设计是施工过程中的总计划,是遵守经济合同、保证工程质量、有计划有秩序地进行施工的重要组织措施和技术、质量保证的先决条件。

3. 材料、预制构件、半成品等的质量检验

施工单位必须建立和健全试验机构,充实试验人员,认真做好原材料、半成品、构件和设备的检验工作。凡没有合格证明,材料或设备性能不清的,一定要严格按设计要求和规范要求进行检验,未经检验的设备不得安装或投入生产,不合格的材料、半成品、构件不得使用。

4. 施工机械设备检修

现代工程施工中,随着施工机械化程度的提高,机械化施工将逐步代替繁重的体力劳动。为了保证机械施工的工程质量,施工单位必须做好施工机械设备检修工作,以便工程开工时保持机械设备的完好和精度。

5. 建立施工质量控制系统

制订施工现场质量管理制度、现场质量检查验收制度、现场质量会议制度和质量统计报表制度以及工程质量事故处理制度。制订与完善质量保证体系,建立和健全质量管理组织机构,落实领导干部和工人在质量管理中的职责和权限,为施工阶段质量管理提供重要保证。

二、施工阶段质量管理

施工阶段质量管理是控制施工质量的重要过程,这个阶段质量管理工作的主要内容有以下 4 方面。

1. 施工技术交底

做好施工技术交底工作,严格按照施工图设计图纸和施工规范及操作规程的要求进行施工。技术交底工作的目的是使参加施工的技术人员和工人,明白所承担任务的特点、技术要求、施工工艺及操作规程等,做到心中有数,有利于保证并提高施工质量,有利于顺利完成施工任务。施工图设计图纸和施工规范、操作规程,是对施工方法进行指导和控制,对施工质量及其检查验收标准作出规定的法令性文件,为了确保工程质量,施工中必须严格执行这些技术标准、技术规范和操作规程。

2. 质量检查与验收

进行施工质量检查和验收,保证和不断提高工程质量,必须贯彻执行质量检查与验收制度,加强对施工过程中各个环节的质量检查。对于已完的分部、分项工程,特别是隐蔽工程进行验收,不合格的工程不得交工使用,该返工的必须坚决返工,不留隐患。上道工序不合格,下道工序就不得施工。对工序质量容易波动、常见的质量通病,对工程质量影响较大的关键工序,检测手段或检验技术比较复杂,靠自检、互检不能保证质量的工序和最后交工前的检查更要特别注意质量检验。质量检验应以专职检验与群众检验相结合,并以专职检验为主,不过由于公路施工工序十分复杂,每一道工序都要依靠专职人员检查质量难以做到,而且,施工质量的好坏,归根到底还是取决于参加施工的工人,因此,除设专职检查人员外,还要发动工人参加自检、互检和工序

交接检查验收,这对保证质量是十分重要的,也符合全面质量管理的含义。

3. 质量分析

工程质量检查验收终究是事后的,仅起质量把关作用,即使发现了问题,事故也已经发生,浪费已经造成。所以质量管理工作必须在事故发生之前进行,防患于未然,才能发挥更大的作用。通过质量检验可以获得大量的反映质量问题的数据,采用质量管理数据统计方法对这些数据进行质量分析,就可找出产生质量缺陷的种种原因,采取相应预防措施,尽可能地把质量问题消除在其出现之前,使不合格产品数量和因返工或修理的工料费用损失降到最低限度。

4. 文明施工

按照施工组织设计的要求执行施工计划,并按施工程序要求进行先后施工,认真做好各项施工准备工作,做好施工现场平面布置与管理,保证施工现场的良好施工秩序和整齐清洁的施工环境,对保证和提高工程质量也具有重要意义。

三、保修期间质量管理

从保修期到工程整个寿命使用过程是考核工程实际质量的过程。工程使用阶段的质量管理是企业施工质量管理的归宿点,又是企业施工质量管理的出发点,因此,企业施工质量管理必须从现场施工过程延伸到一定期限的使用过程。

对施工企业而言,工程保修阶段的质量管理有以下两项内容。

1. 工程回访

及时或者定期回访,对已完工交付使用的工程及时或者定期回访调查,听取使用部门对施工质量的意见,从中发现工程质量问题,分析原因,采取措施及时补救,为今后改进施工质量管理积累经验。

2. 维修保养

实行工程质量维修保养制度,对因施工原因造成的工程质量问题,施工单位应负责无偿保养和修理,并从中总结经验,吸取教训,为今后施工质量管理提供有益的参考。

第四节 公路工程质量管理的主要内容

公路工程质量控制与管理的主要内容包括:路基与路面工程、桥梁与隧道工程、交通安全设施及环境保护工程。针对以上项目施工特点,以工程质量达到优良为目标,建立一系列工程质量控制对策与管理策略。本节只简单介绍公路工程质量控制与管理的要点,各项目质量控制与管理的具体内容将在第四、第五、第六章详细介绍。

一、路基与路面工程

1. 路基土石方工程

(1)在校准的现场周围界桩内,彻底清除表土、种植土、草皮、树根等杂物,搞清洞穴、陷坑的性质,采取相应的措施开挖、回填并分层夯实。

(2)路基挖方按施工规范要求实施,因气候条件无法满足规范要求时,应停止开挖。

(3)填方路堤必须水平分层控制填土高度,其分层厚度根据压实质量要求由现场试验确定,填铺宽度应比设计宽度至少超出30cm。

(4)连接结构物的路堤土方工程,施工时不应危害结构物的安全与稳定,并应选择透水性好的材料填筑。

(5)当填土路堤有几个作业段而两相邻交接处不在同一时间填筑时,则先填筑段应按1：1坡度分层交错衔接,其长度不小于2m。

2. 排水及支挡防护工程

(1)施工构造物的基底应夯实到设计规定的密实度,基底地质状况不能满足图纸要求时,应提出处理方案和加固措施。

(2)涵洞工程所用材料及混凝土配合比,经监理工程师批准后方可进场使用。

(3)挡土墙和护面墙等,应根据现场条件作出详细的施工组织设计,施工应按程序砌筑,确保整齐、顺适、线条清晰,无凹凸现象。

(4)高边坡的稳定性问题,是路基工程常见的质量问题,施工中必须采取相应的措施,确保高边坡的稳定。

(5)挡土墙地基的沉降问题,亦是路基工程质量控制的关键内容之一,施工中必须采取切实可行的措施以防止挡墙地基沉降。

3. 特殊路基处理

(1)淤泥和湿陷性黄土地基必须采取相应的处理措施,使其压实度达到规范要求的标准。常用软基处理方法有抛石挤淤法、砂垫层法、反压护道法、袋装砂井法、塑料排水板法、碎石板法、砂桩及粉喷桩法。

(2)滑坡和膨胀两种特殊路基的处理,也是路基工程质量控制的关键项目之一,施工中应采取相应的措施,以确保路基的整体稳定性。

4. 路面基层和底基层

(1)水泥土基层和底基层中,土的性能应符合设计要求,水泥用量按设计要求准确控制,路拌深度要求应达到层底,混合料处于最佳含水率状况下,用重型压实机械碾压至要求的压实度,碾压检查合格后立即覆盖或洒水养生,养生期要符合规范要求。

(2)水泥稳定粒料基层和底基层中粒料包括碎石、砂砾或矿渣等,粒料应符合设计和施工规范要求,水泥用量和粒料级配应按设计要求准确控制,压实和养生要符合规范要求。

(3)石灰土基层和底基层中,土和石灰质量均应符合设计要求,其用量亦按设计要求准确控制,压实和养生满足规范要求。

(4)石灰稳定粒料和粉煤灰稳定粒料基层和底基层中,石灰和粒料等施工要求同前,粉煤灰质量应符合设计要求,混合料配合比应准确,碾压和养生期要符合规范要求。

(5)级配碎石和填隙碎石基层和底基层中,碎石应符合设计要求,配料必须准确,碾压满足规范要求。

5. 沥青类面层和水泥混凝土面层

(1)水泥混凝土面层

①水泥的物理性能和化学成分应符合国家有关标准的规定;

②粗细集料、水及接缝填料应符合施工规范要求;

③施工配合比应经试验室批准,选择采用最佳配合比;

④接缝位置、规格、尺寸及传力杆、拉力杆的设置应符合设计文件的要求;

⑤路面应采取横向拉毛或压槽等抗滑措施,其构造深度应符合施工规范要求;

⑥混凝土铺筑后按施工规范要求养生。

(2)沥青混凝土和沥青碎(砾)石面层

①沥青混合料的矿料质量及其级配应符合设计和施工规范要求;
②严格控制沥青和各种矿料的质量和用量,施工混合料的湿度亦要严格控制;
③摊铺时应严格掌握摊铺厚度和平整度,碾压达到规定的压实度。
(3)沥青贯入式面层
①各种材料规格及用量应满足设计和施工规范要求;
②上层拌和时,混合料应均匀一致,无花白和粗细分离现象,摊铺平整,按茬平顺,及时碾压密实;
③施工中应做好路面结构层与路肩的排水设施,使雨水及时排出路面结构层。
(4)沥青表面处治面层
①新建公路的表面处治施工时,应将表面清除干净,底层必须坚实、稳定、平整,保持干燥后方可施工;
②沥青浇洒应均匀,无露白,不得污染其他构造物;
③嵌缝料必须趁热摊铺均匀,压实平整;
④注意开放交通后的初期养护。

二、桥梁与隧道工程

1. 桥梁基础及下部工程
(1)钻孔灌注桩
①成孔方案应根据地质条件确定,选择合理的钻孔机械,保证孔径和孔深达到设计要求;
②成孔后必须清孔,测量孔径、孔深、孔位和沉渣厚度,确认满足设计要求后方可灌注水下混凝土;
③水下混凝土灌注应连续施工,钢筋笼不得上浮;
④按规范要求对桩基质量进行无破损检测或钻取芯样;
⑤凿除桩头混凝土后,要求无残余的松散混凝土。
(2)挖孔桩和空心桩
①挖孔桩挖孔到设计高程后,应及时处理孔底,必须做到无松渣、淤泥,使孔底情况符合设计要求;
②空心桩的预制节段经验收合格后,方可埋放,节段接头必须牢固,按规范要求对桩壁和桩头进行再次压浆,对质量有怀疑的桩,必须进行无破损检测。
(3)地下连续墙和沉井
①地下连续墙的混凝土应连续浇筑,施工时钢筋骨架不得上浮,处理好接头,防止间隔浇筑时漏水漏浆;
②沉井下沉应在混凝土达到规定强度后进行,沉井接高时应保持其垂直度,下沉到设计高程后,应检查基底,确认符合设计要求后方可封底。
(4)沉桩与管柱
①沉桩前检查合格才可下沉,接头应按规范要求,确保质量;
②管柱有成品出厂合格证,其连接处施焊应对称进行,接头均需防护处理。
(5)钢筋混凝土结构
①钢筋品种规格和技术性能应符合国家现行标准和设计要求,钢筋加工及安装应满足规范要求;

②混凝土所用的水泥、砂、石、水、粉煤灰及添加剂的质量必须符合有关规范要求,混凝土的配合比应根据其强度进行配制,混凝土运输、浇筑、振捣、养护、拆模等工序应严格按施工规范操作。

2. 桥梁上部构造及桥面工程

桥梁上部结构种类较多,主要分为梁、拱、索三大类,桥面工程则包括桥面铺装、伸缩缝、人行道、栏杆及护栏等。

(1)梁预制与安装

①梁预制工艺应严格按施工规范进行模板、钢筋、混凝土及养护、拆模操作;

②梁的安装与支座对位并与支座紧密接合。

(2)顶推施工梁

①千斤顶及其他顶推设备在施工前应仔细检查校正,多点顶推必须同步;

②顶推施工中,设专人观测墩台沉降、位移及梁的偏位,导梁及梁的挠度等;

③顶推及落梁施工程序应严格按施工规范控制。

(3)悬臂施工梁

①悬臂施工前必须对0号块的高程、轴线作详细复核,符合设计方可悬浇或悬拼;

②悬臂施工必须对称均衡进行,且确保接头质量。

(4)拱桥上部构造施工

拱桥上部结构主要施工方法有:拱桥的现浇和砌筑施工、拱桥安装施工、桁架拱悬拼施工、拱桥转体施工、拱桥劲性骨架施工、钢管混凝土拱桥施工。

(5)索结构施工

索结构包括斜拉桥和悬索桥,其主要施工内容有:钢筋混凝土索塔施工、斜拉桥悬臂施工、悬索桥锚固系统安装、悬索桥锚锭混凝土施工、索鞍安装施工、索缆架设与防护施工、加劲梁的安装施工、悬索桥支座安装等。

(6)桥面工程施工

桥面工程包括:桥面铺装、伸缩缝、人行道、栏杆及护栏等。

3. 隧道工程

隧道质量控制的关键在于预控措施及施工中的观测信息反馈,且隧道的施工测量与路、桥相比,其质量控制意义更为重要。在隧道工程质量控制项目中,主要包括洞身开挖、洞身支护及衬砌。

(1)洞身开挖

①洞身开挖前,必须探明隧道的工程地质和水文地质情况;

②开挖洞身时应严格控制欠挖;

③采用先拱后墙程序施工时,下部开挖的厚度及用药量应严格控制,并采用防护措施,避免损伤拱圈。

(2)洞身支护与衬砌

①支护和衬砌前应做好排水设施,对个别漏水孔洞的缝隙应采取堵水措施,确保支护和衬砌的质量;

②采用先拱后墙程序施工时,拱脚应有支撑,防止开挖边墙时拱脚下沉而引起拱圈开裂;

③支护和衬砌应与围岩接合牢固,回填密实。

三、安全设施及环境保护

1. 交通安全设施

交通安全设施主要有护栏、隔离栅、防眩设施、视线诱导设施和标志、标线等,是高等级公路的重要组成部分。这些设施的质量是运营安全性、舒适性、可靠性的有效保障。因此交通安全设施施工质量的基本要求如下:
(1)护栏、隔离栅的立柱有足够的强度,安装必须牢固可靠。
(2)标志、标线和视线诱导设施应当清晰、醒目,反光膜质量效果良好。
(3)金属材料必须做防锈处理或采取相应的防锈措施。
(4)各种构件的安装应满足设计和规范的要求。

2.路基与路面环保
(1)路基工程环保质量要求
①场地所有垃圾和非适用性材料均需清理;
②防、排水施工活动不应干扰河道、水道或现有排水系统;
③路基挖方须有文物保护措施,弃方不得侵占耕地和农田、水道场所等。
(2)路面工程环保质量要求
①拌和场选址应远离村落,拌和设备应装有集尘装置;
②沥青和水泥路面摊铺施工中剩余废料必须收集至弃料场集中处理,不得随意抛弃。

3.桥梁与隧道环保
(1)桥梁工程环保质量要求
①钻孔灌注桩的泥浆不得直接排入河道,必须设置泥浆沉淀池;
②施工现场应设厕所,不得将粪便倒入河道污染河水;
③桥梁预制场必须设置排水系统,防止产生的废水四处溢流。
(2)隧道工程环保质量要求
①隧道凿岩施工必须采用湿法钻孔及有效的通风防尘措施;
②隧道弃渣应充分利用,禁止在洞口随意堆弃;
③隧道施工废水应经处理后,再进行排放,不得污染附近居民的生活用水。

4.绿化工程
公路施工中应尽量保护植被,若被破坏应等量予以恢复,绿化种植应进行有效管理,保持植物良好的生长条件。

第五节 学习本课程的目的和任务

一、学习目的

近年来,我国对公路基础设施特别是对高速公路建设投资力度逐步加大,公路工程建设出现了前所未有的局面。随着我国公路交通事业的发展,需要有一大批既精通公路工程技术,又善于工程管理的复合型人才。但是目前广大的公路专业人才比较熟悉的是技术,而对工程管理(特别是管理科学)却不是很熟悉,传统的公路工程专业课程,基本上是以硬科学为主,缺乏软科学方面的课程,如果这种情况不加以改变,就很难适应现代公路建设的需要。实践证明,随着科学技术的突飞猛进,管理也必须同步发展。我国公路交通事业的投资力度近几年来一直在持续增长,公路里程在逐年增加,公路路况也在逐步改善,高速公路更是发展迅速。由于公路工程具有投资大、占有资源数量多、建设期和投资回收期长等特点,加强对公路工程的质量控制与管理就显得十分重要。要对公路工程质量进行科学的控制与管理,就必须调整公路工程专业人才的知识结构,使他们掌握工程质量控制原理和管理方法及工程质量控制技术措施,灵活运用全面质量管理的各种工具对公路工程质量进行有效地控制与管理。

二、学习任务

1. 掌握工程质量控制原理

(1) 课程定位目标

从公路工程整体而言,工程质量控制由政府监督部门、社会监理单位、建设单位、施工单位等多方共同进行,本课程定位在施工单位对公路工程质量的直接控制与管理。

(2) 质量控制体系

施工单位的质量管理应是一个完整的质量控制体系,这一体系主要由三个层次构成,即战略层:施工企业质量认证,也就是执行 ISO 9000 质量标准;战术层:公路工程实物施工项目质量控制技术措施,以"预防为主",达到工程质量预控制目的;实施层:施工现场作业管理,必须运用科学的手段对整个施工过程的各道工序、每个环节都要进行预防性的质量控制,确保工程质量达到验收标准。

(3) 全面对待质量

全面对待工程质量的观点,是从广义的质量概念出发,除控制公路工程的实物质量外,还应特别重视工期质量、成本质量、技术服务质量以及各部门、各环节的工作质量,把工程质量建立在施工企业各个环节工作质量的基础上,用高效能的工作质量来保证工程质量。

2. 正确运用全面质量管理的工具

(1) 老七种工具

20 世纪 60 年代到 80 年代期间,全面质量管理过程已经形成了一套科学的管理方法,但这种方法需要用大量的数据资料,而这些资料一般采用调查表法、分层分析法、排列图法、因果分析法、直方图法、管理图法及相关图法七种工具进行整理、分析和研究后,才能对工程质量作出科学的判断。上述老七种工具中前四种属于全面质量管理的一般统计方法,是本教材的重点之一,在第二章"全面质量管理"中的第三节"全面质量管理的一般统计方法"专门介绍,后三种属于全面质量管理的数理统计技术,亦是本教材的重点之一,在第三章"质量控制技术及应用"中的第二节、第三节及第四节详细介绍。

(2) 新七种工具

自 20 世纪 80 年代以来,全面质量管理中又有"新七种工具"在工程中应用,即系统图法、关联图法、KJ 法、矩阵图法、矩阵数据分析法、PDPC 法及箭头法。这些新工具将在第三章第五节中简要介绍,作为教学中知识视野的拓宽。

3. 公路工程实物质量控制措施

(1) 掌握公路路基压实质量控制技术和高边坡稳定性质量控制措施。

(2) 熟悉软基、滑坡和膨胀土这三种特殊地基处理技术。

(3) 掌握沥青路面的材料质量控制方法是通过马歇尔试验进行配合比设计和施工温度控制等措施来实现的。

(4) 熟悉沥青路面施工方法中的厂拌法、路拌法、层铺法等质量保证措施。

(5) 熟悉水泥混凝土路面施工方法中人工摊铺法、机械摊铺法、碾压法等质量保证措施和病害处治方法。

(6)掌握桥涵及挡土墙地基沉降防治措施。

(7)掌握桥梁钻孔灌柱桩基础和扩大基础的质量控制措施,了解沉井基础。

(8)桥梁上部结构种类繁多,本教材第五章第五节中按梁、拱、悬索三大类进行质量控制,其中梁式为掌握,拱式为熟悉,悬索为了解。

(9)隧道质量控制的关键是预控措施和施工中观测信息反馈,因此隧道施工测量是其质量控制的关键内容。

第二章 全面质量管理

施工单位的质量检查与监理单位的质量监理是在施工过程中对正在施工的工程项目和已完工项目进行质量检查,通过检查对工程质量作出合理评价,对不合格的工程不予验收,或者要求修补重做,符合工程质量标准和施工规范及工程设计要求后,才予以验收签证,起到了质量严格把关的作用。

但是,质量检查与工程质量监理只能起到事后把关的作用,虽然此做法是非常必要的,然而单纯这样做还是不够的。要保证工程质量,就应研究影响工程质量的所有因素,分析产生质量事故的原因,针对存在的质量问题采取相应的措施,防止工程质量事故的发生,做到防患于未然,预控施工中的各个环节,确保工程质量,于是诞生了"全面质量管理"这一科学的管理方法。做到事前控制,事中控制与事后把关相结合,全面地控制工程质量。

第一节 概 述

一、全面质量管理概念

全面质量管理(Total Quality Control)简称 TQC,是企业为了保证和提高工程质量,对施工的整个企业、所有人员和施工全部过程进行质量管理。全面质量管理概念中质量的含义是全面的,它包含了产品质量、工序质量和工作质量;参与质量管理的人员也是全面的,要求施工单位所有部门及全体人员在整个施工过程中都应主动、积极地参与工程质量管理。

1. 产品质量

公路工程的路基、路面、桥梁、隧道、涵洞及其他构造物,以及施工中的半成品,统称为工程产品,产品质量在第一章第一节已经介绍了它的概念。它具有满足国家和人民的需要所具备的自然属性,一般包括:性能、寿命、安全性、可靠性、经济性 5 个方面。

(1)性能是指为达到产品使用目的所提出的各种功能要求。例如,路面为满足行车和行人要求,必须具有一定的力学强度,抵抗自然因素能力,平整度、抗磨、抗滑能力等。

(2)寿命是指产品在规定条件下,满足规定性能要求的工作总时间。例如,桥梁在标准荷载和一定交通量及增长率的条件下,应该达到的使用年限。

(3)可靠性是产品在规定时间内和规定条件下完成功能的能力。例如,对于路面来讲就是在使用寿命内,力学强度、平整度、耐磨、抗滑性指标均应保持和具有规定的水平。

(4)安全性是指产品在使用和运营过程中保证安全的程度。例如,公路运营时引起的交通事故率、修路架桥对环境的破坏和污染等。

(5)经济性是指工程产品要求投资效益高、工程成本低、养护费用小等。

以上 5 个方面的质量自然属性,具有相互制约、相互依赖的关系,不得过分偏重某一方面。例如,过分重视可靠性,就会增大安全系数,势必增加工料,增加不必要的投资;为了保证工程质量满足运营要求,仅强调施工质量是不够的,还需从规划质量、设计质量、材料质量、使用质量进行综合考核与评价。

2. 工序质量

工序质量是施工生产过程中,劳动力、材料、施工机械设备、施工方法和环境对产品综合起作用的过程,这个过程所体现的产品质量称为工序质量。

工序是工程施工中最基本的组成单位,工序质量的好坏直接影响到工程项目产品的质量,因此必须重视施工过程中的工序质量管理。对非关键或非重点工序的施工,要进行常规工程质量检查;对关键或重点工序的施工,则需采取合理的技术保证措施,控制工序施工质量,并严格执行质量检验制度,认真办理签证手续,验证不合格的工序要求返工修补或重做,达到工序施工质量控制与事后严格把关双重目的,确保工序质量。

3. 工作质量

在第一章第一节已介绍了"工作质量"的定义,其中施工企业的生产经营管理、技术组织措施、政治思想工作不仅是提高产品质量的保证,而且是提高企业经济效益的保证。工作质量不像产品质量那样直观,它体现在整个企业的一切施工技术和经营管理活动之中,并通过施工过程中的工作效率、工作成果、经济效益和产品质量集中表现出来。

一般来说,工作质量不易用定量指标进行评价,但一些施工企业实行全面质量管理后,相应制订了工作标准体系,采用综合评分的办法也使部分管理组织工作和业务技术工作能够直接或间接地制定出定量标准。例如,废品率、返修率、设备完好率、交验合格率、一次成优率等就是反映工作质量的标准。

4. 产品质量、工序质量、工作质量的关系

产品质量、工序质量和工作质量虽是不同的概念,但三者之间的关系是非常密切的。产品质量是企业施工的最终成果,它取决于工序质量;工作质量是工序质量、产品质量和经济效益的保证和基础;提高产品质量,必须努力提高工作质量,以工作质量来保证和提高工序质量,从而保证工程产品质量。

二、全面质量管理的六个观点

1. "全面对待质量"的观点

全面对待工程质量的观点,是新的科学观点。旧的质量观点,仅从狭义的工程质量出发,只管工程产品的质量,不管工作质量;而全面质量管理的观点,则从广义上的质量概念出发,除重视工程本身的工期质量、成本质量、技术质量和服务质量外,还重视各部门和每个职工以及各个环节的工作质量。

推行全面质量管理,上至公司经理,下至每个职工,都要牢固树立全面对待工程质量观点。把工程质量的管理任务交给施工单位的全体人员,包括领导、干部和工人,使全面对待质量成为所有人员的共同责任,全体人员都清楚地认识到自己的工作质量与企业的工程质量密切相关,做到尽职尽责,搞好自己的本职工作。

2. "预防为主"的观点

工程施工质量的优劣,是经过许多施工过程形成的,单靠事后的检查,经过鉴定只能起到事后质量把关的作用。如分部分项工程完工后,全部工程竣工后进行的质量检查,只对该项工程的设计、施工生产过程的评价,虽然是非常必要的,但当发现不合格工程项目既成事实时,已造成了不必要的浪费和损失。所以全面质量管理工作中强调"预防为主"的观点,力求施工过程中防止工程质量事故的发生,有计划地进行质量的事前和事中控制。在施工全过程的各个

环节中,不断采取质量自检、质量互检、中间检查等"三检"办法,及时发现质量问题,相应采取有效措施及时解决,不留后患,做到防患于未然,以免造成严重的质量事故。

3."下一道工序就是用户"的观点

在施工企业内部生产过程中,进行本工序施工的就是紧前工序的用户。"下一道工序就是用户"和"为用户服务",是全面质量管理的一个基本观点,体现在施工质量上的高标准和工作质量上的严要求。工程质量必须达到企业规定的质量标准,该标准只能高于、不能低于交通运输部的部颁标准和国家标准。在每一道工序中都要做到凡是本工序的质量问题,一定要在本工序内发现和解决,不给下道工序带来麻烦。要把下道工序的要求反映到本工序上来,加以认真研究解决,不断提高工作质量,改进操作规程,修订质量标准,确保本工序质量,做到用户满意。

4.实行"三全"和管理的观点

全面质量管理最明显的标志,主要表现在一个"全"字。所谓"三全"管理就是全过程、全企业、全体人员的管理。

(1)全过程的管理。就是从施工准备、施工过程到交工验收整个过程的每一个环节中影响质量的因素,依靠科学的理论、程序和方法进行预防性的控制。不能只限于施工过程中的质量管理,而必须对施工准备阶段、施工阶段和竣工验收阶段的全过程进行管理。

(2)全企业的管理。必须把工程质量策略深入到整个企业,对企业各方面的工作都进行质量管理。要进行全企业的质量管理,决不单纯是技术部门和质量检验部门能够独立承担的,必须在企业负责人的领导下,由企业各部门参加,共同对工程质量作出保证,做到工程质量人人有责。

(3)全体人员的管理。工程质量是施工企业各方面工作质量的集中反映,企业各个部门,各个岗位的所有人员的工作质量都对工程质量有直接的影响。质量管理必须动员和组织企业全体人员参加,使工程质量管理落实到基层,落实到人头上。

5.用数据说话的观点

全面质量管理是科学管理方法,数据又是科学管理的依据。必须依靠准确的施工数据资料,运用数理统计的方法,对施工过程中搜集到的大量数据进行科学的分析和整理,从而研究工程质量的波动情况,找出影响工程质量的各种原因,并分析主次原因,针对主要原因采取有效措施,从而确保工程质量。

工程质量传统评价一般以有关技术标准、施工规范为准绳,也有一些数据,但不完整、不系统,没有按数理统计的要求进行汇总分析,抓不住影响质量的关键问题,不能准确反映施工中工程质量的状态,无法采取相应有效措施提高工程质量,甚至无法保证工程质量。

由此可见,没有数据或者数据不准确,甚至使用假数据,质量管理就无从谈起;有了数据或者数据不完整,不对数据进行认真分析和研究,也是缺乏用数据说话观点的表现。搜集数据时要弄清目的性、可靠性和实用性,坚持实事求是和严肃的科学态度,决不能用"大概、差不多、可能"等模糊数据概念来衡量工程质量。对编造假数据的行为,要一查到底,严肃处理。因此,用数据说话进行全面质量管理,也是当今企业诚信的体现。

6.文明施工的观点

依据科学规律,严格执行工程基本建设程序,按施工程序办事,是推广应用全面质量管理,保证工程质量的前提。文明施工是开展全面质量管理的基础。实现文明施工必须满足下列条件:

(1)有整套的经过技术会审的设计图纸。
(2)有经过审批的施工组织设计文件。
(3)有合理的施工进度计划,尽量使施工过程连续、均衡,避免窝工和赶工现象。
(4)实行技术、质量、安全交底制度,施工任务以下达的计划任务书为依据。
(5)实行质量自检、质量互检和交接检查制度,做到上道工序质量合格后才进行下道工序施工。
(6)实行原材料、半成品和构件质量检验制度和工程质量检查验收制度。
(7)有统筹规划的施工现场平面布置图,并合理堆放料、搭设临时设施,做到工完料净,保持现场清洁。
(8)保持施工现场排水畅通,有常备消防设备和冬、雨季施工技术措施。
(9)做好工程成品保护工作,避免乱撞乱碰。

由于工程施工因其规模、用途、时间、地点各不相同,不同工程文明施工的做法不能强求一致,各施工单位应因地制宜,有所侧重。

三、全面质量管理的基础工作

现代工程施工,要求有现代化的管理方法,而现代化的管理,又需要有现代化的手段。现代化管理是一个完整的科学体系,由大量的科学基础工作有机地结合而成。施工企业质量管理,就是要认真贯彻"预防为主"和提高工程质量,达到多、快、好、省地完成施工任务的目的,必须做好各项基础工作。与全面质量管理有关的基础工作有:思想教育工作、标准化工作、检测计量工作、定期回访工作和质量情报工作等。

1. 质量教育工作

全面质量管理,要求"始于教育,终于教育"。对企业全体职工进行"百年大计、质量第一"的质量教育,开展技术培训,不断提高操作技术和业务管理水平。推行全面质量管理的思想教育工作,绝不是开个会、做几个报告,一哄而起的事情,而是要在职工群众中做大量的思想教育和宣传工作。

搞好全面质量管理的职工普及和教育工作,必须做好以下工作:
(1)理论联系实际,将全面质量管理的理念和方法与工程施工实际联系起来,针对普遍的工程质量问题解剖分析,让广大职工充分认识质量的重要性。
(2)按民主集中制的原则进行分析、处理工作质量问题,相信群众,发动群众自己教育自己,自己负责自己的工作质量。
(3)思想教育与工程质量一起抓,用工程质量事故教训,提高职工对质量问题的思想认识。
(4)表扬和批评及奖惩相结合进行教育,对工程质量好和产品质量、工序质量超标的应给予精神表扬和物质鼓励,对工作质量差,工序质量和产品质量不合格者应予以批评和必要的惩罚,对造成严重工程质量事故的,要进行严肃处理,甚至追究法律责任。
(5)身教与言教相结合进行,施工企业党政负责人应以身则,以便进行质量教育工作中有说服力、感染力,使广大职工心服口服。

2. 标准化工作

标准化是组织现代工程施工生产的重要手段,是科学管理的重要组成部分,施工企业推行标准化,是国家的一项重要技术经济政策。没有标准化,就没有专业化,也就不存在高质量、高速度。因为公路工程施工中,往往涉及十几道、上百道工序,涉及施工企业内部的各个部门和每个环节,要使这些部门和环节密切配合,协调一致,必须从工程的结构尺寸、规格型号、施工工艺、操作方法和管理制度上进行统一化和规范化。统一化和规范化相结合就是标准化。

例如,现代工程施工中采用标准化模板、标准构件、标准规格的材料、标准施工工艺及规范要求的操作方法、统一和规范的管理模式都是标准化施工生产的基础。而标准化工作又是质量管理的基础,质量管理是贯彻执行标准化的保证。所谓标准,一方面是衡量工程质量和工作质量的尺度,另一方面又是进行生产管理、技术管理、质量管理工作的基础。

3. 检测计量工作

检测计量工作是包括工程质量检查、试验、测试工作和工程产品质量计量工作等总称,它是保证和提高质量的重要手段。

工程质量检查、试验、测试工作要求,对施工的原材料、成品、半成品应有出厂证明和检验单,并按设计和规范要求进行检验。砂、石材料及混凝土拌和用水,应按规范要求进行必要的试验。新材料、新产品要进行技术鉴定。一切施工用材都须经过严格的检查、试验和测试,鉴定合格后,方可应用。对施工过程进行质量监督、量测、试验并作出原始记录,认真办理验收签证手续。这些工作都是保证和提高工程质量的前提,也是进行工程质量全面质量管理的基础。

计量工作是根据施工原始记录、资料,经过加工、整理和计算及综合得出标准数据。如果没有计量,或计量不准,就不可能贯彻执行质量标准。

4. 定期回访工作

质量终身制的义务和为积累施工质量管理经验,都要求施工单位对已交工使用的工程组织定期回访工作,以便了解工程质量是否满足用户使用要求,为今后改进施工质量和提高工程质量提供重要的参考资料。

5. 质量情报工作

经常开展调查研究工作,搜集和整理质量管理方面的情报资料,是施工质量管理的有效方法。所以,搞好质量情报工作,及时搜集大量而又准确的第一手施工资料,对保证和提高工程质量有重要意义。质量情报包括施工过程中各个环节的质量信息、基本数据、原始施工记录、验收结果、统计分析及用户意见等,这些质量情报资料的搜集、整理、分析和反馈,常常是保证和提高工程质量的巨大动力。

第二节 全面质量管理保证体系

质量保证是施工企业向使用单位保证其承包的工程在规定的寿命期内正常使用。它体现企业与用户之间的关系,体现企业对工程质量负责到底的精神,体现施工现场的质量管理与工程交工后用户使用质量联系在一起的工作态度。

质量保证体系,是施工企业以保证和提高工程质量为目标运用系统的概念和方法,把企业各部门、各环节的质量管理职能组织起来,形成一个有明确任务、职责、权限、互相协调、互相促进的有机整体,使质量管理制度化、标准化,从而达到用户满意的工程质量。

全面质量管理,按科学的程序形成一个完整的系统的质量保证体系,由美国数理统计学家戴明(W. E. Deming)归纳为四个阶段,即计划P(Plan)—实施D(Do)—检查C(Check)—处理A(Action),这四个阶段形成一个循环,叫做PDCA循环,也称为戴明循环。

国外推行全面质量管理有许多经验可供我国借鉴,例如,日本把质量教育、PDCA制度、技术标准化和 QC(Quality Control)小组活动,列为质量管理的四大支持,形成一个比较完整的科学质量管理系统,他们的做法获世界各国的好评,我国的施工企业推行全面质量管理也可重点借鉴他们的经验。

质量管理体系中的 PDCA 循环把施工企业的生产与经营有机地联系起来进行质量管理,它把全面质量管理划分为四个阶段和八个步骤及七种工具。

一、四个阶段

1. PDCA 四个阶段工作内容

第一阶段:计划阶段,也叫 P 阶段。这个阶段的主要工作内容是分析现状、研究问题、制订计划、找出原因、拟定对策和采取措施。

第二阶段:实施阶段,也叫 D 阶段。这一阶段的工作内容是按照制订的计划去实施执行。

第三阶段:检查阶段,也叫 C 阶段。此阶段就是对执行的结果进行必要的检查和测试,将执行的结果与预定的目标对比,找出存在的问题,肯定成功的经验。

第四阶段:处理阶段,也叫 A 阶段。就是对经过实施之后检查出来各种问题进行处理,正确地加以肯定,总结成文,编制标准;把不能解决的问题或者实施中出现的新问题加以总结,转移到下一个 PDCA 循环,以备进一步研究。

2. PDCA 循环特点

PDCA 循环对一项工程的质量管理,先制订出控制质量的计划,然后加以实施,实施过程中随时检查执行情况和存在的问题,再对问题进行处理,这样形成一个质量管理循环。随着工程项目施工的进展,再重复 PDCA 循环,反复地进行下去。由此可见,PDCA 循环运转进行质量管理活动中,具有以下特点:

(1)PDCA 四个阶段构成一个完整的循环程序,缺一不可,而且每次循环运转先后次序不能改变,只能在一个阶段完成后才进行下一个阶段,重复运转,不断把质量管理活动推向一个新的高度,如图 2-1 所示。

(2)它是一个大环套小环,一环扣一环,环环相制的约束环。所谓大环套小环,就是说在大环中有中环,中环中有小环,小环中有小小环。例如,大环为施工企业,中环为施工队,小环为施工工区,小小环为施工班组,小小环的下一环就是具体操作的工人,如图 2-2 所示。在整个循环中包括了企业的所有单位、全体人员。

图 2-1 循环运转

图 2-2 大环套小环

(3)PDCA 循环过程是一个不断前进,不断提高的运转过程,每一次循环,到达 A 阶段要及时总结提出新的目标与计划,再进入第二次循环。即循环一次,质量改善一次,提高质量一步,如同爬楼一样,如图 2-3 所示。

做任何一项工作,解决任何一个质量问题,如果都能按计划、实施、检查、处理这样四个阶段有条不紊地前进,而且每前进一个循环之后,质量能够在原有的基础上提高一步,形成运转——总结——提高——再运转——再总结——再提高的往返过程。那么,工作就会一步一层楼,步步登高。

(4) PDCA 循环的每次 P 阶段必须明确:为什么要作计划,计划应达到什么目的,落实到哪些部门,什么时候完成,具体由谁来执行,以及如何执行计划等,达到保证并提高质量的目的。

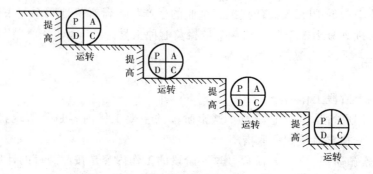

图 2-3 PDCA 运转逐步提高示意

(5) 在 PDCA 四个阶段中,关键是处理阶段。处理就是总结经验、肯定成绩,纠正错误,对成绩加以标准化和制度化,对错误的采取措施,避免重犯,重点在于制订技术标准和管理标准,没有标准就不可能使 PDCA 循环在新的基础上继续运转。

在质量管理工作中,要有计划、有布置、有检查、有总结,如果只注重计划和布置,忽视检查和总结,尤其在总结阶段,缺少制订标准工作,质量就无法提高。

二、八个步骤

为了解决和改进质量管理过程中出现的工作质量和工程质量问题,按照 PDCA 循环工作法,可进一步将四个阶段分解为八个步骤。

(1) 分析现状,找出存在的质量问题。它是对本企业工程项目施工质量状况进行分析,从分析中找出各种存在的质量问题。工程施工过程中,难免存在各种质量问题,形成全面质量管理,首先要对这些问题进行调查研究。

(2) 分析产生质量问题的各种原因和影响因素。调查研究找出各种存在的质量问题之后,就要把产生质量问题的种种原因和影响因素都寻找出来,加以分析,找出各个薄弱环节。

(3) 寻找影响质量的主要因素,在影响工程质量的各种因素中是有主次之分的,只要抓住其中主要因素进行剖析,就会少走弯路,更加有利于改进质量。

(4) 针对影响质量的主要因素,制订措施,提出行动计划,并预计效果。影响质量问题的主要因素找出来后,就应分析产生主要因素的原因,有针对性地制订切实可行的措施。

以上四个步骤是四个阶段中的第一阶段,即计划阶段的工作内容。

(5) 执行措施。当行动计划确定之后,就要按既定措施下达任务,并认真执行。这是四个阶段中的第二个阶段,即实施阶段的工作内容。

(6) 检查执行措施后的效果。计划措施下达并认真执行后,还要对执行情况进行及时检查,通过检查进行比较,寻找成功经验并总结失败的教训。也就是把执行结果同计划目标进行比较,分析效果,再找问题。(5)和(6)是四阶段中检查阶段的工作内容。

(7) 总结经验,制订相应的标准或制度。根据检查的结果分析、比较、判断之后,对行之有效的措施加以巩固、总结经验并制订标准,形成规章制度,以便遵照执行。对错误采取纠正措施,防止再犯。

(8) 提出尚未解决的问题,并将其转入下一循环。在施工质量管理过程中,不可能一次循环就把各种质量问题都解决了,一定会有许多问题或者新出现一些问题没有解决,对于这些问题不能回避,应通过总结后转入下一个 PDCA 循环。

以上两个步骤是四个阶段的最后阶段,即处理阶段的工作内容。

三、七种工具

20 世纪 80 年代以前,全面质量管理中采用统计分析法处理质量问题,常用的七种工具称为老七种工具,可归纳为以下两种方法。

1. 一般统计法

调查表法、分层分析法、排列图法等主要用于影响质量的主次因素分析;因果分析图法,用于对产生质量问题的原因进行分析,以便确定对策。以上四种方法属于一般统计方法。

2. 数理统计法

直方图法:用于推算母体的废品率,考察工作能力。管理图法:用于控制工序质量波动情况。相关图法:用于分析质量影响因素与质量特性之间的关系。上述三种方法可归结为数理统计法。

20 世纪 80 年代后,全面质量管理又出现了新七种工具,即系统图法、关联图法、KJ 法、矩阵图法、矩阵数据分析法、PDPC 法及箭头法。

四、质量保证体系的建立

全面质量管理是整个施工企业所有部门的共同任务,各部门的质量管理又是互相联系、互相影响、互相制约的活动,必须建立一个完整的质量保证体系组织机构把各个部门的质量管理工作组织起来,统筹规划、统一协调各部门的质量管理活动。为了实现质量计划,组织质量信息系统,实行质量检验制度,都需要有组织保证。必须建立和健全相应的专职质量管理机构,制订明确的质量计划和有关质量管理制度,建立一套灵敏的质量信息反馈系统,并明确地规定各级质量管理机构的职责、权限及相互关系,明确规定各部门、各类人员在实现质量总目标中必须完成的任务、承担的责任和具有的权限。因此,建立质量保证体系要求做好下列工作。

1. 企业建立 TQC 委员会

施工企业一般应设置质量管理专职机构,它的工作与所有部门及全体职工都有联系,应由单位领导、技术负责人、各部门负责质量管理的人员参加。它应该是具有广泛群众基础,又与生产步调相一致的专职机构,一般将这种质量管理专职机构称为 TQC 委员会。

企业 TQC 委员会专职质量管理机构在质量保证体系的主要任务有:

(1)协调循环进行日常质量管理工作,开展全面质量管理宣传教育工作,推动质量管理工作不断向前发展。

(2)组织编制施工企业质量发展规划和质量计划,督促其认真执行,掌握施工质量管理的动态。

(3)组织制订保证重大工程、重点工程质量的技术措施。

(4)组织和协调企业内部各部门的质量管理活动。

(5)研究、总结、推广施工企业内外先进质量管理经验和先进质量控制方法。

(6)审定企业有关质量的奖惩制度,并组织贯彻执行。

(7)参与施工图纸学习和会审、施工技术交底及新结构、新工艺、新材料的质量鉴定。

2. 企业各部门设 QC 小组

除施工企业设置 TQC 委员会专职质量管理机构外,企业的各业务部门、施工队、施工工区,分别设 QC 小组,即质量管理小组。也有以某一工程项目的质量管理为目标建立跨部门、队和工区的 QC 小组。QC 小组由有关领导、质量检查员和若干技术职工参加,必须有专职的质量检查员负责办理具体工作。

QC 小组在质量保证体系中的主要任务是:

(1)组织广大职工参加质量管理活动,组织职工学习工程质量标准和工作质量要求,学习科学管理方法和先进管理经验。

(2)开展日常质量管理、质量检查和质量改进工作。

(3)组织质量攻关和技术革新,严格把好质量关。

质量管理工作还必须落实到每个职工。要结合技术岗位责任制,明确规定各部门及每个职工在质量管理工作中必须完成的任务,以及他们应该承担的责任和拥有的权限。只有把质量工作落实到每个职工的身上,才能做到事先有人管,事后便于检,责任分明,奖惩有据。

3. 质量管理业务知识教育培训

全面质量管理必须组织全体职工参加,又必须采用先进的科学管理方法。因此,除进行全面质量管理思想教育基础工作,消除职工头脑里不重视质量的积习和通病,牢固树立"质量第一"的思想观点外,对职工进行有关质量管理业务知识教育培训也是十分重要的。

如果工人没有掌握必要的操作技术,缺乏必要的基本训练,不具备控制质量的基本知识,即使采用先进设备和先进工艺,也不一定建造出高质量的工程。同样,如果领导干部、管理人员、技术人员缺乏高水平的管理知识和技术知识,或者职工思想上根本不重视施工质量,也建设不出优质工程。所以,提高施工队伍的管理水平和技术水平,是进行全面质量管理工作的先决条件。

提高施工质量的基础是提高技术水平,每个技术人员都要有先进的技术知识,每个工人都要有过硬的操作技能。随着社会的发展,科学技术也在不断地进步和更新,不学习新的技术就跟不上施工的需要。因此,有计划地开展业务学习、技能培训、技术练兵,并定期进行技术考核,是保证和提高工程质量的前提。

技术培训的内容,对技术人员及质量管理人员而言,主要是学习和掌握施工规范和工程质量评定标准以及质量检查评定方法;对工人而言则要学习和掌握应知应会的技术和本工种操作规程,也要熟悉质量评定标准,对其他职工而言则本着做什么、学什么,缺什么、补什么的原则安排学习内容。培训方法可举办短期培训班,结合施工需要请有关专家学者到工地现场进行授课,或者组织岗位练兵。

工程实行招标承包责任制后,施工质量问题将成为承包单位信誉的主要标志之一。施工企业的发展和经济效益的获得,必然与施工质量的优劣密切相关。因此,施工质量问题也必然成为施工企业之间的主要竞争手段。提高施工质量和培训人才,是谋求在竞争中取得优势的战略措施,这种技术人才资源的开发投资是企业最富有远见的基本建设。

4. 制订质量计划和有关质量管理制度

质量计划是实现质量目标,具体组织与协调质量管理活动的基本手段,也是各部门、各环节质量工作的行动纲领。企业既要有提高施工质量的综合计划,又要有分部门、分项目的具体计划,形成一套完整的质量计划体系,并且有检查、有分析。

为了保证施工质量,施工企业必须建立一系列有关质量管理的制度。只有企业的各个部门和全体职工都遵循统一的制度和工作程序,才能协调一致地、有秩序地进行工作,提高工程质量和工作质量。企业管理有许多活动都是重复发生的,具有一定的规律性。因此,可以把这些重复出现的管理业务,按客观要求分类归纳,并将处理办法订成规章制度,作为职工的行动准则,并列为例行工作。把管理业务处理过程经过各环节、各管理岗位、先后工作步骤等分析研究,并加以改进,定为标准的管理程序,使管理流程程序化。严格按照制度和程序进行管理,有利于质量管理活动的条理化、规格化,可以避免职责不清,防止前后左右脱节及互相推诿扯皮。

在有关质量管理制度中,最为重要的就是岗位责任制和技术责任制。企业必须配备技术负责人,对各级技术工作负责。同时,也要使企业的每一个职工都明确自己的职责和权限,对自己承担的工作负责,做到每一件事都有人负责,每一个人都有自己的责任范围。对职工进行技术培训也应成为企业的一项重要制度。提高职工的技术素质,在激烈的市场竞争中谋求生存,是企业最重要的任务。

5. 建立质量信息反馈系统

工程质量的形成过程,伴随着大量与质量有关的信息,这些质量信息是进行一切质量管理的工作依据。质量管理就是质量管理机构和有关部门根据质量信息,协调和控制质量活动的过程。要保证和提高工程质量,就要求信息畅通无阻、灵敏度高。没有信息反馈,就没有质量管理。

质量信息来源于企业内部和企业外部两个途径。

(1)企业内部质量信息包括:工序测试、质量检验、工序质量检查、上道工序质量反馈、群众的革新和建议等。

(2)企业外部质量信息的主要来源有:材料、构件和设备供应部门的产品质量信息,用户对工程使用要求的质量信息,上级机关的指示、文件和各种资料,业主及监理单位的信息等。

建立和健全质量信息反馈系统,一定要抓好质量信息流通环节,注意和掌握数据的检测、收集、整理、处理分析、传递和储存,使质量信息运动流通速度更快、效率更高。

第三节 全面质量管理的一般统计方法

全面质量管理过程中,通过四个阶段、八个步骤循序渐进、逐步充实、完善、形成一套科学的管理方法。这个方法需要利用大量的数据资料,通过常用的七种统计方法进行整理、分析和研究后,才能作出科学的判断。在七种常用工具中,调查表法、分层分析法、排列图法、因果分析图法属于全面质量管理的一般统计方法。

一、调查表法

调查表法又称检查表法或核对表法。它是用来调查、收集、整理数据,并给其他数理统计方法提供依据和粗略分析质量问题的一种工具,是日常施工中了解质量问题、监督质量情况的一种简单易行的方法。

1. 调查表的种类

调查表的种类很多,因调查目的、内容不同,其形式也不一样。工程施工中监控质量的常用调查表有:

(1)工序质量分布调查表,其结果可用于作频率分布直方图。

(2)不良项目调查表,用于作排列图。

(3)缺陷位置调查表,以便了解施工质量状况。

(4)不良要因调查表,可用来作相关图。

(5)检查评定施工质量调查表,从而确定工程质量等级。

2.调查表应用

某桥梁工地大梁预制施工工段,由工区负责人填写的装配式钢筋混凝土T形简支梁外观质量检查表也称为不良项目调查表,如表2-1所示。

预制大梁不良项目调查表　　　　表2-1

施工工段	蜂窝麻面	露筋	胀模	漏浆	表面不平	埋件偏差	其他
A	1		7	3	1	2	
B		1	6	2		2	
C			5	2		1	

表2-1记载了混凝土T梁外观存在的各类缺陷,以便针对缺陷,找出原因,采取措施,保证T梁外观混凝土质量。从该表可以看出,混凝土外观质量缺陷比较集中,主要与模板本身的刚度、支撑模板系统的稳定性有关,其次与浇筑厚度、振捣时间、振捣方法以及预埋构件的牢固性也有一定的关系。

二、分层分析法

分层分析法也叫分类法或者分组法,它是分析工程施工质量的最基本方法。它把施工记录的原始质量数据按不同的目的加以分门别类,以便分析质量问题及其影响因素,然后再利用其他方法将分类后的数据加工成图表,以便挖掘产生质量问题的根源,对症加以解决。

1.施工质量问题分类方法

施工质量问题,按不同的目的可分为以下几类。

(1)按结构组成分:有路基工程、路面工程、桥梁工程、隧道工程、涵洞工程、排水构造物、其他防护构造物和附属辅助工程等。

(2)按施工检查项目分:容易产生施工质量问题的项目有路基高程、路基压实度、边坡坡度、翻浆路段处理等;路面工程的垫层、基层、面层的实际厚度;材料质量、石料的规格尺寸、级配组成、压实度、石灰土中石灰的钙、镁含量和剂量以及密实度,土的颗料状况和塑性指数,路面、桥面的横向坡度和平整度等;钢筋混凝土预制构件的长度、截面尺寸,表面平整度,对角线差,预埋构件和预留孔道位置、保护层的光洁程度,混凝土的强度等;砌石和灰浆饱和度的强度、组砌方法、墙面整洁程度、灰缝密实度、预埋件和预留孔的位置,砌体断面尺寸、表面平整度等;沥青路施工油石比、油料黏度、热拌料各项温度控制等;桥梁基础施工的平面位置、基础埋置深度、倾斜度和基础顶面高程等;桥梁上部结构施工的强度、刚度、稳定性以及中线偏移,预拱度和挠度等。从出现质量问题的多少,找出有倾向性的因素,再针对出现次数的多少,分析产生质量问题的原因,以便采取对策,解决问题。

(3)按施工的时间分:施工因季节、昼夜、干湿状况不同,施工质量也不一样。故施工记录应载明工程项目或工序的施工年、季、月、旬、日、昼、夜,并分别统计,从累计原始记录资料中找出影响质量问题的规律。

(4)按施工班组或操作工人分:施工中一般以作业班组为基本单位,为了分清责任,利于质量管理,可对施工班组或操作者的施工质量加以统计,从中找出规律。

(5)按不同的施工工艺和操作方法分。

(6)按工人的技术等级、性别、年龄分。

(7)按料场、材料品质分。
(8)按检测、试验手段分。
(9)按工程质量事故的性质、等级分。
(10)按工程质量造成经济损失的大小分等。

以上通过逐渐分层、逐次分解的分析数据方法,使施工质量管理工作层层深入、层层解决质量问题。

2. 分层分析法应用

某公路施工队承包6km石灰土基层铺筑施工任务,根据施工进度要求每个操作班应铺2km,施工质量采用每100m灌砂法测定重度是否合格,采用三班操作,使用两个石灰场的石灰,假设其他条件都一样,单项分层检查结果分别如表2-2和表2-3所示,试作分层分析。

操作班检查表　　表2-2

操作班	合格	不合格	不合格率
一	15	5	25%
二	8	12	60%
三	16	4	20%
合计	39	21	35%

石灰供应检查表　　表2-3

石场	合格	不合格	不合格率
甲	11	9	45%
乙	28	12	30%
合计	39	21	35%

由以上单项分层质量检查结果表可知,采用三班的操作方法,选用乙石灰场的石灰有利于施工质量。但若按此结论实施,不一定能提高合格率,甚至可能下降。因为以上两个检查表只是单纯考虑操作班和供应场各自不合格的情况,没有综合考虑操作班和供应场两个因素的影响,所以还应调查不同班产生不合格情况与供应场的关系,为此需要进一步收集数据,重统计列表,如表2-4所示,形成分层分析表。

由以上分层分析表可以看出,如果使用甲石灰场的石灰就应采用一班的操作方法;如果采用乙石灰场的石灰就要选用三班的操作方法。这样就找到了控制质量问题的关键因素,从而保证了石灰土基层施工质量。

操作班和供应场综合因素分层分析表　　表2-4

操作班		甲石灰场	乙石灰场	合计
一	不合格	0	5	5
	合格	3	12	15
二	不合格	5	7	12
	合格	4	4	8
三	不合格	4	0	4
	合格	4	12	16
四	不合格	9	12	21
	合格	11	28	39
合计		20	40	60

下面用某桥梁公司某月份因工程质量问题造成的经济损失,说明分层分析法的步骤。

第一步,列出公司工程质量问题经济损失调查表,如表2-5所示。

工程质量问题经济损失调查表 表 2-5

序号	工程名称	损失金额(元)	所占比率(%)	累计(%)
1	混凝土工程	2 400	48	48
2	砌石工程	1 500	30	78
3	桥面工程	400	8	86
4	安装工程	300	6	92
5	其他项目	400	8	100

由表 2-5 可以看出,混凝土工程和砌石工程的质量问题所造成的经济损失,所占的比率最大为 78%,因此将这两项进行分层分析。

第二步,列出混凝土工程和砌石工程质量问题造成经济损失的原因分层调查表,如表 2-6 和表 2-7 所示。

混凝土工程质量损失原因分层调查表 表 2-6

序号	质量损失原因	损失金额(元)	所占比率(%)	累计(%)
1	混凝土强度不够	1 300	54.2	54.2
2	蜂窝麻面	700	29.2	83.4
3	预埋件偏移	150	6.2	89.6
4	其他	250	10.4	100

砌石工程质量损失原因分层调查表 表 2-7

序号	质量损失原因	损失金额(元)	所占比率(%)	累计(%)
1	灰浆不饱满	700	46.7	46.7
2	垂直缝通缝	400	26.7	73.4
3	表面不平整	150	10.0	83.4
4	其他	250	16.6	100

第三步,分析质量损失的主要原因。从表 2-6 可知,对混凝土工程质量造成经济损失影响最大的原因是混凝土强度不足和蜂窝麻面,它们所占的比例为 83.4%;由表 2-7 可以看出,对砌石工程的质量造成影响最大的原因是灰浆不饱满和垂直通缝。如果对此采取改善措施,并取得成效,质量事故损失就会明显下降。

三、排列图法

排列图由意大利经济学家巴雷特(Pareto)首创,又称巴氏图。它是一种寻找影响质量主要因素的有效方法。由于此方法简单易懂、形象具体,目前在工程施工中广泛应用。

1. 排列图基本原理

实际施工质量,与技术标准、施工规范及设计图纸的要求相比较,总是有误差的,当误差超过规定的允许范围,就成为质量问题。对产生质量问题的原因及发生的数量,分类加以统计,然后按原因及其发生的数量多少,顺序排列在横坐标轴上,同时将相应发生的数量及所占百分比画在纵坐标轴上。这样作出的频数直方图,称为排列图。它的基本原理是,按照质量问题出现的频数,按次序排列,找出造成质量问题的主要原因,然后针对事实采取相应措施加以解决,以便最准确地改进施工质量。

2.排列图的作法

根据相当数量的准确数据,可作出影响质量因素的排列图,其作图步骤为:

第一步,确定调查对象、调查范围、调查内容、调查时间、提取数据的方法、应用工具、施工单位、操作方法、材料来源、材料质量、规格等;收集一批准确而又可靠的数据,并按内容和原因进行分层分析。

第二步,列表整理数据并作相应计算。

将收集到的数据,按照出现次数的多少排列成表,并计算各自所占的比率及累计百分率。

第三步,确定纵、横坐标刻度和比例。

横坐标轴上的各种影响因素,按项目频数大小依次从左到右写出项目名称,各因素的区间尺度要相同。画出质量问题个数和累计百分率两条纵坐标轴,确定纵坐标的刻度和比例。

第四步,画出频数直方矩形图。

按纵坐标的刻度,将各因素发生的频数画出相应的直方矩形图,矩形图之间不留空隙。

第五步,绘制累计百分率曲线。

根据累计百分率在各直方图相应部位点上坐标点,连接这些点,形成一根折线,就是累计百分率曲线。其起点为0%,终点为100%。

第六步,图面必要注明的事项。

在排列图的适当位置,填写必要的注明事项,排列图的标题,排列图数据收集的起讫时间、搜集方法,以及检查检查方法、检查人员、总检查个数、出现质量问题的分析等背景情况。

3.排列图应用

某高速公路一段完工后作了一次施工质量检查,确定影响路面质量的因素有:弯沉值、平整度、摩阻系数、横坡、纵坡、路基宽度、路面宽度共7种。共检查了1 380m长的路段,共135m不合格,合格率为90.2%。为了提高施工质量,进一步寻找这些不合格路段的主要原因,试画出不合格路段影响施工质量因素的排列图。

(1)调查对象为1 380m路段,135m不合格路段影响质量因素的次数统计,如表2-8所示。

(2)按7个检查项目影响质量问题因素的大小进行分层统计,并计算各自的频率和累计频率。其结果如表2-9所示。

不合格路段统计调查表 表2-8

序号	调查项目	不合格次数统计	序号	调查项目	不合格次数统计
1	弯沉值	27	5	纵坡	21
2	平整度	22	6	路基宽度	2
3	摩阻系数	17	7	路面宽度	7
4	横坡	39			

质量问题分层统计表   表2-9

序号	质量不合格主要因素	不合格数量	不合格率(%)	累计率(%)
1	横坡超过规定标准	39	28.89	28.89
2	弯沉大于允许值	27	20.00	48.89
3	平整度不满足要求	22	16.30	65.19
4	纵坡超过规定	21	15.66	80.85
5	摩阻系数偏小	17	12.59	93.34
6	路面宽度不足	7	5.18	98.52
7	路基宽度不够	2	1.48	100.00
	合　计	135	100	

（3）以表 2-9 中质量不合格的要素为横坐标轴，以不合格数量为纵坐标轴，把相应的点按一定的比例画在坐标图上，即为不合格路段质量情况排列图，如图 2-4 所示。

由图 2-4 可以看出，影响该路段质量问题的主要因素是横坡、弯沉值、平整度和纵坡，如果施工中解决了这 4 个因素，不合格率就会降低 80.75%。路基、路面宽度造成不合格的原因所占比重不大，说明施工放样与测量控制满足高速公路施工要求。

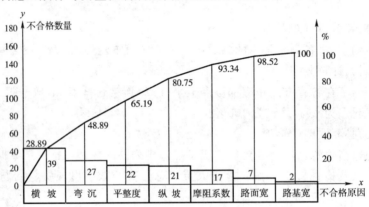

图 2-4　高速公路质量不合格排列图

4. 排列图的观察

排列图虽然是按教学坐标作出来的图形，但在观察和应用中不能完全从教学概念去分析和理解它，而应从以下方面综合分析应用。

（1）排列图中的影响质量的原因不论多少，也不管每个原因发生次数的多少，在横坐标上表示为相等的宽度，但在纵坐标上矩形柱的高度却不相同。因此，应用排列图寻找主要原因时，主要看矩形柱高矮因素，哪个矩形柱高，哪个就是影响质量的主要原因，就应该抓住不放，认真执行 PDCA 循环，一直到高柱变成了矮柱，表明这个质量因素得到控制后，才算告一段落。

（2）在工程施工质量管理中，影响质量的因素往往不是一个、两个，而是若干个。所以，作出的排列图也是由若干个矩形柱组成的。确定原因的主次一般有两种方法：第一种方法是选取前面 1～3 个高柱，最好选择第一个或第二个；第二种方法是利用累计频率曲线确定，将累计百分数划分为三个区间，把质量不合格原因累计达 80% 的区段划为第Ⅰ区，累计 80%～95% 的区段划分为第Ⅱ区，其余为第Ⅲ区。这表示第Ⅰ区的原因不合格原因占全部原因的 80% 是主要因素，亦即必须着重解决的关键问题。第Ⅱ区质量不合格原因占全部原因的 15%，与第Ⅰ区比较是次要的因素,但也要给予适当的注意,尽可能设法消除。第Ⅲ区的原因只占全部原因的5%是一般因素,不是要解决的重点。

(3)运用排列图确定影响质量的主次原因,不仅数据准确,问题反应灵敏,而且形象简明,反映出来的质量问题不带主观性、片面性。因此,排列图不仅运用于施工质量管理,而且适用于其他管理工作,特别适用于千头万绪、错综复杂的情况下寻找主要矛盾。故它是工程质量管理工作中简便而十分有效的工具。

5. 排列图应用注意事项

排列图是对质量不合格的情况进行统计分析,找出发生质量问题关键性原因的一种方法,在工程施工质量管理中应用排列图,必须注意下列问题:

(1)要掌握相当多而又准确的数据和资料,才能作出符合施工实际情况的排列图。

(2)原因分类一定要具体,尽量使各因素间的数值有明显的差别,以便突出主要原因,防止矩形柱图高差不大,给判断工作带来困难,原因分类项目应根据实际需要和有关规范、规程和规定的要求而定。

(3)作排列图前,为了有利于工作循环和比较,一定要先确定搜集数据的起止时间和范围,如果搜集的数据不是在要求的时间发生的或者不是属于本系列范围的数据,作出的排列图就不起控制质量和指导工作的作用。所以,准确确定排列图所取数据的时间和范围十分重要。

(4)要变换分层方法,从不同方面进行分类,从各个不同角度分析问题,画出几种排列图进行比较,从而在复杂的问题中找出最主要的问题。

(5)对工程质量不合格问题,采取措施的前后都应画出排列图,以便对照分析,验证采取处理措施后的效果。

四、因果分析图法

因果分析图是日本东京大学石川馨提出的一种继续深入寻找影响质量问题主要原因的产生根源的一种图示方法。它又称为特性要因图,是用来分析质量问题因素关系和产生质量问题的一种工具,其图形像一根树枝或鱼刺,故也有人称其为树枝图或鱼刺图。

1. 因果分析方法

一般情况下,造成施工质量问题的原因是多方面的,要找出究竟哪个是主要原因,就必须把有关的原因全部罗列出来,然后由大到小,由粗到细,进行分析研究,逐步缩小范围,直到最后确定一两个主要原因,为施工质量管理提供确切的情报。

寻找产生质量问题的原因,一般采用两种办法。第一种办法是召开质量问题座谈会和讨论会,充分发扬民主、集思广益寻找产生质量问题的原因,并讨论确定主要原因,制订相应对策加以改进。第二种办法是利用前面介绍的排列图法,它也是寻找产生质量问题的原因的一个方法。

然而,排列图必须有足够的数据才能画出,而且排列图所列的原因项目,一般都是比较容易搜集统计数据的项目,因而原因不可能分得很细。而因果分析法则寻找很细的原因,因为它不用数据判断,而是靠调查研究工程施工实际情况进行推理分析的一种方法。因此,在实际应用中常把排列图和因果分析图同时结合起来,先用排列图法寻找质量问题较大范围的原因,进一步分析产生质量问题的主要原因后,再用因果分析图的方法作更加详细具体的原因分析。

2. 因果分析图模式

施工质量发生的原因是多方面的,但是一般总离不开人员、材料、机具设备、施工技术、组织管理和环境6个方面因素。每个原因又有它产生的具体原因,这些具体原因又是由更小的原因形成的。把所想到的原因分门别类地归纳起来,绘成一根树枝或鱼刺状的因果分析图,如图2-5所示,以便弄清各个原因之间的关系。

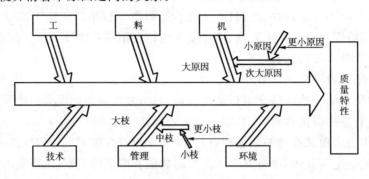

图2-5 因果分析模式图

图2-5中术语及图形符号的含义如下:

(1)质量特性,就是质量结果的意思,一般用双线主干箭头指向右方。例如在工程施工过程中经常出现的混凝土裂缝、强度不足、掉钻头等问题,以及在施工管理中的工时利用率、劳动生产率、设备完好率、降低成本率等,都是质量特性。进行质量管理,就是要对质量特性的变化加以控制,使质量特性值在标准的特性值范围之内。

(2)原因,就是产生质量特性的原因。原因决不只是一个,两个,而是多个,例如劳动生产率不高的原因,可能有思想认识问题、工资奖金分配问题、组织安排问题、客观条件影响问题等。这里劳动生产率不高就是质量特性,产生的几个方面的问题就是原因。

(3)树干和树枝,树干代表质量特性,大枝表示大原因,中枝为次大原因,小枝为小原因,更小枝代表更小的原因。这样由枝干和树枝形成树形图,就构成了特性到原因之间的联络关系网。进行质量管理时,就可以从大到小,"顺藤摸瓜"寻找原因,并且追根究底。

3. 因果分析图的做法

作因果分析图的过程是一个判断推理的过程,在整个作图过程中应积极讨论、认真研究、周密思考,防止遗漏原因。因果分析图的作图方法一般按以下步骤进行:

(1)确定质量特性,即确定作什么质量问题的因素分析图。确定方法有研究讨论质量会议和排列图法两种。

(2)画出质量特性双根主干箭线指向右方,并在右方框线注明分析的质量问题,即质量特性的名称。

(3)寻找可能影响质量特性的大原因,并画出树形图的大枝。

工程施工中产生质量问题的主要原因大体有:人工、材料、机具、技术、管理、环境6个方面的因素。对某一质量特性而言,这6个因素并不一定都同时存在,要召开有关人员讨论会,放开思想,消除偏见,实事求是地对客观原因和主观因素进行分析。根据实际情况,作出可能影响质量特性的几个大枝。

(4)对每个大原因逐层进行分析,步步深入,从大的方面追寻到最小最具体的原因,并相应画出中枝、小枝和更小枝。

(5)为了慎重解决质量问题,必要时还应及时思考,广泛征求意见,尽量不遗漏影响施工质量的各种因素。

(6)对关键性原因讨论确定后要予以附加说明,以便制订改进质量对策时,给予足够的重视。附记方法可根据实际施工情况,用文字或符号加以说明。

(7)制订质量改进对策,并落实到人,限期改正。利用因果分析图的目的,是为了改善和提高施工质量以及工作质量。因此,当找到影响质量问题的因素后,要有的放矢地制订相应改进对策,并落实到人头上,限期加以改正。在制订对策时可按表2-10的格式填写,这样才会起到因果分析的作用。

改进质量对策表　　　　　　　表2-10

序号	影响质量因素	处理对策	责任人	期限

(8)在图面上标记制图时间、制图人、制图单位、主要负责人,制图的客观条件和情况等有关事项。

4.因果分析图应用

例如,沥青路面面层早期裂纹问题,分析大的原因有技术中的设计与施工、材料、环境三个方面。各个大原因中又有许多中原因,中原因中还有更多的小原因。经反复讨论,进一步核对后,作出的因素分析图如图2-6所示。

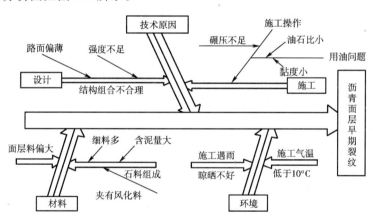

图2-6　沥青路面层早期裂纹因果分析图

通过有关人员详细讨论,分析出影响沥青路面面层早期裂纹的主要原因含泥量大、夹有风化石料。故可根据表2-10采取相应的对策为:由材料供应部门指定料场,石料低于三级的不许使用,由工班长负责安排用水冲洗石料污泥。

5.应用因素分析图的注意事项

因果分析图虽然简单易懂,但是如果不能对施工项目较全面、较深入的了解,没有掌握有关的施工专业技术,是画不好的。只有广泛听取各有关人员的意见,集思广益,才能准确地找出问题的所在,制订有效的对策,并在施工中反复验证,直到取得实效。因此,作因素分析图时必须注意下列问题:

(1)质量特性结果一定要取准,以便查找原因。

(2)对产生质量特性的原因,要从大到小,由粗到细,层层追根究底,才能寻找到各种原因。

(3)大原因不等于主要原因,小原因也不一定是次要原因。找到各种原因后,经有关人员讨论分析,最后确定出一两个主要原因。

(4)没有因果关系的原因不要画在图上,以免引起混乱,达不到解决质量因果关系的目的。

(5)质量特性和各种原因最好先采用数据化或图表化处理后,再作因素分析图。

(6)分析出来的原因一定要放到施工中去验证,看采取措施后,质量问题是否好转,好转程度如何?在实际应用中,往往要经过几次反复,直到取得实效为止。

第三章 质量控制技术及应用

工程全面质量管理除常用调查表法、分层分析法、排列图法、因果分析图法等一般统计方法外,还常用直方图法、管理图法、相关图法等数理统计方法,以及系统图法、关联图法、KJ 法、矩阵图法、矩阵数据分析法、PDPC 法及箭头法等七种新工具。用数理统计方法优于施工中采用的定期或不定期质量检查的方法。全面质量管理除强调组织管理和发挥全体职工的主观能动性外,其突出特点是用数据说话,即运用数理统计方法,通过有目的地搜集、整理、分析数据,作为判断、决策和解决质量问题的科学方法。

工程全面质量管理,采用数理统计方法必须具备两个先决条件:一是有相当稳定的严格按操作规程办事的施工生产过程;二是有连续施工且大批量生产的工程对象,只有满足以上条件,才能找到工程质量误差的现状和内在的客观规律性。如果管理的对象数量少或者施工工艺多变的工程项目,则不太适宜采用数理统计方法。

第一节 工程质量管理数理统计

运用数理统计方法管理施工质量,主要是通过数据分析,寻找出工程质量误差的规律性,为管理工作提供质量情报。所以数理统计方法本身仅是一种工具,只能通过它准确、及时地反映质量动态,而不能直接解决和处理质量问题,如何正确利用数理统计工具,管理施工生产,确保施工质量,必须弄清有关质量管理中的数理统计概念。

一、数理统计学

数理统计学以概率论为基础,从实际观测资料出发,研究如何合理地搜集数据,对随机变量的分布函数、数字特征等进行估计、分析推理。更具体地讲,它是研究从一定总体中随机抽出一部分样本或子样,以样本或子样的某些性质对所研究的总体性质作出推测性的判断。

数理统计学的基本任务,是研究以有效的方式搜集、整理和分析所受到随机性影响的数据,以对所考察的问题作出判断、预测,直到为采取决策及行动提供依据或建议为止。

数理统计方法应用十分广泛,几乎在人类活动的一切领域中都能不同程度地找到它的应用。用于工程施工生产中的质量控制时,不仅对提高产值和质量起直接的推动作用,而且可提供大量随机现象中某些事物的内在发展规律。

二、质量管理中的数据

1. 总体、样本和子样

数据是数理统计方法的基础,"用数据说话"是全面质量管理的基本观点之一。质量管理中的数据分为计量值和计数值两大类。计量值数据是对材料、构件、半成品、成品等的某一质量特性用计量工具或仪器设备测出的用以反映这一质量特性的数据,例如混凝土强度、沥青针入度、路面或桥面平整度等。计数值是用计数的方法对构件或产品的不合格数、缺陷数、裂纹数的计数结果。显然计数值为 $0\sim n$ 的整数,而计量值不一定为整数,一般都是整数后带有小数或者本身就是小数。

直观地说,在全面质量管理数理统计中,把所要研究的质量对象的全体称为总体。从总体中随机抽取一部分,这一部分就称为总体的样本。而这个样本的全体则称为子样。总体就是一个带有确定概率分布的随机变量,常用大写字母 X,Y 等表示。从总体 Z 中,随机地抽出几个个体 $x_1,x_2,\cdots,x_n$,这样取得的 $(x_1,x_2,\cdots,x_n)$ 称为总体 Z 的一个样本。样本中个体数目 a 称为样本容量。例如,工程施工现场有一批钢筋,要想确定这批钢筋的强度,则这批钢筋就是一个总体,而每根钢筋的强度则是一个个体。从这批钢筋总体中随机抽出 10 根做试验,则这 10 根钢筋就是样本,又称子样。

2. 全数检查和抽样检查及随机取样

进行施工质量管理的目的,主要是判断工程质量是否合格。判断工程质量一般采用全数检查与抽样检查两种方法。所谓全数检查就是对总体中每个组成部分逐个进行检查,例如,对预制构件的尺寸、钢筋根数等每个都要检查。而抽样检查则按数理统计方法,从总体中取出一部分样本进行检查或测定,从而推测总体的质量,例如,预制构件的抗压、抗弯强度检查,就只能采用抽样检查。由于全数检查工作量大、费用较高,而且有时还带有破坏性,因此,一般除重要项目外,大多采用抽样检查。为了保证样本能很好地表示总体,必须进行随机取样,就是在抽取子样时,要保证总体中每一个体抽到的机会相等和具有代表性。随机取样的常用方法有四种:

(1)抽签法。把总体编上号码 $1,2,3,\cdots,N$,然后将号码均匀混合后任意抽取。该方法虽然简单易行,但它只适用总体个数 N 较小时的情况。

(2)查随机数表法。现代计算机技术都有随机数表,根据此表确定样本。此法理论比较严密,但使用时比较麻烦。

(3)系统抽样法。它是在施工过程中取样,可每隔一定时间和空间抽样一次,例如在沥青混凝土拌和厂每天定时取样。这种方法适用于无限总体,但是当质量指标存在周期性变化时,它容易产生较大的偏差,取样时要特别注意尽可能减少周期性变化对样品的影响。

(4)分层抽样法。用于松散的堆放物质,如碎石、砂砾、石灰等。

三、随机事件及其频率与概率

1. 随机事件

对施工质量检查来说,在一定试验条件下,某个可能出现也可能不出现的试验结果称为随机事件,又称为偶然事件。例如,按照相同的施工工艺预制生产了 300 个人行道块件,从这批块件中任意取一块,"质量不合格"这个事件可能发生也可能不发生,所以"质量不合格"就是一个随机事件。

2. 事件的频数

假设在相同的条件下进行了几次试验,事件 A 出现的次数 f 称为事件 A 的频数。在工程施工质量管理中,有若干真实、准确和可靠的数据,每个数据出现的次数即为频数。它有两方面的含义:

第一,在一组数据中,某一个数据的频数就是它反复出现的次数。例如,测量 10m 长的预制构件,量测 10 次的尺寸分别为:10、9.8、9.6、9.8、9.7、9.9、9.8、9.9、9.8、9.7m。经统计可知:9.8m 的频数为 4,9.9m 和 9.7m 的频数均为 2,10m 和 9.6m 的频数都为 1。

第二,将一组数据划分为若干个区间,某区间的频数是指该区间内数据出现的次数。如果把上述预制构件长度数据划分为(9.45~9.65m)、(9.65~9.85m)、(9.85~10.05m)三个区间,可以看出(9.45~9.65m)区间内只有 9.6m 一个数据,即这个区间的频数为 1,而(9.65~9.85m)区间内有 2 个 9.7m 和 4 个 9.8m 共计 6 个数据,即此区间的频数为 6,同理(9.85~10.05m)区间的频数为 3。

3. 事件的频率

设在相同条件下进行几次试验,事件 A 出现的次数 f 称为频数,频数 f 与试验次数 n 的比值 f/n 称为几次试验中事件 A 的频率,记为 $W(A)$ 即:

$$W(A) = \frac{f}{n} \tag{3-1}$$

在质量管理数据中,每个数据出现的个数为频数,频数 f_i 与频数之和 $\sum f_i$ 的比值 $f_i/\sum f_i$ 称为频率,也记为 $W(A)$,则:

$$W(A) = \frac{f_i}{\sum f_i} \tag{3-2}$$

随机事件的频率具有以下性质。

(1)随机事件的频率总在 0~1 之间,即:

$$0 \leqslant W(A) \leqslant 1 \tag{3-3}$$

(2)在一定条件下必然发生的事件 U 的频率 $W(U)$ 恒等于 1;一定条件下一定不会发生的事件 V 的频率 $W(V)$ 恒等于 0,即:

$$\begin{cases} W(U) = 1 \\ W(V) = 0 \end{cases} \tag{3-4}$$

(3)频率具有随机性和统计规律性。对于一个事件 A,如果重复试验的次数不太多时,其频率 $W(A)$ 不一定相同,说明它具有随机性;但当试验次数 n 相当大时,频率 $W(A)$ 将趋于一个常数 P,可见它又具有统计规律性。

在进行工程施工质量管理中,对搜集的质量数据进行整理、分析时,应充分运用频率的概念、性质及其计算方法,还应特别注意频率的统计规律性,必须收集大量样本数据,才能找到质量问题的内在规律。

4. 事件的概率

在相同条件下进行大量试验,随着试验理论数无限增大,事件 A 的频率逐渐趋于某个稳定数值 P,把频率的稳定值 P 称为事件 A 的概率,记作 $P(A)$,即:

$$P(A) = P \tag{3-5}$$

类似于频率的性质,事件的概率也有两个性质:

第一,事件 A 的概率总在 0~1 之间,即:

$$0 \leqslant P(A) \leqslant 1 \tag{3-6}$$

第二,必然事件 U 的概率 $P(U)$ 恒等 1,不可能事件 V 的概率 $P(V)$ 等于 0,即:

$$\begin{cases} P(U) = 1 \\ P(V) = 0 \end{cases} \tag{3-7}$$

5. 频率与概率的关系

事件的频率与概率是度量事件出现可能性大小的两个统计特征数。频率是个试验值,具有随机性,可能取多个数值,只能近似地反映事件出现可能性的大小;概率是个理论值,它由事件的本质所决定,只能是唯一值,能精确地反映事件出现可能的大小。

虽然概率能精确地反映事件出现可能性的大小,但它要通过大量试验才能得到,这样做不仅不经济,而且往往也是行不通的。因此,在工程施工质量管理中,对搜集到的有限个样本数据,进行数理统计分析时,常用频率代替概率。

四、质量管理常用的统计量

在进行施工质量管理中,样本质量是总体质量的代表及反映,但在抽取样本后,并不是用样本的几个数据去推测工程质量,而应对这些个体进行加工、提炼,把样本所包含的有关质量信息集中起来,形成样本函数,这种样本函数在数理统计学中称为统计量。质量管理常用的统计量有:表示数据集中程度的特征值,即样本平均值;表示数据离散程度的特征值,即极差值、总体偏差、样本偏差等。

1. 平均值 $\bar{x}$

如果从总体 X 中取出几个样本数据为 $x_1, x_2, \cdots, x_n$,那么样本的平均值 $\bar{x}$ 为:

$$\bar{x} = \frac{x_1 + x_2 + \cdots + x_n}{n} = \frac{\sum_{i=1}^{n} x_i}{n} \tag{3-8}$$

通常总体的平均值用 u 表示,样本的平均值用 $\bar{x}$ 表示,当样本容量 n 较大,即 $n \geqslant 100$ 时,样本平均值就基本接近总体平均值 u。

平均值是质量管理中经常遇到的统计量,通常所谓工程质量好坏、产品质量问题、工作质量如何,都是指平均质量而言。

2. 极差值 d

极差值是指几个样本数据$(x_1, x_2, x_3, \cdots, x_n)$中最大值 $x_{\max}$ 与最小值 $x_{\min}$ 之差。它描述了样本数据的分布范围,一般由 d 表示,其计算公式为:

$$d = x_{\max} - x_{\min} \tag{3-9}$$

例如,有两组样本数据 A 和 B,其数字分别为 $A(50, 50, 50, 50, 100)$、$B(40, 50, 60, 60, 90)$;它们的平均值和极差为:

对于样本 A:$\bar{x} = \dfrac{50 + 50 + 50 + 50 + 100}{5} = 60$

$d = x_{\max} - x_{\min} = 100 - 50 = 50$

对于样本 B:$\bar{x} = \dfrac{40 + 50 + 60 + 60 + 90}{5} = 60$

$d = 90 - 40 = 50$

计算结果表明:样本 A 与样本 B 的平均值和极差都相同,但样本 A 和样本 B 的数据分布状态并不相同。这就说明,仅靠极差不能反映数据的离散程度,而需要用另外的统计量来描述数据的离散程度,这个统计量就是标准偏差。

3. 标准偏差 σ 和 s

标准偏差也叫均方差,它是描述样本数据离散特性的统计量。

对有限个总体的标准偏差用 σ 表示,其计算公式为:

$$\sigma = \sqrt{\frac{1}{n-1} \sum_{i=1}^{n} (x_i - u)^2} \tag{3-10}$$

式中:n——总体的个数;

x_i——总体的数据;

u——总体的平均值。

对样本$(x_1,x_2,x_3,\cdots,x_n)$的标准偏差用s表示,其计算公式为:

$$s=\sqrt{\frac{1}{n-1}\sum_{i=1}^{n}(x_i-\overline{x})^2} \tag{3-11}$$

或者:

$$s=\sqrt{\frac{1}{n-1}(\sum_{i=1}^{n}x_i^2-n\overline{x}^2)} \tag{3-12}$$

式中:n——样本容量,即样本数据的个数;

x_i——样本数据;

$\overline{x}$——样本平均值,即按式(3-8)计算。

现仍以上述样本数据A和B为例,计算样本A和样本B的标准偏差为:

对样本A: $s=\sqrt{\frac{1}{5-1}[(50^2+50^2+50^2+50^2+100^2)]-5\times 60^2}$
$=22.4$

对样本B: $s=\sqrt{\frac{1}{5-1}[(40^2+50^2+60^2+60^2+90^2)]-5\times 60^2}$
$=18.4$

计算结果表明,样本A的离散程度比样本B大,也就是说用标准偏差能较好地描述数据的离散程度。

4. 质量管理正态概率分布曲线

凡可计量的质量管理统计分布曲线,如图3-1所示,多数情况服从或接近正态概率分布规律(图3-2)。正态分布曲线在$x=u$处出现最大概率密度,并对称于直线$x=u$,且以x轴为渐近线。质量统计分布曲线在$x=\overline{x}$,同样以x轴为渐近线。故在质量管理的数据统计方法中,采用正态分布曲线的性质,为质量管理决策提供可靠的情报。

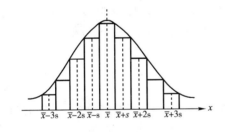

图3-1 质量管理统计分布

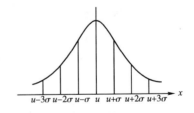

图3-2 正态分布曲线

可供质量管理使用的正态分布曲线有如下性质:

(1)正态分布曲线或统计分布曲线与x轴围成的面积为1,即全部概率之和为1。

由此可以求出,曲线、x轴与直线$x=u\pm\sigma$或者$x=\overline{x}\pm s$所围成的面积为0.6826,即概率为68.26%;曲线、x轴与直线$x=u\pm 2\sigma$或者$x=\overline{x}\pm 2s$围成的面积为0.9545,即概率为95.45%;曲线、x轴与直线$x=u\pm 3\sigma$或者$x=\overline{x}\pm 3s$围成的面积为0.9974,即概率为99.74%;曲线、x轴与直线$x=u\pm 4\sigma$或者$x=\overline{x}\pm 4s$围成的面积为0.9999,即概率为99.99%。

(2)工程质量测定值偏离平均值u或$\overline{x}$在1倍标准偏差1σ或$1s$以上的概率为$1-68.26\%=31.74\%$;它在2倍标准偏差2σ或$2s$以上的概率为$1-95.45\%=4.55\%$;同理在3σ或者$3s$以上的概率为$1-99.74\%=0.26\%\approx 3‰$,其余类推。

(3)质量管理中的千分之三原则。就是假定测定1000件产品的统计值,就可能有997件产品的统计值出现在$[(u-3\sigma)\sim(u+3\sigma)]$或者$[(\overline{x}-3s)\sim(\overline{x}+3s)]$区间内,而统计值不在此区间内的产品总数加起来可能不超过3件。这在质量管理中被称为千分之三原则。

(4)施工质量管理中,工程质量标准一般根据规范中规定的上限和下限确定,但是,当规范中没有上限和下限标准规定时,可取质量标准上限为$\overline{x}+3s$,下限为$\overline{x}-3s$,作为质量控制界限。

第二节 直方图法及应用

频数分布直方图法,简称为直方图法,又称为质量分布图法。它是将收集到的样本数据,按数理统计方法进行整理分析,然后画出直方柱状统计图。由于每根柱代表一定范围内数据出现的频数,所以它是通过频数分布来分析研究样本数据的集中程度和波动范围,从而判断和预测施工过程中总体的质量情况,以及考查工作能力是否满足需要,据此进行全面质量管理。

一、直方图作法及其应用

1. 作直方图的步骤

(1)收集数据,收集的数据不能太少,太少时容易产生较大的误差,分析出的总体质量不准确。一般取100个子样数据,并将每个子样的数据列出一览表。取样可采取随机取样方法。

(2)找出样本数据中的最大值$x_{\max}$和最小值$x_{\min}$,并求出极差值d。确定最大值和最小值的方法,是将全体样本数据列表后,先找出每行中的最大值和最小值,然后在已找出的每行最大值和最小值中找出全体数据的最大值和最小值。

(3)确定分组数和组距。组数用k表示,它由搜集的样本数据多少确定。当样本容量n为50~100时,可分为10~20组;一般取10组为宜,即$k=10$;当样本容量$0\leqslant n\leqslant 50$时,可分为5~10组。组距用h表示,它一般由测量数据要求的精度决定,组距太小,频率往往会忽大忽小无规律变化,得不到频数分布规律;反之,组距太大,即分组太少,也会掩盖频数分布真实情况。通常是先确定组数k,后确定组距h,其计算公式为:

$$h=\frac{x_{\max}-x_{\min}}{k}=\frac{d}{k} \tag{3-13}$$

(4)确定组界值,全体数据分组后,每个分组区间的数值应该是连续的,不能存在间断现象,即上一组的终点值必须是下一组的起点值,组与组之间不能间断。为了避免数据刚好落在组界值上,组界值的数据应比原数据低出或者高出半个组距。

第一组的上、下组界值可按下式计算:

第一组下界值$=x_{\min}-\dfrac{h}{2}$

第一组上界值$=x_{\min}+\dfrac{h}{2}$ \qquad (3-14)

第二组下界值即为第一组上界值$x_{\min}+\dfrac{h}{2}$,第二组上界值则为第一组上界值加上组距,即:

第二组上界值$=x_{\min}+\dfrac{h}{2}+h=x_{\min}+\dfrac{3h}{2}$

第三组上界值$=\left(x_{\min}+\dfrac{h}{2}+h\right)+h=x_{\min}+\dfrac{5}{2}h$,所以,第$k$值上界值$=x_{\min}+\dfrac{(2k-1)}{2}h$。

(5)编制频率分布统计表并统计频数与计算频率值。根据它确定的组界值,就可以给出频数与频率分布统计表。

(6)绘制频数分布直方图。尽管从频数分布统计表上可以看出全体数据的分布情况,但在质量管理中,为了进一步了解工程质量情况,还要画出频率分布直方图。其图形为一张坐标图,横坐标表示分组区间的划分,纵坐标表示分组区间值发生的频数。

(7)直方图的计算和分析。直方图本身仅是一种工具,只有通过它准确、及时地反映质量问题,而不能直接处理和解决质量问题。所以必须计算平均值 $\bar{x}$ 和标准偏差 s,分析研究数据的集中程度和波动情况,据此判断和预测施工质量情况,考察工作能力,为管理决策提供可靠的情报。

2. 直方图应用

根据上述直方图的步骤,下面以某施工项目混凝土强度数据为例,叙述直方图的作图方法。

(1)收集混凝土强度样本数据,取样本容量 $n=200$,列表为表 3-1。

混凝土强度取样数据表　　　　　表 3-1

组号	强度数据（MPa）										x_{min}	x_{max}
1	29.6	28.4	28.6	28.7	29.0°	29.4	28.2*	28.3	28.9	29.9	28.2	29.9
2	28.7°	28.7	27.5	28.3	27.8	27.3	27.1*	28.5	28.3	28.0	27.1	28.7
3	27.1*	28.1	28.6	28.6	28.6	28.9°	28.1	28.9	27.8	28.4	27.1	28.9
4	28.6	28.9	29.7°	29.2	28.7	27.3*	28.3	28.9	27.5	27.9	27.3	29.7
5	28.4	27.9	29.0°	27.8	28.4	28.8	27.1*	28.0	28.6	29.0	27.1	29.0
6	28.7	28.3	29.1°	28.4	27.9	27.1*	27.9	28.4	28.3	28.8	27.1	29.1
7	28.6	28.0	28.7	29.0	29.7°	28.5	28.4	28.6	27.9*	28.6	27.9	29.7
8	28.7	28.7	29.4°	28.5	29.1	29.0	28.9	27.8	28.4*	28.9	28.4	29.4
9	29.3	29.6°	28.5	28.4	28.7	29.0	28.0	28.9	27.9*	28.9	27.9	29.6
10	28.9	28.1	28.1	28.2	28.6	29.2°	27.7*	28.5	27.7	27.7	27.7	29.2
11	28.3*	28.7	28.3	28.5	29.5°	29.1	28.7	28.6	28.3	28.9	28.3	29.5
12	29.4	29.3	28.8	27.9	29.9°	29.0	27.6*	28.3	28.0	28.5	27.6	29.9
13	28.0	28.8	28.6	28.8	28.1	28.5	28.3	28.9	29.1°	27.7*	27.7	29.1
14	28.7	28.5	27.4*	28.9	29.9°	28.9	27.8	28.1	27.5	28.9	27.4	29.9
15	28.4	28.5	29.0°	29.0	28.3	28.8	27.8	28.4	27.5*	27.5	27.5	29.0
16	29.0	28.4	29.8°	28.0	28.9	28.1	28.9	27.3*	28.4	28.4	27.3	29.8
17	28.6	28.4*	29.1	29.4°	29.0	28.4	28.9	28.6	28.7	29.0	28.4	29.4
18	28.5	28.3	29.2	27.9	28.1	29.0	28.3	27.7*	27.7	29.4°	27.7	29.4
19	28.5	28.4	28.1*	28.8	29.0	29.3	29.1	28.9	28.8	29.4°	28.1	29.4
20	28.4	28.8	27.8*	28.0	28.4	28.1	28.5	29.0°	28.1	27.9	27.8	29.0

注：表中"*"为最小;"°"为最大。

(2)在表 3-1 中,先找出每行中的最大值和最小值,再从已找出的最大值和最小值中,找出样本数据的最大值和最小值,并计算极差。

在表 3-1 中,$x_{max}=29.9$MPa,$x_{min}=27.1$MPa

$$d=x_{max}-x_{min}=29.9-27.1=2.8\text{MPa}$$

(3)确定分组数和组距。

表 3-1 中,取 $k=9$,则按式(3-13)计算组距 h 为:

$$h=\frac{d}{k}=\frac{2.8}{9}=0.311\text{MPa},取\ h=0.3$$

(4)确定分组区间的组界值。第一组的组界值按式(3-14)计算为:

第一组下界值 $=x_{\min}-\frac{h}{2}=27.1-\frac{0.3}{2}=26.95\text{MPa}$

第二组上界值 $=x_{\min}+\frac{h}{2}=27.1+\frac{0.3}{2}=27.25\text{MPa}$

第二组区间下界值为 27.25MPa

上界值 $=x_{\min}+\frac{3}{2}h=27.1+\frac{3}{2}\times 0.3=27.55\text{MPa}$

其他组界值同理可求出并列表见表 3-2。

混凝土强度频率统计表   表 3-2

组 号	组区间界值(MPa)	频 数 统 计	频 数	频 率
1	26.95~27.25	4	4	0.020
2	27.25~27.55	6	6	0.030
3	27.55~27.85	13	13	0.065
4	27.85~28.15	30	30	0.150
5	28.15~28.45	40	40	0.200
6	28.45~28.75	42	42	0.210
7	28.75~29.05	38	38	0.190
8	29.05~29.35	12	12	0.060
9	29.35~29.65	9	9	0.045
10	29.65~29.95	6	6	0.030
合 计			200	1.000

(5)制表 3-2 并统计频数和计算频率。

(6)绘制频数分布直方图。

以混凝土强度的区间数为 x 轴,各区间值发生的频数为 y 轴,作出频数分布直方图。如图 3-3 所示。

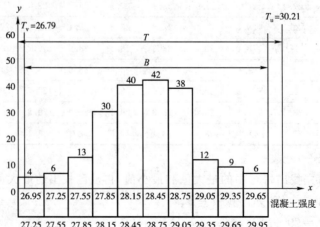

图 3-3 混凝土强度频数分布直方图

计算统计平均值 $\bar{x}$ 和标准偏差 s，判断质量状况。

由式(3-8)知：$\bar{x} = \frac{1}{n}\sum_{i=1}^{n} x_i = \frac{1}{200}(26.9 + 28.4 + \cdots + 28.1 + 27.9)$

$= 28.5 \text{MPa}$

由式(3-12)知：$s = \sqrt{\frac{1}{n-1}(\sum_{i=1}^{n} x_i^2 - n\bar{x}^2)}$

$= \sqrt{\frac{1}{200-1}[(26.9^2 + 28.4^2 + \cdots + 28.1^2 + 27.9^2) - 200 \times 28.5^2]}$

$= 0.57 \text{MPa}$

上述计算比较烦琐，在处理实际问题时，可采用计算器进行统计量 $\bar{x}$ 和 s 的计算，也可采用计算机程序计算。

质量标准上限取 $\bar{x} + 3s = 28.5 + 3 \times 0.57 = 30.21 \text{MPa}$，质量标准下限取 $\bar{x} - 3s = 28.5 - 3 \times 0.57 = 26.79 \text{MPa}$。

则质量标准界限起止宽度 T 为：

$$T = \bar{x} + 3s - (\bar{x} - 3s) = 6s = 6 \times 0.57 = 3.42 \text{MPa}$$

直方图正态分布宽度 B 为：

$$B = 29.95 - 26.95 = 3.0 \text{MPa}$$

质量状况用标准界限起止宽度 T 与直方图分布宽度 B 的比值来表示，也称为工作能力系数，一般用 C_p 表示，即：

$$C_p = \frac{T}{B} = \frac{3.42}{3} = 1.14$$

二、直方图的用途

1. 用样本统计值推算总体质量废品率

作频数分布直方图的目的之一，是预测施工过程中质量不合格率，其方法是同样本统计平均值 $\bar{x}$ 和标准偏差 s 与规范规定的标准进行对比，即可推算质量可能出现的次品率。

由图 3-3 可知，统计分布曲线与横坐标轴围成的面积在质量标准上、下限以外的部分，就是总体质量的废品率。可用标准正态分布函数求得。其具体方法是：

(1) 首先明确工程质量的标准要求，包括标准的计量单位，标准的上下限值。

(2) 计算出施工质量的实际状况，即求样本函数的统计平均值 $\bar{x}$ 和标准偏差 s。

(3) 计算工程质量实际可能出现的废品率。

工程质量评定标准，一般有上下两个标准界限值，一个是上限值 T_u，另一个是下限值 T_v。质量不合格也有两种，一种是超过标准上限值，另一种是超过标准下限值。因此，质量的废品率也有两个，即超上限废品率 P_u，超下限废品率 P_v，总体质量合计废品率 $P = P_u + P_v$。

(4) 计算超上限 T_u 偏差 K_{eu} 和超下限 T_v 偏差 K_{ev}，并根据 K_{eu} 和 K_{ev} 查标准正态分布曲线表，见表 3-3，相应得出 P_u 和 P_v。

$$K_{eu} = \frac{|T_u - \bar{x}|}{s} \tag{3-15}$$

$$K_{ev} = \frac{|T_v - \bar{x}|}{s} \tag{3-16}$$

例如，以表 3-1 的数据为例，若某工程混凝土构件设计强度为 27.0MPa，只允许超上限差

10%,试推算这批混凝土构件施工的废品率。

由前面计算已知,$\bar{x}=28.5\text{MPa}, s=0.57\text{MPa}$

标准上限 $T_u=27.0+27.0\times10\%=29.7\text{MPa}$

标准正态分布曲线表　　　　　　　　　　　　　表 3-3

$$K_\varepsilon \to \varepsilon = P_r\{u \geqslant K_\varepsilon\} \qquad \frac{1}{\sqrt{2\pi}}\int_{K_\varepsilon}^{\infty} e^{-x^2/2}dx \text{(从 } K_\varepsilon \text{ 求 } P_r \text{ 表)}$$

K_ε	*=0	1	2	3	4	5	6	7	8	9
0.0*	0.5000	0.4960	0.4920	0.4880	0.4840	0.4801	0.4761	0.4721	0.4681	0.4641
0.1*	0.4602	0.4562	0.4522	0.4483	0.4443	0.4404	0.4364	0.4325	0.4286	0.4247
0.2*	0.4207	0.4168	0.4129	0.4090	0.4052	0.4013	0.3974	0.3936	0.3897	0.3859
0.3*	0.3821	0.3783	0.3745	0.3707	0.3669	0.3632	0.3594	0.3557	0.3852	0.3483
0.4*	0.3446	0.3409	0.3372	0.3336	0.3300	0.3264	0.3228	0.3192	0.3156	0.3121
0.5*	0.3085	0.3050	0.3015	0.2981	0.2946	0.2912	0.2877	0.2843	0.2810	0.2776
0.6*	0.2743	0.2709	0.2676	0.2643	0.2611	0.2578	0.2546	0.2514	0.2483	0.2451
0.7*	0.2420	0.2389	0.2358	0.2327	0.2296	0.2266	0.2236	0.2206	0.2177	0.2148
0.8*	0.2119	0.2090	0.2061	0.2033	0.2005	0.1977	0.1949	0.1922	0.1894	0.1867
0.9*	0.1841	0.1814	0.1788	0.1762	0.1736	0.1711	0.1685	0.1660	0.1635	0.1611
1.0*	0.1587	0.1562	0.1539	0.1515	0.1492	0.1469	0.1446	0.1423	0.1401	0.1379
1.1*	0.1357	0.1335	0.1314	0.1292	0.1271	0.1251	0.1230	0.1210	0.1190	0.1170
1.2*	0.1151	0.1131	0.1112	0.1093	0.1075	0.1056	0.1038	0.1020	0.1003	0.0985
1.3*	0.0968	0.0951	0.0934	0.0918	0.0901	0.0885	0.0869	0.0853	0.0838	0.0823
1.4*	0.0808	0.0793	0.0778	0.0764	0.0749	0.0735	0.0721	0.0708	0.0694	0.0681
1.5*	0.0668	0.0655	0.0643	0.0630	0.0618	0.06006	0.0594	0.0582	0.0571	0.0559
1.6*	0.0548	0.0537	0.0526	0.0516	0.0505	0.0495	0.0485	0.0475	0.0465	0.0455
1.7*	0.0446	0.0436	0.0427	0.0418	0.0409	0.0401	0.0391	0.0384	0.0375	0.0367
1.8*	0.0359	0.0351	0.0344	0.0336	0.0329	0.0322	0.0314	0.0307	0.0301	0.0294
1.9*	0.0287	0.0281	0.0274	0.0268	0.0262	0.0256	0.0250	0.0244	0.0239	0.0233
2.0*	0.0228	0.0222	0.0217	0.0212	0.0207	0.0202	0.0198	0.0192	0.0188	0.0183
2.1*	0.0179	0.0174	0.0170	0.0166	0.0162	0.0158	0.0154	0.0150	0.0146	0.0143
2.2*	0.0139	0.0136	0.0132	0.0129	0.0125	0.0122	0.0119	0.0116	0.0113	0.0110
2.3*	0.0107	0.0104	0.0102	0.0099	0.0096	0.0094	0.0091	0.0090	0.0087	0.0084
2.4*	0.0082	0.0080	0.0078	0.0075	0.0073	0.0071	0.0069	0.0068	0.0066	0.0064
2.5*	0.0062	0.0060	0.0059	0.0057	0.0055	0.0054	0.0052	0.0051	0.0049	0.0048
2.6*	0.0047	0.0045	0.0044	0.0043	0.0041	0.0040	0.0039	0.0038	0.0037	0.0036
2.7*	0.0035	0.0034	0.0033	0.0032	0.0031	0.0030	0.0029	0.0028	0.0027	0.0026
2.8*	0.0026	0.0025	0.0024	0.0023	0.0023	0.0022	0.0021	0.0021	0.0020	0.0019
2.9*	0.0019	0.0018	0.0018	0.0017	0.0016	0.0016	0.0015	0.0015	0.0014	0.0014
3.0*	0.0013	0.0013	0.0013	0.0012	0.0012	0.0011	0.0011	0.0011	0.0010	0.0010

注:求 $K_\varepsilon=1.96$ 对应的 ε。先从 K_ε 栏向下找到 1.9*,再向右查到表头 6 字对应值 0.0250,即得 $P_r=0.0250$。

标准下限 $T_v=27.0+0=27.0$ MPa

将上述数据代入式(3-15)和(3-16)得：

$$K_{eu}=\frac{|29.7-28.5|}{0.57}\approx 2.11$$

$$K_{ev}=\frac{|27.0-28.5|}{0.57}\approx 2.63$$

查表 3-3 得，$P_u=0.017\ 4$，$P_v=0.004\ 3$

$$P=P_u+P_v=0.017\ 4+0.004\ 3\approx 0.022$$

故这批混凝物件可能出现超上限的废品为 17.4‰，可能出现超下限的废品为 4.3‰，这批施工的混凝土构件总废品为 2.2%。

2.定性评价施工质量

利用频数分布直方图，可以分析判断施工质量的实际分布状态，并可对施工质量作出定性评价。

当作完直方图后，首先要认真观察频数分布状态，看看分布状态是否正常。工程质量标准一般规定了上限 T_u 和下限 T_v，把标准的上、下限绘在直方图上，就可以运用直方图定性评价施工质量状况。当施工质量正常时，表现出来的柱状分布应基本符合正态分布，也就是近似左右对称的山峰形，而且既满足标准质量要求，又有适当裕度，如图 3-4a)所示。

当出现质量超过标准界限以及非正常分布图形时，质量管理人员应作进一步分析和判断，找出原因后，采取相应措施及时纠正。超过标准界限和异常分布图形归纳有下列几种情况：

(1)图 3-4b)已达到标准上限界值，说明质量偏高一些。如果偏高的原因是以经济付出为代价，例如混凝土采用了高强度等级水泥，或增加了水泥用量，则应调整用料标准或用料数量，以期质量既符合要求，经济上又比较合理。

(2)图 3-4c)已达到了标准质量下限界值，说明容易出现质量问题，施工中应引起注意，以期适当提高施工质量，防止出现质量问题。

(3)图 3-4d)虽符合质量标准要求，但对标准上下限的裕度较大，应检查是否付出了较高的经济代价，或研究是否修正质量标准。

(4)图 3-4e)刚好达到质量上下限要求，很容易出现质量问题，施工中应特别引起注意。

(5)图 3-4f)超过了质量标准下限，质量已经不合格，应停工检查，直到质量符合要求为止。

(6)图 3-4g)超过了质量标准上限，要考虑节省人力和物力，适当降低施工质量，以期在质量标准上限之内。

(7)图 3-4h)既超过了质量标准下限，也超过了质量标准上限，质量不均匀且不合格，应及时采取处理措施予以解决。

(8)图 3-4i)分布图不是正态分布，其图形呈折齿形，说明制频数表时，分组不当或组距确定不当。

(9)图 3-4j)分布图为孤岛型，说明施工中原材料发生变化，或者临时出现其他人代替作业，以及由低级工顶替操作时，都会出现这种图形。此时一定要追查原因，采取措施，待孤岛全部消除后才能投入施工生产，否则工程质量是不稳定的。

(10)图 3-4k)为双峰型，它说明用两种不同工艺或两台设备以及两组人员进行施工，然后将两方面的数据混在一起整理。这种分布是由弄虚作假行为造成的，在质量管理中绝对不允许，必须追查检测人员和统计人员的责任。

(11)图3-4l)为陡壁型,说明数据搜集不正常,可能有意识地丢掉下限范围内的数据或者在检测过程中存在某种人为的附加因素。出现这种分布时,要重新检测数据和统计计算,且再作直方图加以校正。

(12)图3-4m)为左侧缓坡型,主要是由于施工操作中对上限控制太紧所致,当进一步调节

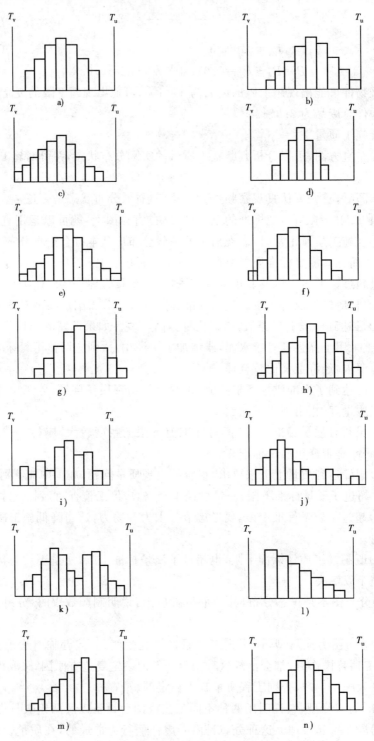

图 3-4 直方图的类型

控制界限,使左侧缓坡得到消减,会很快提高施工质量。

(13)图 3-4n)为右侧缓坡型,其原因恰好与图 3-4m)的情况相反。这种情况虽然对施工安全更有保证,但是经济上却造成浪费,故从管理的角度考虑,也应在技术上加以研究解决。

3. 定量评价施工质量

前面对直方图的分析,只能对施工质量作出定性的评价。下面将要介绍的分析方法,在一定情况下,可对施工质量作出定量的评价。

图 3-5 所示直方图,如果质量检查样本数据的频数分布为正态分布,且平均值 $\bar{x}$ 基本在质量上、下界限标准值中央,则可根据标准质量界限起上宽度 $T(T=T_u-T_v)$ 与直方图分布宽度 B 的比值大小,来判断施工质量情况,从而进行定量管理。

$T/B=C_p$,称 C_p 为工作能力系数。

当 $C_p>1.67$ 时,表明工作能力过分充裕,则不必要提高质量,而应采用措施节省人力物力的消耗。

当 $1.33C_p \leqslant 1.67$ 时,工作能力充裕,属理想状态,如果不是重要工程,也可适当节省一点人力和物力消耗。

当 $1.00 \leqslant C_p \leqslant 1.33$ 时,表明工作能力勉强,应加强管理,否则会出现质量事故。

当 $0.67 \leqslant C_p \leqslant 1.00$ 时,表明工作能力不足,已经出现了质量不合格情况,必须查明原因,并及时采取措施加以改进。

当 $C_p \leqslant 0.67$ 时,表明工作能力严重不足,施工质量远不能满足要求,必须停工追查原因,采取紧急措施改进施工质量,或者研究修订质量标准。

在图 3-3 直方图应用举例中,求得 $C_p=1.14$ 表明混凝土构件施工工作能力勉强,需要从人、施工机械、材料和施工工艺四个方面加强质量管理,杜绝质量事故的发生。

当质量检查样本数据平均值 $\bar{x}$ 偏离标准界限中央时,见图 3-6, C_p 值须作修正,以期达到样本数据平均值 $\bar{x}$ 居标准界限中央(图 3-5)。C_p 的修正值就是把计算所得的 C_p 值乘以修正系数 K'。

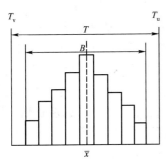

图 3-5 $\bar{x}$ 居标准界限中央

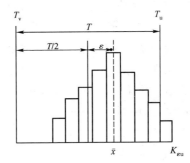

图 3-6 $\bar{x}$ 与标准界限中线偏移

$$K' = 1 - K \tag{3-17}$$

$$K = \frac{\frac{T}{2} - \bar{x}}{\frac{T}{2}} = \frac{\varepsilon}{\frac{T}{2}} \tag{3-18}$$

式中:K'——修正系数;

K——相对偏移量;

T——质量标准范围,$T=T_u-T_v$;

$\bar{x}$——样本质量分布平均值。

凡有偏移的 C_p 值均以 C_{pk} 表示,则:

$$C_{pk} = C_p(1-K) = \frac{T}{B}(1-K) \tag{3-19}$$

如果规范没有规定质量的标准界限 T_u 和 T_v 时,可以在材料质量、操作技术、机具工作等施工情况都很正常的情况下,收集质量数据,将取得的数据绘制直方图。假设绘出直方图呈正态分布时,计算出统计平均值 $\bar{x}$ 和标准偏差 s,而 $\bar{x}$ 与要求的质量标准相符或略高时,则可规定质量标准上限值为 $T_u = \bar{x} + 3s$,下限值为 $T_v = \bar{x} - 3s$,即 $T = T_u - T_v = 6s$ 作为质量控制界限。

第三节　管理图法及应用

管理图法又称为控制图法,它是通过控制图对某一施工工序进行质量控制的一种方法,它利用统计图显示施工过程中质量波动状况,为分析、控制和评定质量提供依据,也是控制工序能力的主要方法。该法常用于 PDCA 管理循环的 C 阶段。1924 年由美国休哈提(W. A. Shewhart)博士提出,至今仍是质量管理中常用数理统计方法之一。

一、管理图及其作法

一般在施工正常的情况下,先取样品,经计算求得质量控制上、下界限之后,绘制管理图。以后在施工过程中定期取样,将得到的样本数据绘制在管理图上。如果子样数据点落在质量控制界限之内,说明施工生产正常,不会发生次品,即使偶尔出现次品,其数量也在允许范围内。如果数据发生了某些异常变化,施工生产不正常,可能出现或者已经出现少量次品,应及时采取措施使施工生产恢复正常。

管理图法与排列图法、直方图法的本质区别在于,排列图法和直方图法为质量管理静态分析法,而管理图法则为质量管理动态分析法。由于排列图法和直方图法所表示的数据,基本上都是用一些静态数据来分析和推测工作质量,所以称为质量管理静态分析法。虽然此静态分析法在质量管理中是不可缺少的方法,但是,单纯用静态数据去管理施工工序生产是不够的,而管理图法则是随着施工生产把正在生产的产品质量加以严格控制,使施工人员与管理人员随时都了解和掌握施工工序生产质量的波动情况。这些能够及时反映施工质量问题,即为典型的质量管理动态分析法。运用管理图法进行施工质量管理时,能够判断施工质量的稳定性,评定施工工艺过程状态,及时发现并消除施工过程中的失调现象,有效地预防次品的发生。

管理图的基本形式如图 3-7 所示。在方格坐标底下取横坐标为取样时间或试样号,纵坐标为质量特性值。图上一般有三条线:上面一条线为质量控制上限线,用 UCL 表示;中间的一条线为中心界限线,用 CL 表示;下面的一条线叫质量控制下限线,用 LCL 表示。如果中心线 CL 定在被控制对象的平均值 $\bar{x}$ 上,以中心线 $\bar{x}$ 为基准向下各量三倍标准偏差($3s$)即为质量控制上限($\bar{x}+3s$)和质量控制下限($\bar{x}-3s$),如图 3-8 所示,即为工程用管理图。

施工实践表明,图 3-8 三倍标准偏差是质量偏低或偏高两种错

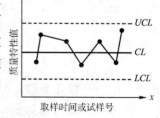

图 3-7　管理图基本形式

误造成总损失最小的质量管理界限,上下质量控制线($\bar{x}\pm 3s$)可能区分引起质量波动的原因。

在实际施工过程中,工程质量特性值的分散或差异等波动现象,一般受人、施工机具设备、材料、工艺和环境等各种因素的影响。这些影响因素可以归纳为两类原因,即随机原因和系统原因。随机原因是偶然性的,它大量而且经常地存在,但对质量波动影响较小,具有难预料和不可避免性。例如,材料组成的成分不均匀、温度变化等影响质量波动属于正常波动。系统原因则具有必然性,造成质量在一定方向和趋势的异常波动,容易确定,影响程度较大。一般这类原因不太多,例如材料组成、性能、规格等显著变化,工人不遵守操作规程等,可以预防和控制并可消除。随着科学技术的发展,对工程质量的要求会越来越高,随机产生的偶然性原因也可通过精密仪器设备进行测试和控制。

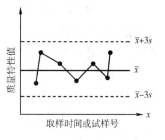

图 3-8 工程用管理图

二、管理图的类型及其特点

根据收集数据种类和质量分布类型的不同,可将管理图分为三大类共12种类型,即:

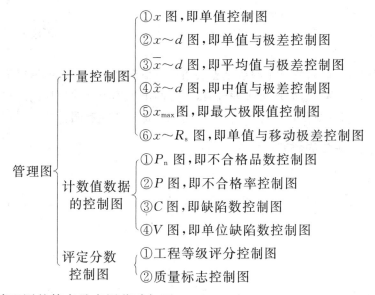

各种类型管理图的特点及应用范畴如下:

(1)x图,采用x管理图时,不用对数据进行分组,也不用计算平均值$\bar{x}$和中值$\tilde{x}$的选择,只是注意标准单值即可。这种图纸适用于控制材料强度和各工种的工人小组每日操作质量分析等。只要每天取一个单值数据,就可以绘制这种控制图。

(2)$x\sim d$图,是单值x控制图与极差d控制图相配合的管理图。也不用计算平均值$\bar{x}$和选择中值$\tilde{x}$,但要对数据进行分组并计算极差值d。每天应取5个以上的数据,才能绘制这种管理图。故它需要的情报较多,精度不高,实际应用较少。

(3)$\bar{x}\sim d$图,它是平均值$\bar{x}$管理图和极差值d管理图相配合的一种基本的管理图。它比其他管理图的检测能力好、精度高、得到的情报多,因此常被采用。

(4)$\tilde{x}\sim d$图,它是中值$\tilde{x}$管理图和极差d管理图相配合的管理图。其管理特性值与$x\sim d$管理图相同,由于这种管理图取中位值,而不计算平均值$\bar{x}$,所以处理简单,现场实用,但其检

测能力比 $\bar{x} \sim d$ 管理图低。

(5) $x_{\max}$ 图，采用 $x_{\max}$ 管理图时，要对取样数据分组，并寻找最大值，但不用计算平均值 $\bar{x}$，只绘制最大值 $x_{\max}$ 控制图即可。这种管理图常用于控制质量特性值的上限，防止人力物力浪费过大。

(6) $x \sim R_s$ 图，它主要适用于不能同时取若干数据的工序，因为每个班或每天甚至一个阶段只能取一个单值，根本无法计算平均值 $\bar{x}$ 和选择中值 $\tilde{x}$ 的项目。例如，中小型混凝土构件施工，测定混凝土强度，每天或每个操作班组只能取到一个强度数据，这样每天或每班测得的一个数据就是单值 x。故每天都不能出现极差值 d，这时可利用前一班或后一班或者前天和昨天两个数据之差作为极差值，这个极差值称为移动极差 R_s。

(7) P_n 图，是用不合格品数等数据绘制的管理图。在这种管理图上，分组之内的数据个数应该是一定的。

(8) P 图，是用不合格品率等数据绘成的管理图。除不合格品率外，二项分布的计数值如出勤率、合格率、劳动生产率等，也可采用这种管理图。这种管理图上，组内数据的个数可以是不定的。

(9) C 图，是用缺陷数等数据绘制的管理图。除缺陷数外，泊松比的计数值也可采用这种管理图。此管理图上组内数据的个数应该是一定的。

(10) V 图，是用每一个单位上出现的缺陷等数据制成的管理图。在这种管理图上，组内数据的个数可以是不定的。

(11) 评定分数控制图，它是工程质量无法用计量值和计数值衡量的情况下，采用的一种质量控制方法。当对工程质量采取等级评分时，可绘制出工程等级评分控制图；当对施工质量作出优良、合格、不合格等质量标志评价时，可绘制成质量标志控制图。

三、质量控制界限值的计算

(1) x 控制图

所取数据是被测样本的单个 x 值，根据正态分布规律，计算出的质量控制界限值为：

$$UCL_x = x + 3s$$
$$UCL_x = x - 3s$$
(3-20)

式中：s——标准偏差，即 $s = \sqrt{\dfrac{1}{n-1}\sum_{i=1}^{n}(x_i - \bar{x})^2}$。

(2) d 控制图

绘制 d 值控制图时，首先确定极差平均值 $\bar{d}$，如果当前的施工条件与过去差不多，而且施工过程相当稳定，则可用以往的经验数据确定 $\bar{d}$。但要求这个经验数据必须可靠，若不可靠则要进行随机取样，即在施工中抽取若干样品组，设 $d_1, d_2, \cdots, d_m$ 为 m 组样品数据的极限差值，则极差平均值 $\bar{d}$ 为：

$$\bar{d} = \frac{d_1 + d_2 + \cdots + d_m}{m}$$
(3-21)

d 控制图的质量控制上限，可根据标准差值 s 或平均极差值 $\bar{d}$ 按下式计算：

$$UCL_d = A_1 s_1 = \bar{d} + 3 s_1$$
(3-22)

或者：
$$UCL_d = A_2 \overline{d} \tag{3-23}$$

式中：A_1、A_2——系数，可查表3-4。

式(3-22)中：
$$s_1 = \sqrt{\frac{1}{n-1}\sum_{i=1}^{n}(d_i - \overline{d})^2} \tag{3-24}$$

d 控制图的质量控制下限计算式为：
$$LCL_d = A_3 \cdot \overline{d} \tag{3-25}$$

式中：A_3——系数，可查表3-4。

(3) $\overline{x}$ 控制图

绘制 $\overline{x}$ 控制图，其处理方法与 d 控制图相同，设 $\overline{x}_1, \overline{x}_2, \overline{x}_3, \cdots, \overline{x}_m$ 为各组样品的平均数，m 为样品组的组数，则平均数 $\overline{x}$ 的平均值的计算公式为：
$$\overline{\overline{x}} = \frac{\overline{x}_1 + \overline{x}_2 + \cdots + \overline{x}_m}{m} \tag{3-26}$$

平均数 $\overline{x}$ 的质量控制上、下限，可按下式计算：
$$UCL_{\overline{x}} = \overline{\overline{x}} + A_4 \overline{d}$$
$$UCL_{\overline{x}} = \overline{\overline{x}} - A_4 \overline{d} \tag{3-27}$$

式中：A_4——系数，其他符号意义同前。

A_4 的大小取决于样品组内的样品个数，可查表3-4。

控 制 图 系 数 表　　　　　　　　　表3-4

样品组内个数 n	计算质量控制界限的系数				
	A_1	A_2	A_3	A_4	A_5
4	4.69	2.28	—	0.729	0.80
5	4.89	2.10	—	0.577	0.69
6	5.03	1.98	—	0.483	0.55
7	5.15	1.90	0.08	0.419	0.50
8	5.26	1.85	0.14	0.373	0.43
9	5.34	1.80	0.18	0.337	0.41
10	5.42	1.76	0.22	0.308	0.36

注：表中"—"表示不考虑质量控制下限。

(4) $\tilde{x}$ 控制图

这种控制图与 $\overline{x}$ 控制图相似，只是用中值 $\tilde{x}$ 代替平均值 $\overline{x}$。为确定中值，先将数据按大小排列起来，取其中居于中间的一个数据，如果数据个数是偶数，处于中间的数据有两个，则取算术平均值作为中值。其计算公式也与 $\overline{x}$ 相似，即：
$$\overline{\tilde{x}} = \frac{\tilde{x}_1 + \tilde{x}_2 + \cdots + \tilde{x}_m}{m} \tag{3-28}$$

式中：$\tilde{x}_1 + \tilde{x}_2 + \cdots + \tilde{x}_m$——各样品组的中值；

$\overline{\tilde{x}}$——中值的平均数；

m——样品组的组数。

确定质量控制界限有下面两种方法：

$$\left.\begin{array}{l} UCL_{\tilde{x}} = \bar{\tilde{x}} + \dfrac{3.5}{\sqrt{m}} \\ LCL_{\tilde{x}} = \bar{\tilde{x}} - \dfrac{3.5}{\sqrt{m}} \end{array}\right\} \quad (3\text{-}29)$$

或者：

$$\left.\begin{array}{l} UCL_{\tilde{x}} = \bar{\tilde{x}} + A_5 \cdot \bar{d} \\ LCL_{\tilde{x}} = \bar{\tilde{x}} - A_5 \cdot \bar{d} \end{array}\right\} \quad (3\text{-}30)$$

式中：A_5——系数，可查表3-4，其他符号意义同前。

(5) $x \sim R_s$ 控制图

设 $x_1, x_2, \cdots, x_n$ 为每个单值数据，检测个数为 n，$R_{s1}, R_{s2}, \cdots, R_{s(n-1)}$ 为单值之间的差值，即移动极差，则移动极差值 R_s 的平均值 $\bar{R}_s$ 为：

$$\bar{R}_s = \frac{R_{s1} + R_{s2} + \cdots + R_{s(n-1)}}{n-1} \quad (3\text{-}31)$$

移动极差的控制界限值为：

$$\left.\begin{array}{l} UCL_x = \bar{x} + 2.66\bar{R}_s \\ LCL_x = \bar{x} - 2.66\bar{R}_s \\ UCL_{Rs} = 3.27\bar{R}_s \end{array}\right\} \quad (3\text{-}32)$$

计数值管理图的控制界限值，可按表3-5的计算公式计算。

计数值管理图控制界限计算公式表 表3-5

计数值管理图	控制界限计算公式	计算说明
P 管理图	$\bar{P} \pm 3\sqrt{\dfrac{\bar{P}}{n}(1-\bar{P})}$	$\sqrt{\dfrac{\bar{P}}{n}(1-\bar{P})}$ 为标准偏差
P_n 管理图	$\bar{P}_n \pm 3\sqrt{\bar{P}_n(1-\bar{P})}$	$\sqrt{\bar{P}_n(1-\bar{P})}$ 为标准偏差
C 管理图	$\bar{C} \pm 3\sqrt{\bar{C}}$	$\sqrt{\bar{C}}$ 为标准偏差
V 管理图	$\bar{V} \pm 3\sqrt{\dfrac{\bar{V}}{n}}$	$\sqrt{\dfrac{\bar{V}}{n}}$ 为标准偏差

四、管理图绘制步骤及判别标准

1. 管理图制作步骤及其应用

由于标准偏差 s 计算比较麻烦，且取样数量要相当大才能达到比较准确的程度。在高速度连续施工的情况下，对质量管理要及时提供准确的情报，以便发现质量问题并及时纠正处理。因此，在实际施工中，很少用标准偏差工作管理图，而是用平均值 $\bar{x}$ 和极差值 d 作管理图。现以沥青路面的平整度为例说明 $\bar{x} \sim d$ 控制图的绘制步骤。

(1) 收集实测数据，原则上要求收集50~100个以上的正确数据。表3-6为某施工班近期沥青路面平整度数据表。

(2) 把收集到的数据按时间和分批的顺序排列、列表，此例中分组数 $k=10$，每组内个数

$n=5$,见表 3-6。

(3)计算每组的平均值 $\bar{x}$,并填入表中,要求精度为测定单位的下一位数。本例每组平均值见表 3-6。

(4)计算每组极差 d,并填入表内,此例每组极差见表 3-6。

沥青路面平整度 $\bar{x}$ 及 d 计算表　　　　　　表 3-6

组别	1	2	3	4	5	6	7	8	9	10	
检测数据	7	5	6	11	4	6	3	2	7	3	
	6	10	4	3	7	6	7	8	5	9	
	2	7	8	6	8	5	9	12	4	6	
	9	4	9	1	7	2	6	10	13	15	
	3	1	5	8	2	9	5	7	6	9	
$\sum x$	27	27	32	29	28	28	30	39	35	32	
$\bar{x}$	5.4	5.4	6.4	5.8	5.6	5.6	6.0	7.8	7.0	6.4	$\sum \bar{x}=61.4$
d	7	9	5	10	5	7	6	10	9	6	$\sum d=74$

(5)计算每组平均值 $\bar{x}$ 的平均值 $\bar{\bar{x}}$ 和极差 d 的平均值 $\bar{d}$,要求精度为测定单位的下两位数。

本例计算如下:

$$\bar{\bar{x}}=\frac{\bar{x}_1+\bar{x}_2+\cdots+\bar{x}_n}{K}=\frac{\sum \bar{x}}{K}=\frac{61.4}{10}=6.14$$

$$\bar{d}=\frac{d_1+d_2+\cdots+d_n}{K}=\frac{\sum d}{K}=\frac{74}{10}=7.4$$

(6)计算控制界限线

由式(3-27)查表 3-4 得,$n=5$ 时,$A_4=0.577$

故 $\bar{x}$ 管理图 $\begin{cases} CL_{\bar{x}}=\bar{\bar{x}}=6.14 \\ UCL_{\bar{x}}=\bar{\bar{x}}+A_4\bar{d}=6.14+0.577\times 7.4=10.41 \\ LCL_{\bar{x}}=\bar{\bar{x}}-A_4\bar{d}=6.14-0.577\times 7.4=1.87 \end{cases}$

由式(3-23)和式(3-25),查表 3-4 得,$n=5$ 时,$A_2=2.10$,A_3 不考虑,则:

d 管理图 $\begin{cases} CL_d=\bar{d}=7.4 \\ UCL_d=A_2\bar{d}=2.1\times 7.4=15.54 \\ LCL_d \text{ 不考虑} \end{cases}$

(7)绘制 $\bar{x}$ 及 d 管理图如图 3-9 所示。在准备好的方格坐标纸上,先画出中心线 CL 和上控制线 UCL 及下控制线 LCL,并写上 CL、UCL、LCL 及其数据。然后在图上打点连成折线,即为所绘制的管理图。

(8)图上标注其他事项。在管理图注明:工程名称、施工单位、测定地点、施工项目、操作班组及操作者、测试人、整理人、质量要求、绘制日期等有关项目。

2.管理图的判别标准

绘制管理图的主要目的是为了维持施工过程中工序质量的稳定,所以绘制管理图仅是工序质量控制的第一步。为了保证工序质量稳定,防止不合格品出现,在施工过程中,必须善于分析判断和充分利用管理图提供的工序质量状态信息,最大限度地利用管理图中所得到的信息,及时采取相应的技术组织措施,以便调整和改变施工生产状态。

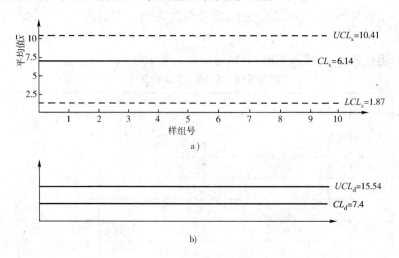

图 3-9 $\bar{x} \sim d$ 管理图
a)$\bar{x}$ 管理图;b)d 管理图

以上介绍了三大类管理图,在实际质量管理中,通过是否有越过控制界限的点,来判断施工生产状态是否稳定。如果生产状态稳定,则可继续生产;如果生产状态不稳定或者出现异常现象,应追查原因,加以调整改进。生产状态稳定和不稳定以及主观异常现象,主要有以下判别标准:

第一,施工生产稳定状态判断标准为:管理图上的点分布在控制界限之内,并随机排列。要满足以上条件,必须符合下列三条要求:

①连续 25 点以上处在控制界限线之内;
②连续 25 个点中,仅有 1 个点越出了控制界限线;
③连续 100 个点中,仅有 2 个点超出了控制界限线。

刚好落在控制界限的点,应视为超出控制界限点计算。

第二,施工生产不稳定状态判断标准为:点超出控制界限线以外,且不符合上述三条要求时,表明施工生产处于不稳定状态,应立即追查原因,并及时加以改进。

第三,施工生产出现异常现象的判断标准是:控制界限以内的点排列分布情况没有出现异常现象时,如果工序完全处于控制状态,点应以数据平均线 CL 为中心在控制界限线内呈随机排列。即使点全部进入控制界限线,这些点的排列方法和所处位置出现特殊状态时,也应判断发生了异常现象。所谓发生了异常现象是指点的排列出现了"链"、"同侧"、"趋势"、"周期性"、"接近控制线"等情况。现将这些异常现象的判别标准分述如下:

(1)链

出现"链"就是点连续出现在管理图中心线 CL 一侧的现象。链长以其所含的点数衡量。

图 3-10 中:a)出现 5 点链时,应注意工序的发展情况;b)出现 6 点链时,应开始进行原因调查;c)出现 7 点链时,应断点有异常,要进行处理。

(2)多次同侧

如果点在管理图中心线 CL 一侧多次出现下列情况时,应视为异常现象:连续 11 个点中,有 10 个点在同侧,如图 3-11 所示;连续 14 个点中,有 12 个点在同侧;连续 17 个点中,有 14 个点在同侧;连续 20 个点中,有 16 个点在同侧。

(3)连续上升或连续下降趋势

这种连续上升趋势叫"上升链",或者连续下降趋势叫"下降链"。一般连续7个点上升或者下降,就应该判断生产工序中有异常因素,如图3-12所示,需要立即采取措施。

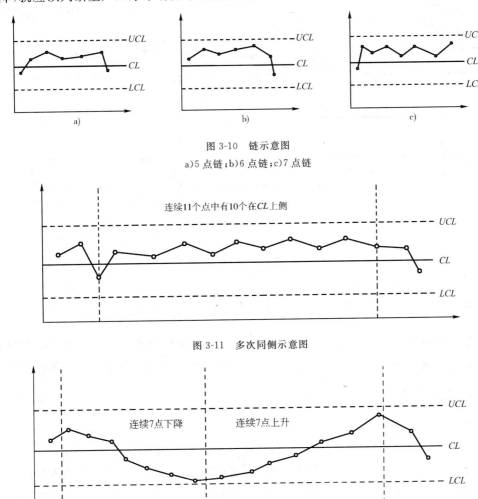

图 3-10 链示意图
a)5 点链;b)6 点链;c)7 点链

图 3-11 多次同侧示意图

图 3-12 出现"趋势"的管理图

(4)周期性变动

排列在控制图中的点出现周期性变动时,即使所有的点都在控制界限之内,也要认定生产工序存在异常因素,如图3-13所示,需要采取措施加以改进。

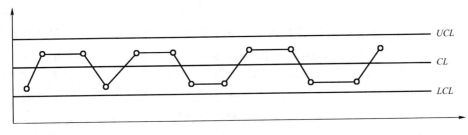

图 3-13 周期性变动的管理

(5)点的排列接近控制界限线

当管理图中连续 3 个点有 2 个点或者连续 7 个点有 2 个点在 2s 界线和控制界限线 UCL（或 LCL）之间，或者连续 4 点有 3 点接近控制界限线时（图 3-14），应视为生产工序存在异常现象。

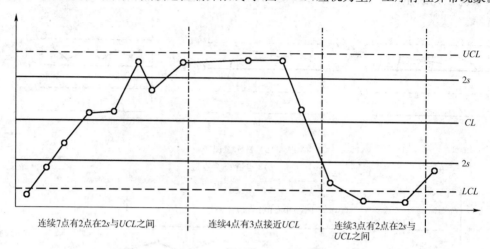

图 3-14　接近控制界限管理图

第四节　相关图法及应用

相关图又称为数点分布图，是通过两种对应关系的数据绘成的坐标图。通过相关图分析研究两种数据之间的关系，掌握其发展变化规律，以便对施工生产进行管理和质量改进。

一、相关分析原理

1. 相关分析方法

相关分析方法主要是判断两种测定数据之间的相关关系，也是判断质量结果与产生原因之间有无相关的方法。寻找工程施工中出现的质量问题的原因是主要的或次要的、直接的或间接的，就必须分析和研究质量特性结果与原因之间的关系。在施工质量管理中一般存在三种类型的相关关系。

(1)原因与质量结果的关系，即质量特性与影响因素之间的相关分析，例如混凝土强度与水泥用量之间的关系。

(2)某个质量结果与其他质量结果的关系，即质量特性与质量特性之间的相关分析，例如混凝土强度与混凝土坍落度之间的关系。

(3)影响因素与影响因素之间的关系，如圬工砌体施工质量中砂浆强度与砌筑方法之间的关系。

这些对应关系相互联系、相互制约，在一定条件下可以互相转化。有些变量之间存在着确定的关系，即由已知变量可以精确计算未知变量。另一种则是相关关系，即不能由一个变量精确地求出另一个变量的数值，只能将两种相关的数据一一对应列出，通过坐标图分析它们之间的相互关系。肯定型关系与相关关系不能截然分开，由于测量数据误差等原因，肯定型关系往往表现为相关关系，经过多次实践，从大量的数据中找到规律性，也可使相关关系转化为肯定型关系。采用数理统计方法，根据一个或几个变量的数值推出另一个变量的近似值，并估计推算结果的精确度。其目的是通过相关分析,切实可行地控制管理目标,以便提高工程质量。

2. 相关分析原理

当自变量 x 与因变量 y 成一元线性关系时,其回归方程的数学模型可假设为:

$$y = a + bx \tag{3-33}$$

运用最小二乘法原理,确定上式的回归系数 a 和 b,这时有了 x 就可以算出 y 值。现为:

$$y'_i = a' + b'x_i \tag{3-34}$$

用 a' 和 b' 估计 a 和 b,由式(3-34)估计式(3-33),由此得到的 y'_i 与 y_i 不一定相同,把它们的差值记为:

$$\varphi(a',b') = \sum_{i=1}^{n}[y_i - (a' + b'x_i)]^2 \tag{3-35}$$

称 $\varphi(a',b')$ 为误差。在统计数据确定之后,最小二乘法原理是,选择参数 a' 和 b',使 $\varphi(a',b')$ 达到极小,取 $\varphi(a',b')$ 关于 a'、b' 的偏导数 $\frac{\partial \varphi}{\partial a'}$、$\frac{\partial \varphi}{\partial b'}$,并令它们等于零。

$$\begin{aligned}\frac{\partial \varphi}{\partial a'} &= -2\sum_{i=1}^{n}(y_i - a' - b'x_i) = 0 \\ \frac{\partial \varphi}{\partial b'} &= -2\sum_{i=1}^{n}(y_i - a' - b'x_i)x_i = 0\end{aligned} \tag{3-36}$$

求解上述方程组得:

$$\begin{aligned}ma' + m\overline{x}b' &= m\overline{y} \\ m\overline{x}a' + b'\sum_{i=1}^{n}x_i^2 &= \sum_{i=1}^{n}x_i y_i\end{aligned} \tag{3-37}$$

其中:$\overline{x}$、$\overline{y}$ 为统计数据 x_i、$y_i(i=1,\cdots,n)$ 的算术平均值,即:

$$\begin{aligned}\overline{x} &= \frac{1}{n}\sum_{i=1}^{n}x_i \\ \overline{y} &= \frac{1}{n}\sum_{i=1}^{n}y_i\end{aligned} \tag{3-38}$$

由于 x_i 不相同,而正规方程组(3-37)的系数行列式为:

$$\begin{vmatrix} m & m\overline{x} \\ m\overline{x} & \sum_{i=1}^{n}x_i^2 \end{vmatrix} = m(\sum_{i=1}^{n}x_i^2 - m\overline{x}^2) \neq 0$$

所以正规方程组(3-37)有唯一的一组解。

$$\begin{aligned}b' &= \frac{\sum_{i=1}^{n}x_i y_i - m\overline{x}\overline{y}}{\sum_{i=1}^{n}x_i^2 - m\overline{x}^2} \\ a' &= \overline{y} - b'\overline{x}\end{aligned} \tag{3-39}$$

由上式求出回归系数 a' 和 b' 后,一元线性回归方程式(3-33)即可确定。

如果统计数据 x 和 y 之间不存在线性关系,而为某种曲线关系时,则一元非线性数学模型可假设为:

$$f(y) = a + bg(x) \tag{3-40}$$

令 $z = g(x)$,$y = f(y)$,经过变换得:

$$y = a + bz \tag{3-41}$$

即将原来的非线性问题转化为线性问题而得到解决。

如果因变量 y 与 m 个自变量影响因素 $x_1,x_2,\cdots,x_m$ 有关，要求用 $a+b_1x_1+b_2x_2+\cdots+b_mx_m$ 估计 y，则应采用多元回归分析，多元线性相关的方程式为：

$$y=a+b_1x_1+b_2x_2+\cdots+b_mx_m \tag{3-42}$$

同一元线性回归分析方法，用最小二乘法原理估计参数 $a,b_1,\cdots,b_m$，即：

$$\varphi(a,b_1,\cdots,b_m)=\sum_{k=1}^{n}(y_k-a-b_1x_{k1}-b_2x_{k2}-\cdots-b_mx_{km})^2 \tag{3-43}$$

对上式求 $\frac{\partial \varphi}{\partial a},\frac{\partial \varphi}{\partial b_1},\cdots,\frac{\partial \varphi}{\partial b_m}$ 并令之为零，将 $\sum_{k=1}^{n}$ 简记为 $\sum$，得正规方程组如下：

$$na+b_1\sum x_{k1}+b_2\sum x_{k2}+\cdots+b_m\sum x_{km}=\sum y_k \tag{3-44}$$

$$\begin{cases} a\sum x_{k1}+b_1\sum x_{k1}^2+b_2\sum x_{k1}x_{k2}+\cdots+b_m\sum x_{k1}x_{km}=\sum x_{k1}y_k \\ a\sum x_{k2}+b_1\sum x_{k1}x_{k2}+b_2\sum x_{k2}^2+\cdots+b_m\sum x_{k2}x_{km}=\sum x_{k2}y_k \\ \cdots\cdots \\ a\sum x_{km}+b_1\sum x_{km}x_{k1}+b_2\sum x_{km}x_{k2}+\cdots+b_m\sum x_{km}^2=\sum x_{km}y_k \end{cases} \tag{3-45}$$

记上述方程组的解为 $a',b'_1,\cdots,b'_m$，并记：

$$\begin{cases} \overline{x}_i=\frac{1}{n}\sum x_{ki} \quad (i=1,\cdots,m) \\ \overline{y}=\frac{1}{n}\sum y_k \end{cases}$$

令：

$$l_{ij}=\sum(x_{ki}-\overline{x}_i)(x_{kj}-\overline{x}_j) \tag{3-46}$$

其中，$i,j=1,\cdots,m$。

令：

$$l_{i0}=\sum(x_{ki}-\overline{x}_i)(y_k-\overline{y}) \tag{3-47}$$

则式(3-45)可整理化简为：

$$\begin{cases} l_{11}b'_1+l_{12}b'_2+\cdots+l_{1m}b'_m=l_{10} \\ l_{21}b'_1+l_{22}b'_2+\cdots+l_{2m}b'_m=l_{20} \\ \cdots\cdots \\ l_{m1}b'_1+l_{m2}b'_2+\cdots+l_{mm}b'_m=l_{m0} \end{cases} \tag{3-48}$$

解上述正规方程组，可得 $b'_1,b'_2,\cdots,b'_m$ 代入式(3-44)可求出 a'，于是多元线性回归方程式(3-42)已经确定。

3. 线性回归显著性检验

回归数学模型确定以后，可以找到自变量与因变量之间的关系。但回归方程能否确切反映自变量与因变量之间的关系以及关系密切程度如何，需要进行回归显著性检验。下面重点介绍一元线性回归显著性检验的计算及其检验程序，多元线性回归显著性检验只介绍计算公式，由于一元非线性回归可转化为线性回归得以解决，因此非线性回归检验方法，经过线性化后按线性回归检验处理。

当 x 与 y 成一元线性关系时，其回归方程按式(3-33)得出，算术平均值 $\overline{x}$ 和 $\overline{y}$ 按式(3-38)计算，记 l_{xy}、l_{xx}、l_{yy} 分别为：

$$\begin{cases} l_{xy}=\sum_{i=1}^{n}(x_i-\overline{x})(y_i-\overline{y})=\sum_{i=1}^{n}x_iy_i-n\overline{x}\,\overline{y} \\ l_{xx}=\sum_{i=1}^{n}(x_i-\overline{x})^2=\sum_{i=1}^{n}x_i^2-n\overline{x}^2 \\ l_{yy}=\sum_{i=1}^{n}(y_i-\overline{y})^2=\sum_{i=1}^{n}y_i^2-n\overline{y}^2 \end{cases} \tag{3-49}$$

要判断线性回归式(3-33)中 x 与 y 两个变量是否相关,可按下式计算相关系数 R:

$$R=\frac{\sum_{i=1}^{n}(x_i-\overline{x})(y_i-\overline{y})}{\sqrt{\sum_{i=1}^{n}(x_i-\overline{x})^2}\sqrt{\sum_{i=1}^{n}(y_i-\overline{y})^2}}=\frac{l_{xy}}{\sqrt{l_{xx}l_{yy}}} \tag{3-50}$$

R 反映了回归方程式(3-33)与统计数据 (x_i,y_i) 关系的密切程度,由此得出下列结论:

(1)当 $l_{xy}=0$ 时,则 $R=0$,由式(3-39)知:$b'=l_{xy}/l_{xx}$,所以 $b'=0$,说明 y 的变化与 x 无关,即 x 与 y 之间不存在线性关系。

(2)当 $0<|R|<1$,说明 x 与 y 之间存在一定的线性关系,当 R 的绝对值越小,其关系密切程度越差,反之,当 R 的绝对值越大,其密切程度越强。

(3)$|R|=1$ 时,称 x 与 y 完全线性相关,$R=1$,x 增大 y 也增大,称 x 与 y 正相关;当 $R=-1$ 时则 x 增大 y 反而减小,称 x 与 y 负相关。

(4)若统计数据 (x_i,y_i) 散点图分布呈曲线形状,即 R 值不在上述范围时,则 x 与 y 成非线性相关。

由此可见,相关系数 R 的绝对值越大,回归效果越好,x 与 y 线性相关性越显著;反之,R 的绝对值越小时,回归效果越差,x 与 y 线性相关性越不显著。处理实际问题时,线性相关性显著程度如何,可按下列三种方法进行检验:

检验法 1:t 检验法

$$t=\frac{b'}{s}\sqrt{l_{xx}}\sim t(n-2) \tag{3-51}$$

其中:

$$b'=\frac{l_{xy}}{l_{xx}} \tag{3-52}$$

$$S=\sqrt{\frac{l_{xx}l_{yy}-l_{xy}^2}{(n-2)l_{xx}}} \tag{3-53}$$

查 t 分布表(表 3-7),当 $|t|>t_{1-\alpha/2}(n-2)$ 时,说明 x 与 y 线性相关性显著。

t 分布表分布的临界点 表 3-7

自由度 k_2	显著性水平 α(双边临界区域)					
	0.10	0.05	0.02	0.01	0.002	0.001
1	6.31	12.7	31.82	63.7	318.3	637.0
2	2.92	4.30	6.97	9.92	22.33	31.6
3	2.35	3.18	4.54	5.84	10.22	12.9
4	2.13	2.78	3.75	4.60	7.17	8.61
5	2.01	2.57	3.37	4.03	5.89	6.86
6	1.94	2.45	3.14	3.71	5.21	5.96
7	1.89	2.36	3.00	3.50	4.79	5.40
8	1.86	2.31	2.90	3.86	4.50	5.04
9	1.83	2.26	2.82	3.25	4.30	4.78
10	1.81	2.23	2.76	3.17	4.14	4.59
11	1.80	2.20	2.72	3.11	4.03	4.44

续上表

自由度 k_2	显著性水平 α（双边临界区域）					
	0.10	0.05	0.02	0.01	0.002	0.001
12	1.78	2.18	2.68	3.05	3.93	4.32
13	1.77	2.16	2.65	3.01	3.85	4.22
14	1.76	2.14	2.62	2.98	3.79	4.14
15	1.75	2.13	2.60	2.95	3.73	4.07
16	1.75	2.12	2.58	2.92	3.69	4.01
17	1.74	2.11	2.57	2.90	3.65	3.96
18	1.73	2.10	2.55	2.88	3.61	3.92
19	1.73	2.09	2.54	2.86	3.58	3.88
20	1.73	2.09	2.53	2.85	3.55	3.85
21	1.72	2.08	2.52	2.83	3.53	3.82
22	1.72	2.07	2.51	2.81	3.51	3.79
23	1.71	2.07	2.50	2.81	3.49	3.77
24	1.71	2.06	2.49	2.80	3.47	3.74
25	1.71	2.06	2.49	2.79	3.45	3.72
26	1.71	2.06	2.48	2.78	3.44	3.71
27	1.71	2.05	2.47	2.77	3.42	3.69
28	1.70	2.05	2.46	2.76	3.41	3.68
29	1.70	2.05	2.46	2.76	3.40	3.66
30	1.70	2.04	2.46	2.75	3.39	3.65
40	1.68	2.02	2.42	2.70	3.31	3.55
60	1.67	2.00	2.39	2.66	3.23	3.46
120	1.66	1.98	2.36	2.62	3.17	3.37
∞	1.64	1.96	2.33	2.58	3.09	3.29
	0.05	0.025	0.01	0.005	0.001	0.0005
	显著性水平 α（单连览界区域）					

注：自由度 $k=n-2$。

检验法2：F检验法

$$F = (n-2)\frac{R^2}{1-R^2} \sim F(1, n-2) \tag{3-54}$$

查 F 分布表（表3-8），当 $F > F_{1-\alpha}(1, n-2)$ 时，说明 x 与 y 之间的线性相关性显著。

F 分 布 表

表 3-8

显著性水平 $\alpha=0.01$

k_2 \ k_1	1	2	3	4	5	6	7	8	9	10	11	12
1	4052	4999	5403	5625	5764	5889	5928	5982	6022	6056	6082	6106
2	98.49	99.01	99.17	99.25	99.33	99.30	99.34	99.36	99.36	99.40	99.41	99.42
3	34.12	30.81	29.46	28.71	28.24	27.91	27.67	27.49	27.34	27.23	27.43	27.05
4	21.20	18.00	16.69	15.98	15.52	51.21	14.98	14.80	14.66	14.54	14.45	14.37
5	16.26	13.27	12.06	11.39	10.97	10.67	10.45	10.27	10.15	10.05	9.96	9.89
6	13.74	10.92	9.78	9.15	8.75	8.47	8.26	8.10	7.98	7.87	7.79	7.72
7	12.25	9.55	8.45	7.85	7.46	7.19	7.00	6.84	6.71	6.62	6.54	6.47
8	11.26	8.65	7.59	7.01	6.63	6.37	6.19	6.03	5.91	5.82	5.74	5.67
9	10.56	8.02	6.99	6.42	6.06	5.80	5.62	5.47	5.35	5.26	5.18	5.11
10	10.04	7.56	6.55	5.99	5.64	5.39	5.21	5.06	4.95	4.85	4.78	4.71
11	9.65	7.21	6.22	5.67	5.32	5.07	4.88	4.74	4.63	4.54	4.56	4.40
12	9.33	6.93	5.95	5.41	5.06	4.82	4.65	4.50	4.39	4.30	4.22	4.16
13	9.07	6.70	5.74	5.20	4.86	4.62	4.44	4.30	4.19	4.10	4.02	3.96
14	8.86	6.51	5.56	5.03	4.69	4.46	4.28	4.14	4.03	3.94	3.86	3.80
15	8.68	6.36	5.42	4.89	4.56	4.32	4.14	4.00	3.89	3.80	3.73	3.67
16	8.53	6.23	5.29	4.77	4.44	4.20	4.03	3.89	3.78	3.69	3.61	3.55
17	8.40	6.11	5.18	4.67	4.34	4.10	3.93	3.79	3.68	3.59	3.52	3.45

显著性水平 $\alpha=0.05$

k_2 \ k_1	1	2	3	4	5	6	7	8	9	10	11	12
1	161	200	216	225	230	234	237	239	241	242	243	244
2	18.51	19.00	19.16	19.25	19.30	19.33	19.36	19.87	19.38	19.39	19.40	19.41
3	10.13	9.55	9.28	9.12	9.01	8.94	8.88	8.84	8.81	8.78	8.79	8.74
4	7.71	6.94	6.59	6.39	6.26	6.16	6.09	6.04	6.00	5.96	5.93	5.91
5	6.61	5.79	5.41	5.19	5.05	4.95	4.88	4.82	4.78	4.74	4.70	4.68
6	5.99	5.14	4.76	4.53	4.39	4.28	4.21	4.15	4.10	4.06	4.03	4.00
7	5.59	4.74	4.35	4.12	3.97	3.87	3.79	3.73	3.68	3.63	3.60	3.57
8	5.32	4.46	4.07	3.84	3.69	3.58	3.50	3.44	3.39	3.34	3.31	3.28
9	5.12	4.26	3.86	3.63	3.48	3.37	3.29	3.23	3.18	3.13	3.10	3.07
10	4.96	4.10	3.71	3.48	3.33	3.22	3.14	3.07	3.02	2.97	2.94	2.91
11	4.84	3.98	3.59	3.36	3.20	3.09	3.01	2.95	2.90	2.86	2.82	2.79
12	4.75	3.88	3.49	3.26	3.11	3.00	2.92	2.85	2.80	2.76	2.72	2.69
13	4.67	3.80	3.41	3.18	3.02	2.92	2.84	2.77	2.72	2.67	2.63	2.60
14	4.60	3.74	3.34	3.11	2.96	2.85	2.77	2.70	2.65	2.60	2.56	2.53
15	4.54	3.68	3.29	3.06	2.90	2.79	2.70	2.64	2.59	2.55	2.51	2.48
16	4.49	3.63	3.24	3.01	2.85	2.74	2.66	2.59	2.54	2.49	2.45	2.42
17	4.45	3.59	3.20	2.96	2.81	2.70	2.62	2.55	2.50	2.45	2.41	2.38

注：F-分布的临界点；k_1-第一自由度；k_2-第二自由度；一元线回归时，$k_1=1$，$k_2=n-2$。

检验法 3：R 检验法

由 $(n-2) \cdot \dfrac{R^2}{1-R^2} > F_{1-\alpha}(1, n-2)$ 解 R 的临界值,则：

$$|R| = \sqrt{\dfrac{1}{\dfrac{n-2}{F_{1-\alpha}(1,n-2)}+1}} \tag{3-55}$$

查表 3-9 相关系数检验表 $R_\alpha(n-2, m)$，此时 n 同 t、F 检验法均为自由度，即统计数据的个数，m 为自变量和因变量总数，当 $R_\alpha(n-2, m)$ 时，说明 x 与 y 之间的线性相关性显著。

相关系数 $R_\alpha(k,m)$ 检验表　　　　　　　　　　　　　　　　　　　表 3-9

自由度 (k)	自变量和因变量总数(m)				自由度 (k)	自变量和因变量总数(m)			
	2	3	4	5		2	3	4	5
	($\alpha=0.05$)					($\alpha=0.01$)			
1	0.997	0.999	0.999	0.999	1	1.000	1.000	1.000	1.000
2	0.950	0.975	0.983	0.987	2	0.990	0.995	0.997	0.998
3	0.878	0.930	0.950	0.961	3	0.959	0.976	0.983	0.987
4	0.811	0.881	0.912	0.930	4	0.917	0.949	0.963	0.970
5	0.754	0.836	0.874	0.898	5	0.874	0.917	0.937	0.949
6	0.707	0.795	0.839	0.867	6	0.834	0.886	0.911	0.927
7	0.663	0.758	0.807	0.838	7	0.798	0.855	0.885	0.904
8	0.632	0.726	0.777	0.811	8	0.765	0.827	0.860	0.881
9	0.602	0.697	0.750	0.786	9	0.735	0.800	0.835	0.861
10	0.576	0.671	0.726	0.763	10	0.708	0.776	0.814	0.840
11	0.553	0.648	0.703	0.741	11	0.684	0.753	0.793	0.821
12	0.532	0.627	0.683	0.722	12	0.661	0.732	0.773	0.802
13	0.514	0.608	0.664	0.703	13	0.641	0.712	0.755	0.785
14	0.497	0.590	0.646	0.686	14	0.623	0.694	0.737	0.768
15	0.482	0.574	0.630	0.670	15	0.606	0.677	0.721	0.752
16	0.468	0.559	0.615	0.655	16	0.590	0.662	0.706	0.738
17	0.456	0.545	0.601	0.641	17	0.575	0.647	0.691	0.724
18	0.444	0.532	0.587	0.628	18	0.561	0.633	0.678	0.710
19	0.433	0.520	0.575	0.615	19	0.549	0.620	0.665	0.698
20	0.423	0.509	0.563	0.604	20	0.537	0.608	0.652	0.685
25	0.381	0.461	0.514	0.553	25	0.487	0.555	0.600	0.633
30	0.349	0.426	0.476	0.514	30	0.449	0.514	0.558	0.591
35	0.325	0.397	0.445	0.482	35	0.418	0.481	0.523	0.556
40	0.304	0.373	0.419	0.445	40	0.393	0.454	0.494	0.526
50	0.273	0.336	0.379	0.412	50	0.354	0.410	0.449	0.479
60	0.250	0.308	0.348	0.380	60	0.325	0.377	0.414	0.442
70	0.232	0.286	0.324	0.354	70	0.302	0.351	0.386	0.413
80	0.217	0.269	0.304	0.332	80	0.283	0.333	0.362	0.389
100	0.195	0.241	0.274	0.300	100	0.254	0.297	0.327	0.3351

注：自由度 $k = n-2$。

实际上以上三种检验方法是完全等价的,当检验水平 $\alpha=0.05$,即检验可靠性为95%时,$|t|>t_{0.975}(n-2)$、$F>F_{0.95}(1,n-2)$、$|R|>R_{0.05}(n-2,m)$ 均成立,说明回归效果显著。如果 $\alpha=0.001$ 时,$|t|>t_{0.0995}(n-2)$、$F>F_{0.999}(1,n-2)$、$|R|>R_{0.001}(n-2,m)$ 也都成立,则说明回归效果高度显著。由于 F 检验法比较简单,所以在处理实际问题时常用此法。

如果因变量 y 与 m 个自变量 $x_1,x_2,x_3,\cdots,x_m$ 成多元性线相关时,式(3-42)回归效果如何,需要进行整个回归效果显著性检验。其检验方法与一元回归式检验相同,这里只给出各种检验法的计算公式:

检验法 1:t 检验法

$$t_j = \frac{b_j \sqrt{\sum_{i=1}^{n} x_{ij}^2 - n\overline{x}_j}}{\sqrt{\frac{1}{n}\sum_{i=1}^{n}(y_i-\overline{y}_i)^2}} \tag{3-56}$$

其中,$j=1,2,3,\cdots,m$。

如果 $|t_j|>t_{1-\alpha/2}(n-m-1)$ 时,说明 x_j 对 y 有显著影响,否则说明 x_j 对 y 无显著影响。

检验法 2:F 检验法

$$F = \frac{\sum_{i=1}^{n}(y'_i-\overline{y})^2/(m-1)}{\sum_{i=1}^{n}(y_i-y'_i)^2/(n-m)} \tag{3-57}$$

式中:m——自变量个数;
$\quad n$——观测值的组数;
$\quad m-1$——F 分布第一自由度;
$\quad n-m$——F 分布的第二自由度。

当给定检验水平 α 查 F 分布表(表3-8),得临界值 $F_\alpha(m-1,n-m)$,若有:

$$F > F_\alpha(m-1,n-m)$$

则认为一组自变量 $x_j(j=1,\cdots,m)$ 与 y 的线性相关性显著;反之,则说明 y 与这组自变量线性相关性不显著。

检验法 3:全相关系数 R 检验法

$$R = \sqrt{1-\frac{\sum_{i=1}^{n}(y_i-y'_i)^2}{\sum_{i=1}^{n}(y_i-\overline{y})^2}} \tag{3-58}$$

查表 3-9,得 $R_\alpha(n,m)$,若有:则认为多元回归式成立,否则,不成立。

二、相关图的作法及应用

作相关图的目的是把一些影响工作质量的因素,通过数群加以分析,寻找它们之间的相关关系,确定回归方程,经过回归显著性检验合格后,确定的数学模型可作为工程质量控制的定量依据。现以某工地试验室作混凝土强度试验为例,说明相关图的制作方法、回归方程式的建立和回归显著性检验方法。设测得每 $1m^3$ 混凝土的水泥用量(kg)对 28 天后的混凝土抗压强度(MPa)的影响数据,如表 3-10 所示。

单位混凝土抗压强度与水泥用量的关系　　　　表 3-10

水泥用量 x(kg)	150	160	170	180	190	200	210	220	230	240	250	260
抗压强度 y(MPa)	5.69	5.83	6.16	6.46	6.81	7.13	7.41	7.74	8.02	8.26	8.64	8.97

第一步，整理现有关系的特性数据，并把试验特性值分组，见表 3-10，一般组数不宜太少，否则会影响分析它们之间的关系。

第二步，以两种特性值作为 x、y 轴，将对应试验数据 (x_i, y_i) 在直角坐标系中点出散点图，见图 3-15，散点图可以帮助我们粗略地了解自变量 x 和因变量 y 之间的函数关系。由图 3-15 可以看出，在本例中 $150 \leqslant x \leqslant 200$ 范围内，y 与 x 大致成线性关系。

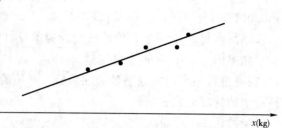

图 3-15　水泥用量与抗压强度散点图

第三步，确定线性回归方程。

此处 $n=12$，$(x_i, y_i)(i=1,\cdots,12)$ 见表 3-10，由此可算出：

$$\sum_{i=1}^{12} x_i = 2\,470,\ \sum_{i=1}^{12} y_i = 87.12,\ \sum_{i=1}^{12} x_i^2 = 521\,900,\ \sum_{i=1}^{12} y_i^2 = 645.729\,4$$

$$\sum_{i=1}^{12} x_i y_i = 18\,352.6$$

由式(3-38)得：

$$\overline{x} = \frac{1}{12} \times 2\,470 = 205.83$$

$$\overline{y} = \frac{1}{12} \times 87.12 = 7.26$$

由式(3-49)得：

$$l_{xx} = \sum_{i=1}^{12} x_i^2 - \frac{1}{n}(\sum_{i=1}^{12} x_i)^2 = 521\,900 - \frac{1}{12} \times 2\,470^2 = 13\,491.7$$

$$l_{yy} = \sum_{i=1}^{12} y_i^2 - \frac{1}{n}(\sum_{i=1}^{12} y_i)^2 = 645.729\,4 - \frac{1}{12} \times 87.12^2 = 13.238\,2$$

$$l_{xy} = \sum_{i=1}^{12} x_i y_i - \frac{1}{n}\sum_{i=1}^{12} x_i \sum_{i=1}^{12} y_i = 18\,352.6 - \frac{1}{12} \times 2\,470 \times 87.12 = 420.4$$

由式(3-52)得：

$$b' = \frac{l_{xy}}{l_{xx}} = \frac{420.4}{13\,491.7} = 0.031\,16$$

$$a' = \overline{y} - b'\overline{x} = 7.26 - 0.031\,16 \times 205.83 = 0.846\,2$$

因此所求的线性回归方程为：

$$y' = a' + b'x = 0.846\,2 + 0.031\,16x$$

第四步，计算相关系数并判断 x 与 y 两个变量之间线性相关的密切程度。

由式(3-50)得：

$$R = \frac{l_{xy}}{\sqrt{l_{xx}}\sqrt{l_{yy}}} = \frac{420.4}{\sqrt{13\,491.7}\sqrt{13.238\,2}} = 0.994\,75$$

由于 $|R|$ 接近于 1，说明 x 与 y 之间的线性相关密切。

第五步，回归显著性检验，检验上述回归效果是否显著。

检验法 1：t 检验法

由式(3-53)得：

$$S=\sqrt{\frac{l_{xx}l_{yy}-l_{xy}^2}{(n-2)l_{xx}}}=\sqrt{\frac{13\ 491.7\times 13.238\ 2-420.4^2}{(12-2)\times 13\ 491.7}}=0.117\ 7$$

将 $b'=0.311\ 6$ 和 $S=1.177$ 代入式(3-51)得：

$$t=\frac{b'}{s}\sqrt{l_{xx}}=\frac{0.031\ 16}{0.117\ 7}\times\sqrt{13\ 491.7}=30.75$$

取检验水平 $\alpha=0.05$，由 $n=12$ 查表 3-7 得：

$$t_{1-\alpha/2}(n-2)=t_{0.972}(10)=2.23$$

因为 $|t|>t_{0.975}(n-2)$ 所以回归效果是显著的。

取检验水平 $\alpha=0.001$，则由表 3-7 知：

$$t_{1-\alpha/2}(n-2)=t_{0.995}(10)=4.59$$

而 $|t|>t_{0.995}(n-2)$，因此回归效果是高度显著的。

检验法 2：F 检验法

将 $R=0.994\ 75$ 代入式(3-54)得

$$F=(n-2)\cdot\frac{R^2}{1-R^2}=(n-2)\times\frac{0.994\ 75^2}{1-0.994\ 75^2}=945.0$$

取 $\alpha=0.05$ 和 $\alpha=0.001$ 查表 3-8 得：

$$F_{1-\alpha}(1,n-2)=F_{0.95}(1,10)=4.96$$

$$F_{0.999}(1,10)=21.04$$

因此 $945>4.96$，认为回归效果是显著的。而 $945>21.04$，回归效果是高度显著的。

检验法 3：R 检验法

已知 $R=0.994\ 75$，查表 3-9，对 $\alpha=0.05, n-2=10, m=2$ 得：

$$R_\alpha(n-2,m)=R_{0.05}(10,5)=0.576$$

由于 $0.994\ 75>0.576$，则认为回归效果是显著的。

对 $\alpha=0.001$，得 $R_{0.001}(10,2)=0.814$，而 $0.994\ 75>0.814$，所以回归效果是高度显著的。

由此可见，每 $1m^3$ 混凝土水泥用量 x 与抗压强度 y 的回归教学模型为：

$$y'=0.846\ 2+0.031\ 16x$$

通过线性相关密切程度分析和回归显著性检验均满足经验回归要求。因此，根据上述方程式，在欲达到的混凝土抗压强度下，可求出每 $1m^3$ 混凝土最少水泥用量 $x_{\min}$。

通过以上作相关图及其工程应用分析，得出应用相关图控制工程质量应注意以下问题：

(1)抽取子样数据的组数一般不应少于 30 组，否则点数太少，则散点图的规律性及其相关关系难以呈现。此时需要计算相关系数，并判断相关关系的密切程度以及进行相关回归显著性检验。

(2)如果收集的样本数据较多，但 x 取值范围可能使本来有相关关系的呈现为不相关状态，因此，x 的取值范围要适当，使 x 与 y 之间的关系呈现相关状态。

(3)绘制 $(x_i,y_i)(i=1,\cdots,n)$ 的分布散点图时，有时整体似乎没有相关关系，但分层分析又有相关关系；或者情况相反，整体存在相关，分层又不相关。所以画散点图时，应区别不同性质的数据作必要的分层分析。

(4) 如果散点图中出现脱离整体排列的异常点,在多数情况下它是由测量误差或混入不合格品引起的。应调查分析产生异常点的原因,如果找到原因可剔除该点的影响,否则应包括该点进行质量判断。

第五节 质量控制七种新工具简介

QC(质量控制)七种新工具是由日本管理专家于 20 世纪 70 年代末提出的,包括系统图法、关联图法、KJ 法、矩阵图法、矩阵数据分析法、PDPC 法及箭头法。主要用于全面质量管理 PDCA 循环的 P 阶段,用系统科学的理论和技术方法,整理和分析数据资料,进行质量管理。

七种新工具与传统图表(因果分析图、排列图、调查表、直方图、相关图、管理图、分层分析)并不是对立的,而是相辅相成的。一般有大量数据时,旧七种工具使用的比较多。而新 QC 七种工具是以图形为主的方法,也是一种图形语言。旧工具有它的用处,新工具有它的长处,具体使用应视实际情况而定。但实践证明,对工具掌握好的人才能使用自如。

一、系统图法

1. 系统图法含义

系统图法是指系统地寻求实现目的最佳手段的方法。此法所使用的图形一般用树木分枝形状来表示事项,这种系统图也叫"树枝图"。

为了达到目的要选择手段。为了采取该手段,需要进一步选择下一级水平的手段,这样,前面的手段对下一级水平的手段来说就成了目的,用图表示出来如图 3-16 所示。

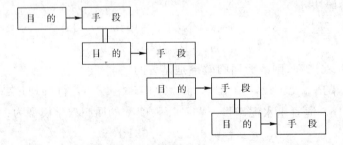

图 3-16 系统图法的概念

应用以上概念绘制出为实现目的、目标,把必要的手段措施展开的"系统图",可一览问题(事项)的全貌,搞清问题的重点,寻求为了达到目的、目标的最佳手段和措施的方法就是系统图法。

系统图法不仅在质量管理活动中有明确的管理重点,在找出并展开进行改善的有效手段和措施等方面是一个有效的方法,而且对企业人员来说,在不可缺少的目的和手段的思考训练方面也会大有裨益。在工程质量控制与管理过程中,有时会感到搞清目的和手段很困难,"系统图法"正是为我们解决这种困难的方法。

系统图法中所应用的系统图可以分成两大类,第一类是把组成该事项的因素展开为目的和手段关系的"组成因素展开型";第二类是系统地展开为了解决问题或实现目的、目标的手段、措施的"措施展开型"。

以质量管理活动为中心的系统图法的应用方面虽然很多,但主要的可以列举如下:

(1)在新产品的开发中设计质量的展开。
(2)为了使质量保证活动更加有效,将质量保证活动进行展开,并和 QC 工序图联系起来。
(3)作为因果分析图灵活运用。
(4)展开以 Q、C、D 为主的解决企业内各种问题的措施。
(5)目标、方针和实施事项的展开。
(6)明确部门职能和管理职能,寻求提高效率的措施等等。

2.系统图的应用

1)在质量设计方面的应用

所谓质量计划就是把满足用户要求的质量即真正的质量特性作为领导方针决定下来。所谓质量设计(狭义)就是把用户要求的质量(真正的质量特性群)根据推理、解释,转换成为可以管理的代用特性群。

质量设计的具体应用大体上可以分为如下两个方面:

①把根据质量计划决定的计划质量(领导方针)转换为设计质量(可以管理的代用特性)并加以展开。把满足计划质量的产品形象具体化,即新产品开发的质量设计。

②把应向用户保证的质量,变为可以管理的质量特性。为了保证质量,选择在企业内部应该管理的项目、水平和管理方法,即为了质量保证的质量设计。

下面介绍在进行质量设计时运用系统图法的方法。

(1)在新产品开发方面的应用

新产品开发的过程可以作如下考虑。首先通过调查、预测搞清用户所要求的质量,把满足用户要求的计划质量作为领导方针决定下来。再根据质量设计,把计划质量转换成设计质量(代用特性),并且经过性能设计和生产设计,决定为了使设计质量更经济、更具体化的设计手段和制造方法。这个过程就是图 3-17 所示的目的与手段体系。这种在新产品开发的质量设计中应用的系统图,称为"设计质量系统图"。

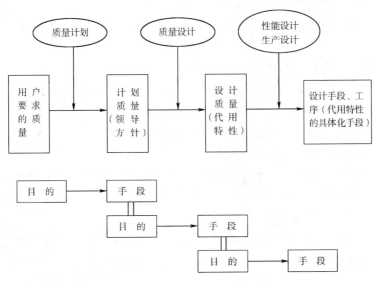

图 3-17 设计质量系统图

(2)在质量保证活动方面的应用

所谓质量保证活动可以说就是明确用户所要求的质量,为确保质量能够满足用户要求的水平而进行的管理活动。一般来说用户对质量仅能提出定性要求,如果一成不变地进行管理是困难的。因此要把质量保证活动进行下去,就需要把用户要求的质量变换为可以控制的质量特性。即首先把用户要求的质量根据质量设计转换成代用特性(设计质量),接着使该设计质量和管理质量特性、水平(在多数情况下是产品规格项目数和规格值)相对应,进而决定为了实现这些管理质量特性、水平的工序控制项目和控制方法。这样就可以明确实现质量保证的控制对象及其方法。

以上过程如图3-18所示,是一种目的与手段体系。这种为进行质量保证活动而用于质量展开的系统图叫"保证质量系统图"。

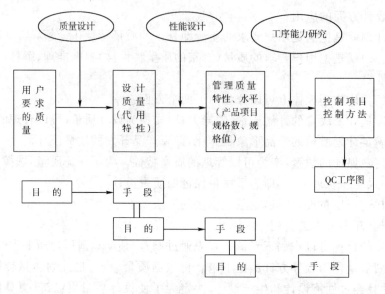

图3-18 保证质量系统图

2)在质量改善方面的应用

(1)作为因果分析图的应用

不言而喻,因果分析图是一种非常简便有效的手法,只是在如下的场合,在图形的表现上有若干不足之处。

①同一级的因素互相比较、研究、评价时;

②和①的情况相同,把各因素对特性的影响程度数量化,在图上标明时;

③因素的级数非常多时;

④把解决方案、实施项目及标准书等和展开了的因素中最末端因素联系起来表现时。

在这种情况下,用系统图的形式表达因果分析图就可以解决问题。把用系统图表现的这种特性和因素的关系称作"因果分析系统图"。对比图3-19就可以知道,因果分析图和因果分析系统图只不过是把完全相同的事用不同的图形表达而已。

(2)在减少缺陷方面的应用

生产工序中"出现缺陷"或"缺陷没减少"等状况大致可以分为如下两种情况:

情况1:作为要因制造出产品质量特性的手段,确定了在生产工序中应该采用的零件、材料、机械、设备、工卡具、操作方法、加工条件等。之所以产生缺陷是由于这些手段比预先确定的水平差,或有时恶化的缘故。例如它意味着起因于投入不符合标准的零件、材料;机械、设备、工卡具的精度不好或发生故障;不遵守作业标准等误差。在这种情况下,为了创造出质量特性,把现在使用的手段全部用系统图展开,将每种手段一个不漏地和其相对照

(最好评价其影响程度,决定优先顺序后再做),指出差距较大的手段(缺陷原因),采取解决措施。

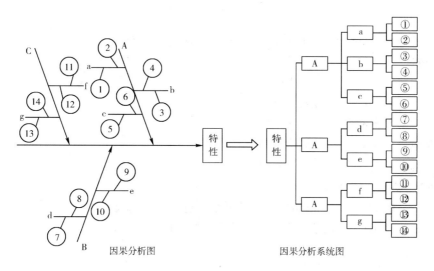

图 3-19　因果分析图和因果分析系统图

情况 2:为了创造产品的质量特性,仅以现在生产工序中使用的手段是不充分的。也就是说,它意味着原工序设计本身不好或尽管多年来对质量的要求越来越严格,但工序却仍和当初一样,并没变更和补充与质量要求的变化相适应的手段。在这种情况下要再一次地重新确定目的,明确地给以定义,运用集体创造性思考等新设想构思法,采用可以有效地达到该目的的手段,从大量的观点中抽出新构思。然后对该构思进行评价和推敲,以总结出具体的改进方案并加以实施方面是有效的。

上述的任何一种情况都要首先明确应该创造出的质量特性(目的),然后展开为了实现该目的的手段。并且通过调查、研究这些手段,搞清为了减少缺陷应采取的手段的过程都是不变的。

在按目的与手段展开这一过程时,如果使用系统图,就可以系统地集中群众的智慧,有效地寻求产生缺陷的原因和构思出解决方案。

3)在其他方面的应用

系统图法是以展开目的与手段为中心,清晰易懂地整理分枝出去的事项,以找出解决问题线索的有效方法。因此它不仅适用于上面介绍过的质量设计或质量改进,而且适用于企业的各个方面,是一种卓有成效的方法。下面就简单地介绍其他应用的方法。

(1)方针、目标的展开

为了使领导层的方针或一个部门的目标贯彻到最基层并使之付诸实践,需要把该方针或目标分解到和对象相适应的水平,并展开到具体的措施或方案中。该方针、目标的展开就是目的与手段的体系,因此可以活用系统图法。

(2)业务职能的展开

系统图论对于明确企业内各部门的职能、管理业务的职能、推进业务高效率化等方面也是很有效的方法。

在使间接部门的业务提高效率、节省人力时,把现在进行的业务分析得过细也不是上策,搞不好就会使未充分完成的业务和未着手的业务停顿起来无法进行,这样就非增加人员不可,把部门业务的"应有状态"用系统图展开,使业务目的明确起来,发现实现该目的的新的、更有效的方法,改革业务结构本身,这就是我们应采取的方法。

(3) 其他可以应用的方面

除上述之外,系统图法还可以适用于以下各个方面:

①提高生产率措施的展开;

②设计标准化实施项目的展开;

③QC小组活跃化方案的展开;

④减少索赔方案的展开;

⑤有效地进行研究开发的具体方案的展开;

⑥有效地进行研究小组活动方案的展开;

⑦TQC活动方案的展开;

⑧在进行性能对比竞争的基础上,与对手企业进行成本对比;

⑨为确定改善生产工序的着眼点而进行的功能分析等等。

二、关联图法

1. 关联图法的含义

关联图法就是对复杂因素互相纠缠的问题,搞清因果关系,以找出适当解决措施的方法。在目前的企业活动中,存在着诸如高质量、高可靠性、降低成本、自动化、省力化、缩短交货期、节省资源、节省能源、PLP(Product Liability Prevention,产品责任预防)、公害对策等大量的必须认真对待的课题,并且又有与此相关的因素复杂相联。仅就质量管理问题,也同样存在大量的各种因素互相纠缠的问题。为了解决这样的问题,像过去那样以一个工作人员为主,一个个地找出这些因素加以解决无论如何是来不及的。可以说必须以若干工作人员或有关人员的协同工作,大范围的、并且是有效的活动的时代已经到来。关联图法就是适应这种状况的一种方法。

所谓关联图就是像图3-20那样,把若干个存在的问题及其要因间的因果关系用箭头连接起来表示的图。把这种图作为解决问题的手段来灵活运用的方法就是关联图法。可以给关联图法定义如下:

所谓关联图法,就是对原因与结果,目的与手段等关系复杂而互相纠缠的问题:

①找出认为与此有关的所有要因;

②用灵活的语言简明扼要地表达它;

③把那些因果关系用箭头符号做出逻辑上的连接;

④抓住全貌;

⑤进一步指出重点。

即用这五个步骤求得问题解决的手法。

在应用这种手法时,建议由若干个成员多次修改绘制关联图,在此过程中可以使有关人员明确地认识问题,成员之间取得一致意见并促使构思转换。也就是说关联图法是一个抓住问题的核心,给出有效解决问题的一种手法。

关联图法就是使管理指标间的关联分析,说明图发展成为解决问题的图像法。进行关联分析时,在用关联图多次整理问题因素的因果关系中,意外地发现到该阶段大部分问题已得到解决。以此为开端,将关联图广泛地应用于各个方面,因取得了良好效果,将关联图法作为

QC工具之一加以推广。

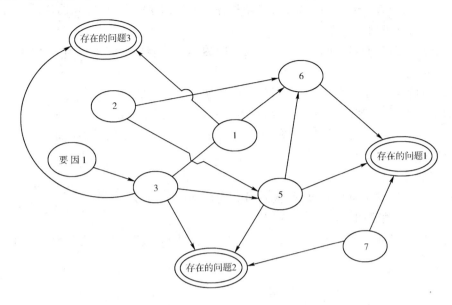

图3-20 关联图的概念

2. 关联图的特征

关联图法是从因果关系方面入手,很好地整理、运用语言资料的一种手法。其主要特征归纳如下:

①适用于整理各种因素复杂地交织在一起的问题;
②可以从计划阶段以长远的眼光展望问题;
③能够准确地抓住重点项目;
④使成员间便于取得一致意见;
⑤因不受形式的限制可以灵活表现,故能更好地把存在问题和要因结合起来;
⑥因不受框框限制可灵活地运用,有助于构思的升华和展开;
⑦有助于打破固有的成见。

关联图法具有因果分析图所不能表达的优点。如上所述,关联图注对各种因素相互交织在一起的复杂问题能够以灵活的表现方式更好地表达整体的关系,并且由于不受形式上的限制,使得构思的升华或展开变得容易,有助于推进改善活动。

目前,已经发表了大量应用关联图法的事例,从这些应用事例中找出一些可供参考的意见分述如下:

(1) 优点

①从目前头脑中比较完整的问题抽出若干个要点,有助于进行改善活动;
②明确和本部门以外的其他部门的关系,便于同有关部门协作,使问题容易解决;
③自由发表的东西可以原封不动地记入图中,这一点很好;
④在多次重新绘制的关联图中了解了解决问题的关键和根据;
⑤对大量搜集到的情报,可立即整理,搞清它们和哪个因素、哪个项目相关联,从而便于下一步工作和对今后的预测;

⑥用较短时间就可以向其他人(特别是领导层)进行说明,并使他们很好地理解;

⑦听取说明的一方,一眼就可以看清整体和各因素的因果关系,比冗长的说明更易懂。

(2)缺点及注意事项

①因为可以灵活绘制,即使是同一个问题不同的组所绘制出的图也将不一样(但结论大体相同);

②如因素的表达过于简单,箭头的指向就有可能和原来的相反;

③图如果过于复杂,使理解更加困难,并因此有可能漏掉重要因素;

④乍一看似乎很简单地就可以把图绘出,实际上开始时不会绘制得很应手;

⑤根据情况有时需要重新绘图,相当费时间。

3. 关联图的类型

关联图绘制方法的特点比较灵活,大致可分为以下四种图形。

(1)中央集中型关联图

尽量把重要项目或应解决的问题安排在中央位置,从和它们关系最近的要因开始,把有关的各因素排列在它的周围(图3-21)。

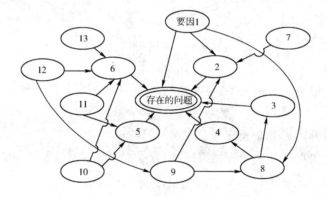

图 3-21 中央集中型关联图

(2)单向集约型关联图

把重要项目或应解决的问题安排在右(或左)侧,将各要因按主要的因果关系的顺序尽量从左(或右)侧向右(或左)侧排列(图3-22)。

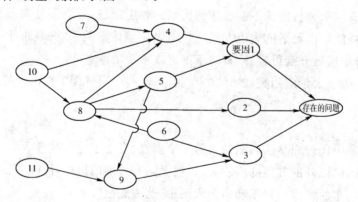

图 3-22 单向集约型关联图

(3)关系表示型关联图

以用图简明地表示各活动项目之间或要因间的因果关系为主体,在排列上可以灵活(图3-23)。

(4)应用型关联图

以上述三种图型为基础而使用的图,叫应用型关联图。例如:

①作为关联图的外框,安排了职能部门、工序名称等 5 个栏,取消了边框(图 3-24);

②如同 KJ 法的作法,把同类的若干个要因用虚线总括起来(图 3-25);

③系统地展开后,中途有时发生各要因互相交织的情况(图 3-26)。

其中(1)、(2)和(4)的③等项目适用于单一目的型,(3)、(4)的①、②项适用于多目的型。

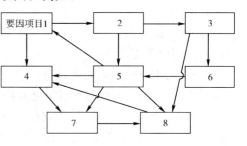

图 3-23 关系表示型关联图

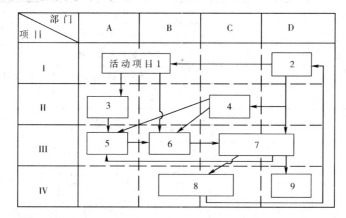

图 3-24 应用型关联图

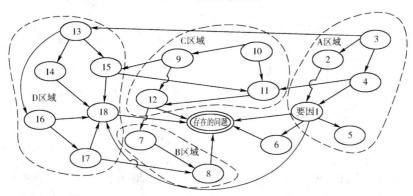

图 3-25 应用型关联图

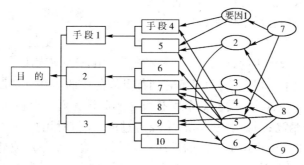

图 3-26 应用型关联图

三、KJ法

1. KJ法的含义

KJ法是把从杂乱无章状态中收集到的语言数据根据它们相互之间的亲和性统一起来,明确应解决问题的方法。

KJ法是川喜田二郎先生开发并普及的手法。构成KJ法的基础手法是A型图解。KJ法就是累积使用这种A型图解以推进解决问题的方法。

就新QC七种工具来说,不仅仅是累积这种A型图解,还要和其他图法结合起来推进问题的解决。试比较一下KJ法和统计方法,有表3-11所示的差别,又有图3-27所示的共同点。

统计方法与KJ法的比较　　　　　　　　　　　　　　　　　　表3-11

统　计　方　法	KJ　　法
1. 假设验证型	1. 发现问题型
2. 把现象数量化,将资料作为数据掌握	2. 不把现象数量化而把数据以语言文字等形式来掌握
3. 对掌握的问题进行分析,并分层	3. 综合掌握,方能得出不同性质的综合
4. 找理由	4. 以情感掌握

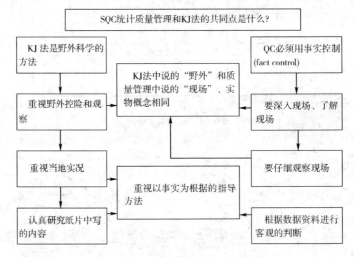

图3-27　SQC和KJ法的共同点

2. KJ法A型图解

所谓KJ法A型图解(affinity diagram,亲和图法)就是从未知、未经历的领域或未来、将来的事物等杂乱无章状态中,把事实或意见、构思等作为语言资料来掌握,把收集到的语言数据根据它们相互间的亲和性进行汇总的一种方法。

A型图解(亲和图法)有如下用途:

(1) 用于认识事实

对于未知的领域或未经历的领域,事实处于杂乱之中,什么事物处于怎样一种状态还很含混不清。掌握一个个的事实很重要,而了解它们都具有怎样的体系也是很必要的。此时,客观地按原状掌握事实资料是很重要的。如拿固有概念或假设去看问题就可能犯不应犯的错误。KJ法适用于掌握如下情况:例如掌握未知、未经历过的市场;对用户或对生产、销售一方来说掌握用户对用新生产方式生产出的产品的反应;当被委派去一个新厂或老厂工作时,掌握该厂的经营情况、管理情况等方面。

(2)用于确立思想观念

对于未知、没有经验的领域有时处于一白纸状态,几乎不具有任何意见和想法。要从零开始,总结自己的想法。在这种情况下,要收集有关目标领域的事实资料、其他人的意见资料、自己本身的意见、构思的资料等。把这些资料用 A 型图解汇总,就可以把自己本身的想法有系统地建立起来。

接到一项全新任务,对该项工作的开展方法要归纳一个方针时正适合使用 KJ 法。

(3)用于打破现状

有一种根据历来的经验形成的固有观念,由于它的妨碍,使得事物不能顺利进展,于是就要打破它,并归纳出新的想法。虽然这时和(2)项一样,目的都是确立思想观念,但前者是从白纸状态开始,而这次是从打破现状开始,这是两者间最大的差别,把固有观念体系破坏得七零八落,造成思想得杂乱无章状态,在此基础上使用 A 型图解来构筑自己的思路。

(4)用于脱胎换骨

对于某个课题,有前人确立的思想体系或理论体系,学习它们遵循它们(超过它们),归纳出自己的思想体系或理论体系。在本质上和(3)项的以打破现状为目的的情况相同。

阅读前人的著作或若干篇论文,制成卡片。再把卡片零散分解,重新混合以后,用 A 型图解归纳出新的论点。这样就可以在采用其他人的意见和新构思的同时,形成自己的独自的观点。

(5)用于参谋筹划

不同性格的人集中起来意见会参差不齐,要组成一个互相理解、参谋筹划型的协作组织,为了一个共同的目的应用集体创造性思考法,成员之间互相提出自己的经验、意见、新构思等,把这些资料卡片化作为公共资料。再分别用 A 型图解整理归纳自己的想法,并根据 A 型图解把自己的想法向其他成员说明,同时也听取其他成员的想法,以这种方式来推进相互理解和协作。它可应用于推进 TQC 的计划小组、质量保证工程小组等跨部门的小组开始起步时的协作,或使现有的小组活跃化等方面,同时也可用于车间或 QC 小组间的协作,并调动其积极性等方面。

(6)用于贯彻方针

管理干部为了把自己的观念、方针贯彻给下级,只靠单方面的上意下达,有时会很不顺利。要培养下级的接受态度来贯彻方针。

把下级集合起来并且自己也亲自参加,针对目标课题进行集体创造性思考。在让下级自由发表意见的同时,管理干部也要把自己的思考观念、方针积极地发表出来,让记录的人记下。即使下级提出了与自己的思考观念、方针相反的意见也不要直接否定或排除它。要根据集体创造性思考的原则,以附和这些意见的形式谈出自己的思考观念和方针。

按照用集体创造性思考得到的语言资料绘制 A 型图解。用 A 型图解以口头发表的形式向下级传达自己的思考观念和方针。在听取并采纳下级意见的同时,就可以创造出用集体创造性思考和用 A 型图解进行口头发表这样两次机会,并把自己的思考内容和方针贯彻给下级。第(5)项叙述的在组成参谋策划组织时,A 型图解也可以让下级来作。但这种场合一般都是管理干部自己绘制 A 型图解,省去让下级绘制 A 型图解这一程序。尽管如此,仍有培养参谋筹划意识的效果。

四、矩阵图法

1. 矩阵图法的概念

所谓矩阵图法就是从作为问题的事项中,找出对应的因素,把它按图 3-28 所示,将属于因素群 L 的因素 $L_1,L_2,\cdots,L_i,\cdots,L_m$ 和属于因素群 R 的因素 $R_1,R_2,\cdots,R_j,\cdots,R_n$,分别排列成行和列,在其交点上表示 L 和 R 各因素关系的图。按照在交点上表示行和列的因素有无关联或关联的程度,可以做到:①从二元排列中,探索问题的所在和问题的形态;②从二元关系中得到解决问题的启示等等。以该交点作为"构思"的要点来有效地解决问题的方法,就是"矩阵图法"。在找出问题的关键时,对于对象的目的或结果,其手段或原因能够一次展开时,可以使用"系统图法"。但目的或结果有两种以上,把它们和手段或原因对应起来展开时,使用"矩阵图法"则更适宜。

在矩阵图中,按图的形式可将使用的矩阵图分类命名为:①L 型矩阵;②T 型矩阵;③Y 型矩阵;④X 型矩阵;⑤C 型矩阵等。

图 3-28 矩阵图法的概念

2. 矩阵图法的用途

①确定开发、改良系列产品的着眼点;
②毛坯产品的质量展开;
③以产品的质量保证和管理职能的联系确立和加强质量保证体制;
④加强质量评价体制和提高其效率;
⑤探求制造过程中产生缺陷的原因;
⑥根据市场和产品的联系,制订产品打入市场的战略;
⑦明确若干个工程和为实现这些工程的技术关联情况;
⑧探索现有技术、材料、元件等的应用领域。

3. 系统图和矩阵图的组合

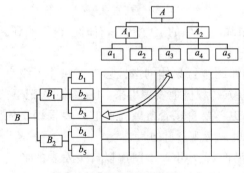

图 3-29 系统图和矩阵图的组合

制作矩阵图的关键,就是要搞清组合哪些事项,并且要确定列举出的事项用哪些水平的因素对应分析。

应组合起来的事项根据问题内容的不同不能一概而论,希望能参考实际工程的应用事例来作出判断。

用矩阵图来决定对应的事项,并把这些事项互相对应起来,将该因素展开到具有实际意义的水平就可以了。也有在该因素展开时使用"系统图"并与矩阵图结合起来像图 3-29 那样表现的方法。

五、矩阵数据分析法

1. 概念

所谓矩阵数据分析法,就是在矩阵图中各因素间的关系当能用定量表达时(在交点上可以得到数值资料时),通过计算就可以一目了然地整理这些数据的一种方法。这种方法只是一个数值定量解析法,但结果仍以图来表示。这种方法的主要手法叫做主成分分析法,是多变量解析法中的一种手法,促使管理人员多少熟悉一下多变量解析法。

2.用途

(1)解析各种因素复杂的工序。
(2)解析由大量数据组成的不良因素。
(3)根据市场调查资料掌握所要求的质量。
(4)把功能特性分类体系化。
(5)评价复杂的质量问题。
(6)曲线对应数据的解析等等。

六、PDPC法

1.PDPC法及主要用途

(1)什么是PDPC法

PDPC法——随着事态的进展对可以推想出各种结果的问题确定一个过程,使达到所期望结果的方法。

为完成目标而制订的实施计划不一定像最初所预计的那样顺利进展,在技术问题上有不少东西还不能完全掌握解决它的办法。此外,有时在系统中也会发生预想不到的故障,甚至会发生重大事故。

所谓PDPC法就是对这样的问题,事先推想出能够想到的各种结果,使提出达到尽可能令人满意的结果的方案,万无一失地预先采取措施,并进一步随着事态的进展预测和修正其方向,把结果尽量引向令人满意方向的一种方法。

因此在问题的发展过程中,发生不能预料的事态时,就要以发生事件的当时作为起点,必须尽快地修正PDPC,使其与之相适应。

所谓PDPC法,就是把运筹学(operations research,OR)中所使用的过程决策程序图(process decision program chart,PDPC)应用于质量管理的方法。

(2)主要用途

①制订目标管理的实施计划;
②制订技术开发课题的实施计划;
③预测系统中可能发生的重大事故,制订解决措施;
④制订生产工序中防止产生不良的措施;
⑤制订和选择谈判过程中的措施等等。

2.PDPC法的质量管理

稳定增长的经济时代,各企业间的竞争也越来越激烈了。与之相适应,管理工作也比过去更加多样化、复杂化。质量管理中的各种问题也完全一样,仅仅像过去那样应用QC手法分析结果、采取行动的做法有时会出现来不及的情况。

在确定问题时即使确定了推行的方法,如果环境稍许变化,所采取的方法有时会需要从头做起。对此如果缺乏立即适应性,在规划线性(PL)问题时就难免会出现由于处置迟延而来不及的事态。

就新产品的开发来说,确实掌握顾客的要求质量,并以此为出发点怎样把附加价值高的产品适时投入市场是非常重要的。因此在新产品的质量设计中必须充分掌握和理解顾客要求的各种性能,并且在设计阶段还应该考虑使用时不要给用户或环境以及其他方面造成重大不良影响。此外在解决问题时还需要考虑交货期和成本,尽可能高效率地进行生产。然而现实中发生无法确定事物的情况很多,而且事态时时刻刻都在变化,作为解决问题前提的各种条件,包括社会经济形势也在逐渐变化。在这样一种情况下处理问题,如用旧的解决问题的方法,常常可以看到在确定计划时只考虑一个实行方案的做法,即使确实在刚刚着手时情况良好,当其后情况变化或产生没有估计到的结果时,就反应迟缓拿不出适当的措施,有时不得不承认实现不了目标。

如上所述,在处理开发或 PL 问题时,常常在无法预测的未确定的情况下着手解决问题。因此作为处理的方法,最好要预见性和随机应变性兼备。从这些方面来看 PDPC 法也是适用的。PDPC 法作为一种图法并没什么限制。以现在为出发点,在可以预想到将来的情况下或条件下,明确可以拿出的措施是什么?并预测出那时的不理想结果,考虑出达到更理想结果的过程,找出最终解决的措施。如果万一由于当初没掌握或没有预计到,从而在推行过程中又面临新问题、新情报的情况下,可以灵活考虑过去走过的历程,以随机应变改变措施为前提,提前考虑到这些情况进行应用。因此可以说 PDPC 法也适用于解决推进质量新时代的全面管理时的各种问题。

七、箭头法

1. 箭头法(网络图法)

在质量管理活动中不仅质量,时间也是不可缺少的重要管理项目。例如新产品开始生产的时机、产品的交货期、工程项目的推行计划及其进度等。为了在规定的日程里达到并拿出所要求的质量,日程计划及其进度管理是极重要的管理活动。

作为日程计划和管理方法,过去一直应用甘特图表。甘特图表对于非常笼统的计划或简单的生产指示来说是一个很好的方法。但因为它不能表现各生产作业的从属关系,具有如下的缺点:

(1)难以制订详细的计划。

(2)难以对计划阶段的方案加以反复推敲。

(3)难以处理进入实施阶段后的情况变化和计划变更。

(4)不能迅速得到由于一个生产环节迟缓而给整个计划带来影响的准确情报。

(5)工程项目的规模稍一变化就难以掌握该计划的全貌。

(6)难以判断在实施进度管理时的重点在哪里。

为弥补甘特图表的以上缺点,制订最佳计划,高效率地进行进度管理的方法中的有 PERT(program evaluation and review technique,计划评审技术)和 CPM(critical path method,关键路线法)。在这种 PERT 或 CPM 中表示日程计划的图就是"箭头图"。箭头图就是把推行工程项目时所必需的各种作业按其从属关系以网络表示的"箭头图",亦称为作业关系网络图。

这里把在 PERT、CPM 中应用的箭头图的进度计划管理方法命名为"箭头图法",以期促进它在质量管理活动方面的应用。

网络图是网络计划图的简称,是代表施工进度的网状流程图,根据不同的施工用途,网络图可分为下列类型:

(1)按应用范围分有局部工程项目网络图、单位工程网络图、总体工程网络图。

(2)按工程复杂程度分为简单网络图(工序在 500 道以内)和复杂网络图。

(3)按最终控制目标分为单目标网络图和多目标网络图。

(4)按时间表达含义分为一般网络图和时间坐标网络图。

(5)按箭线和节点含义的不同分为双代号网络图和单代号网络图。

2.双代号网络图

双代号网络图中每道工序均由一根箭线和两个节点表示,其中箭线代表工序,节点表示工序间的逻辑关系,其他工序持续时间、资源需要量及费用等定量参数统称为流。

(1)箭线表示广义工序概念,占时间的工作均按工序看待,一般网络图中箭线长度与工序持续时间无关,工序顺序施工时箭线连续画,工序平行作业时箭线平行画,除实箭线外还有虚箭线(无工序名称,不占时间,不耗资源)用于解决工序间逻辑连接。

虚箭线的引用除解决工序间的连接关系外,还用于解决工序间的逻辑断路问题,即将前后无关系的工序用虚箭线断路隔开,两道及其以上工序同时开工、同时完成时引用虚箭线,防止发生混乱,不同工程项目之间有管理联系时引用虚箭线表达其关系。

(2)节点是工序之间的交接,既代表紧前工序完成,又代表本工序开始,所以它只是一个瞬间概念。

节点编号规则是从小到大,箭头节点号应大于箭尾节点号,且编号不得重复,但可不连续编号。

(3)线路为网络图起点按箭线方向到终点的通路,所有线路中工序持续时间之和最长的路线为关键线路,关键线路上的各道工序为关键工序,反之,关键工序连成关键线路。

(4)双代号网络绘制规则为一张网络图只允许一个起点和一个终点,两个节点之间只允许一根箭线;网络图不允许出现循环线路;不允许使用双向箭线或线段,避免使用反向箭线;网络图布局应合理,尽量防止箭线交叉,不得已时采用"过桥"的方法通过。

3.时间坐标网络图

双代号时间坐标网络图简称为时标网络图。它以时间为横坐标,绘制各道工序的箭线,使其水平投影长度直接反映工序作业持续时间的长短,且在图上显示工序开始和完成时间及工序机动时间与网络计划的关键线路。时标网络图具有以下特点。

(1)时标网络图接近横道图,能够方便地计算资源需要量并绘制其调配图,有利于实施中的施工项目管理。

(2)直接反映各项工作的开始和结束时间、机动时间及关键线路。

(3)计划实施中便于随时检查哪些工序已经完成或正在进行或将要开始。

(4)作为施工进度计划下达施工任务。

(5)调整比较麻烦,局部工序变动需要牵动整个计划的改变。

4.单代号网络图

单代号网络图也是由许多节点和箭线组成的工程进度网状流程图。但是单代号网络图中以节点表示工序,箭线表示工序之间的逻辑关系,所以工序间的相互关系容易表达且不用虚箭线,便于绘图、检查及修改,但不能绘制时标网络图,因此实施中应用较少。

(1)节点表示广义工序概念,节点代表的工序名称、作业持续时间和代号都标注在圆圈内,两道及以上工序同时开始或同时结束时应引入虚拟始节点或虚拟终节点。

(2)箭线表示工序之间的逻辑关系,箭头方向表示施工方向。

(3)节点编号、线路、关键线路、关键工序以及单代号网络图的绘制规则等与双代号网络图基本相同。

第四章 路基与路面工程质量控制与管理

第一节 路基土石方工程

为了保证路基土石方工程质量,实现快速、高效和安全施工,必须因地制宜地选择合理的施工技术,认真做好施工前的各项准备工作,并制订完善的质量管理措施。

一、施工前的准备工作

路基土石方工程施工前的准备工作非常重要,无准备的施工或准备不充分的施工,均会阻碍路基工程施工的顺利进行。施工的准备工作,内容很多,大致可分为组织准备,技术准备和物质准备三个方面。

1. 组织准备工作

主要是建立和健全施工组织机构,明确施工任务,制订施工管理的规章制度,确立施工所应达到的进度、质量、成本、安全等目标。组织准备是做好一切准备工作的前提。

2. 技术准备工作

路基开工前的技术准备工作内容较多,大致可分为以下几个方面。

(1)核对设计文件

施工单位在开工前,应全面熟悉设计文件和施工合同文件。通过施工现场的核查,必要时根据有关程序提出修改设计意见,并报请变更设计。

(2)编制施工组织设计

施工组织设计是整个工程施工的指导性文件,主要内容包括选择施工方案,确定施工方法,布置施工现场(平面布置),编制施工进度计划和施工资源需要量计划等。

(3)复测与放样

复测的工作包括路线中线和高程的复测,水准基点复测及增设,横断面的检查和补测等。放样指按图纸要求现场定出路基轮廓,包括路基边缘、坡口、坡脚、边沟、护坡道、借土场、弃土场的具体位置。

(4)场地清除

路基施工范围内的树木,灌木丛等均应清除运走,并按设计要求的深度和范围清除原地面表土和草皮。公路用地范围内的垃圾坑(堆)、有机杂质、淤泥、泥炭、软土、盐渍土和各种溶穴、水井、池塘、坑墓等均应妥善处置。对历史文物、自然保护区则应妥善保护。

(5)场地排水

为了保证路基施工场地的干燥,在开工前应因势利导地设置一些纵横排水沟渠或砂、砾、碎石垫层,形成临时排水系统,确保施工场地不积水和不受冲刷破坏。临时排水设施的位置应注意与永久性排水设施相衔接。

(6)土样试验

在沿线和借土场选取有代表性的土样进行密实度、含水率、液限和塑性指数试验。用于填方的土样应测定其最大干密度与最佳含水率。

(7) 修建临时道路和桥涵

施工过程中,必须阻断原有道路交通时,应事先修建临时道路和桥涵及设置必要的行车标志和灯光,以维持现有交通和保证机具、材料、人员的运送。

(8) 承包人驻地建设

为了对工程进行有效实施和管理,承包人结合所承包工程的规模和工期等因素,自行建设生产、生活用的临时建筑物、构筑物,如办公室、宿舍、食堂、试验室、仓库、工栅和储料场等临时设施。

(9) 修建临时设施

通信、供电、供水、污水及垃圾处理、取暖、防火、急救和医疗服务等公用设施,尽可能在当地解决,如不行,亦应妥善安排。

3. 物质准备工作

包括各种材料和机具设备的购置、采集、加工、调运与储存,以及生活后勤供应等。物质准备工作必须制订具体计划。其中的劳动力调配、机械配置和主要材料供应计划必须保证施工组织计划的顺利实施。

土石方工程中的土质路基和石质路基,虽然准备工作的具体内容与要求存在差别,但基本项目相同。

二、路基土石方工程作业

1. 零填挖路床

对于零填挖路床,选取路床面以下 0～30cm 范围内有代表性的土样,测定其天然密实度,如果不能达到路基压实度的要求,应将原地面翻挖压实至其压实度满足要求。如果经翻挖,晾晒处理后仍不能降低含水率,压实度也很难达到设计要求,则应考虑换土等技术措施。

2. 填方路堤

填方路堤的施工应注意基底处理,填料选择、路堤填筑和填方压实等四个方面。

(1) 基底处理

填方路堤基底处理除应做好场地清除和排水工作外,还应注意以下问题:①如果基底原状土的强度不符合要求,则应换填深度不小于 30cm 范围内的土,并按规定分层压实;②如果基底为耕地或松土时,则应按设计要求清除深度不小于 15cm 范围内的有机土和种植土,并按规定要求压实;③当地面横坡为 1:5～1:2.5 时,应将原地面挖成台阶,台阶宽度不小于 1m;当地面横坡陡于 1:2.5 时,为防止填方路基沿基底滑动,应进行特殊处理;④当基底处有池塘、水田和洼地时,为确保填方基底具有一定的强度和稳定性,可以采用换土、抛石挤淤、铺砂砾石、碎石垫层、打沙桩等技术措施。

(2) 填料选择

一般的土和石只要满足一定的强度,都可作路堤填料。野外取土试验显示,符合表 4-1 规定的填料方可使用。表中所列强度按《公路土工试验规程》GTG 规定方法确定。

一般不可用做路堤填料的是:①泥炭、淤泥、沼泽土、有机土、含草皮土、生活垃圾、树根和含有腐朽物质的土;②液限大于 50、塑性指数大于 26 的土,如非用不可时,则必须对土性进行改良;③含水率超过规定的土,不可直接作为路基填料;④含盐量超过规定的强盐渍土和过盐渍土;⑤表层不用非膨胀土封闭时,膨胀土不可直接用作路基填料;⑥严重污染环境的工业废渣。

路基填方材料最小强度和最大粒径表　　　　表 4-1

填料应用部位 (路面底高程以下深度)		填料最小强度(CBR)(%)			填料最大粒径 (cm)
		高速公路、一级公路	二级公路	三、四级公路	
路堤	上路床(0~30cm)	8.0	6.0	5.0	10
	下路床(30~80cm)	5.0	4.0	3.0	10
	上路堤(80~150cm)	4.0	3.0	3.0	15
	下路堤(>150cm)	3.0	2.0	2.0	15
零填及挖方路基	0~30cm	8.0	6.0	5.0	10
	30~80cm	5.0	4.0	3.0	10

(3)路堤填筑

路堤应水平分层填筑压实,用黏性土等透水性不良的填料填筑路堤时,应严格控制其含水率在最佳含水率±2%以内;用透水性良好的卵石、碎石和粗砂等填筑路堤时,可以不控制含水率。用土加石混合料填筑路堤时,不可乱抛乱填。如果土石容易分清时,应分段填筑,否则应按含石量的多少区别对待。在分层施工时,石料的最大粒径应小于层厚的 2/3。

①松铺厚度

土方路堤的最大松铺厚度对于高速公路和一级公路不应超过 30cm;对于其他公路不宜超过 50cm,具体数值应通过现场试验确定。另外,路床顶面最后一层的最小压实厚度,不应小于 8cm。填石路堤的最大松铺厚度对于高速公路和一级公路不应超过 50cm,对于其他公路不宜超过 100cm。在填石路堤倾填前,路堤边坡坡脚用粒径大于 30cm 的石料进行码砌。当填石路堤高度小于或等于 6m 时,则码砌厚度不应小于 1m;当高度大于 6m 时,则码砌厚度不应小于 2m。土石路堤的最大松铺厚度一般不宜超过 40cm,具体数据应根据压实机械类型和规格确定。当土石混合料中的石料含量超过 70%时,应先铺大块石料,且大面向下,摆放平稳,再铺小块石料、石渣或石屑嵌缝找平,最后碾压;当土石混合料的石料小于 70%时,可以混合铺筑,但应避免尺寸大的硬质石块分布不均匀,过于集中。土石路堤路床顶面以下 30~50cm 范围须改换填料填筑,高速公路和一级公路可采用最大粒径不超过 10cm 的土分层压实;其他公路可采用最大粒径不超过 15cm 的砂类土填筑。

②填筑方法

路堤施工按填土顺序可分为分层平铺和竖向填筑两种方案。分层平铺是基本方案,有条件时尽量采用。

分层平铺正确的方案要点是:

(a)当不同性质的土分层填筑时,为保证来自上层透水性强的填土水分的及时排出,应将填在下面的透水性差的土的表面做成双向横坡。

(b)同一层次使用不同性质的土填筑时,搭接处应做成斜面,且将透水性差的土填在斜面下部。

(c)根据强度和稳定性的要求,合理安排不同土层的层位。

分层平铺不正确的方案是:

(a)路堤被透水性差的土层封闭,水分很难排除和蒸发。

(b)未水平分层,有反坡积水,夹有冻土块和粗大石块,以及有陡坡斜面等。

图 4-1 为分层平铺路堤填筑方案示意图。

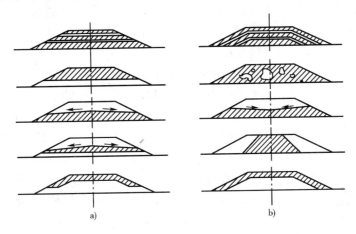

图 4-1　分层平铺路堤填筑方案示意图
a)正确的;b)不正确的

竖向填筑是指沿路中心线方向逐步向前深填(高等级道路不能竖填)。在以下路段可采用竖向填筑:

(a)路段的横坡较陡且难以分层填筑。

(b)陡坡地段上的半挖半填路基。

(c)路线跨越池塘或深谷时,地面高差大,难以水平分层卸土。

为了提高竖向填筑的密实程度,应选用沉陷量小和料径均匀的砂石填料,并要求在路堤全宽内一次成型。条件允许情况下,尽量采用下层竖向填筑,上层分层平铺的混合填筑方法。如果密实度达不到要求,可考虑对地基进行注入、扩孔或强夯等加固措施。

③填方压实

工程实践证明,土基压实后,路基的塑性变形、渗透系数、毛细水作用和隔温性能等,均有明显改善。因此,路基的压实工作,是路基施工过程中一个重要工序,是提高路基强度与稳定性的根本技术措施之一。

影响路基压实效果的因素有内因和外因两方面。内因指土的性质和湿度,外因指压实功能和压实时的外界自然和人为因素,其中压实功能又包括机械性能,压实时间与速度、土层厚度等。

实践表明,如果将路基的湿度控制在最佳含水率 w_0,则压实的效果最好,耗费的压实功能最经济。这是因为,在路基含水率小于最佳含水率 w_0 情况下,路基中水的润滑作用使土粒间的阻力减少,在外力作用下,土粒由于孔隙减小而被压实,干密度得以提高;当路基含水率超过最佳含水率且继续增大时,由于土粒孔隙被水分所完全占据,而水分又不为外力所压缩,因此随着含水率的增加,干密度逐渐减小(图 4-2)。另外,路基土饱水后,虽然干密度有所降低,但在最佳含水率 w_0 处,干密度的降低最小(图 4-3)。因此,在最佳含水率 w_0 处压实的路基,其强度和稳定性均最好。

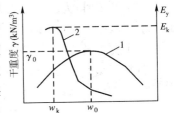

图 4-2　土基的 E、γ 与 w 关系示意图
1-γ 与 w 关系;2-E 与 w 关系

土的性质对压实效果的影响很大。一般液限大黏性高的土

最佳含水率 w_0 较高,最大干重度 γ_0 较低。这是因为其土颗粒偏细,比表面积偏大,故土粒表面吸附的水膜较多,且黏土中又含有较高的亲水性胶体物质。另外,砂性土的压实效果优于黏性土,且最佳含水率的概念对砂性土意义不大,因为其颗粒较粗,成松散状态,水分极易散失。

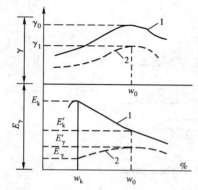

图 4-3 饱水前后压实指标对照示意图
1-饱水前;2-饱水后

压实厚度对压实效果有明显影响。在土质、含水率和压实功能等压实条件相同条件下,路基土层不同深度的压实度不同,且随深度的增加,压实度在递减,不同的压实机具有不同的压实功能和不同的有效压实深度,因此在实际施工时,应根据工具的类型,路基土的性质和压实度的基本要求,通过现场试验确定合适的摊铺厚度。一般而言,夯实不宜超过20cm,12~15t 光面压路机不宜超过25cm,夯击机和振动压路机不宜超过50cm。

压实功能(指压实工具的质量、碾压次数或锤落高度、作用时间等)对压实效果有重要影响。实践表明,随着压实功能的提高,土的最佳含水率 w_0 减小而最大干重度 γ_0 提高;在土的含水率一定时,随着压实功能的增加,路基的干重度提高。图 4-4 是压实功能与含水率和干重度的关系曲线。

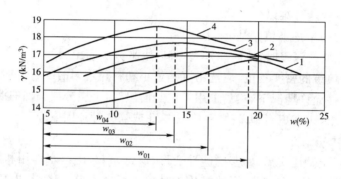

图 4-4 不同压实功能的压实曲线对照图

图中:1、2、3、4 曲线的功能分别为 600kN·m、1 150kN·m、2 300kN·m、3 400kN·m。

由上可知,工程实践中可以通过增加压实功能(提高压路机吨位,增加碾压次数和延长碾压时间等)来提高路基强度。但必须指出的是,用单纯增加压实功能的方法来提高路基的强度有一定的限度。在压实功能超过一定限度后,压实效果的提高非常缓慢,但此时的碾压成本(机械台班、人力、施工组织)却增加很大;在压实功能过大时,甚至会破坏路基强度。因此,在路基压实施工时,为了提高压实效果,首先应严格控制路基土处于最佳含水率,在此前提下,控制土层碾压厚度,在必要时适当增加压实功能。

④压实机具选择

路基压实的机具大致可分为夯击式、静力碾压式和振动式三种类型。夯击式中人工使用的有石硪、木夯,机动设备的有风动夯、夯板、夯锤和蛙式夯机。静力碾压式有羊足碾、气胎碾和光面碾(普遍的两轮和三轮压路机)。振动式有振动器和振动压路机等。施工机械中的拖拉机、推土机、铲运机甚至汽车也可进行路基压实。

实践表明,黏性土路基的压实只能采用碾压式或夯击式,振动式几乎无效;对于砂性土的压实效果,振动式最好,夯击式次之,碾压式最差,因此,不同的土质,应选择不同的压实机具。表 4-2 是不同土质适宜的碾压机械,表 4-3 是一些常用压路机的一般技术性能。

各种土质适宜的碾压遍数 表 4-2

机械名称 \ 土的分类	细粒土	砂类土	砾石土	巨粒土	备 注
6～8t 两轮光轮压路机	A	A	A	A	用于预压整平
12～18t 两轮光轮压路机	A	A	A	B	最常使用
25～50t 轮胎压路机	A	A	A	A	最常使用
羊足碾	A	C 或 B	C	C	粉黏土质砂可用
振动压路机	B	A	A	A	最常使用
凸块式振动压路机	A	A	A	A	最宜使用含水率较高的细粒土
手扶式振动压路机	B	A	A	C	用于狭窄地点
振动平板夯	B	A	A	B 或 C	用于狭窄地点,机械质量 80kg 的可用于巨粒土
夯锤(板)	A	A	A	B	用于狭窄地点
推土机,铲运机	A	A	A	A	用于摊平土层和预压

注:①A 代表适用;B 代表无适当机械时可用;C 代表不适用。
②对黄土(CLY)、膨胀土(CHE)和盐渍土等特殊土的压实机械选择可按细粒土考虑。
③羊足碾应有光轮压路机配合使用。

压路机的技术性能 表 4-3

机具名称	最大有效压实厚度(实厚)(m)	碾压行程次数				适宜的土类
		黏性土	亚黏土	粉砂土	砂黏土	
人工夯实	0.10	3～4	3～4	2～3	2～3	黏性土与砂性土
牵引式光面碾	0.15	—	—	7	5	黏性土与砂性土
羊足碾(2 个)	0.20	10	8	6	—	黏性土
自动式光面碾 5t	0.15	12	10	7		黏性土与砂性土
自动式光面碾 10t	0.25	10	8	6		黏性土与砂性土
气胎路碾 25t	0.45	5～6	4～5	3～4	2～3	黏性土与砂性土
气胎路碾 50t	0.70	5～6	4～5	3～4	2～3	黏性土与砂性土
夯击机 0.5t	0.40	4	3	2	1	砂性土
夯击机 1.0t	0.60	5	4	3	2	砂性土
夯板 1.5t 落高 2m	0.65	6	5	2	1	砂性土
履带式	0.25	6～8		6～8		黏性土与砂性土
振动式	0.40	—		2～3		砂性土

压实机具产生的单位压力不应超过路基的强度极限,否则会引起路基破坏。选择压实机具时,当土的含水率小、土层厚、压实度要求高时,应选择重型机具;反之应选轻型。表4-4列出了在最佳含水率条件下,不同土在不同压实机具作用时的极限强度,表4-5列出了各种压实机具对不同含水率的土适用的碾压次数。

压实时土的强度极限 表4-4

土 类	土的极限强度(MPa)		
	光面碾	气胎碾	夯板(直径70~100cm)
低黏性土(砂土、亚砂土、粉土)	0.3~0.6	0.3~0.4	0.3~0.7
中等黏性土(亚黏土)	0.6~1.0	0.4~0.6	0.7~1.2
高黏性土(重亚黏土)	1.0~1.5	0.6~0.8	1.2~2.0
极黏土(黏土)	1.5~1.8	0.8~1.0	2.0~2.3

各种压实机具对不同含水率的土碾压次数参考值 表4-5

压实机具名称		每层松铺填土厚度(m)	每点经过压实(或夯实)次数				合理采用压实机具的条件
			无塑性土		塑性土		
			最佳含水率时	低于最佳含水率时	最佳含水率时	低于最佳含水率时	
拖式光面路碾(5t以下)羊蹄路碾		0.10~0.15	6 4	9 6	9 8	15 12	碾压段不小于100m,用以压实塑性土
8~12t压路机		0.20~0.30	4	6	8	12	碾压段不小于100m,用以压实塑性土,通常用于路最长上层及路槽底
300kg重夯机 1 000kg重夯机		0.30~0.50 0.35~0.65	3 3	4 4	4 4	6 6	工作面受限制及构造物接土处的填土
1 000kg夯击板	举高1m	0.60~0.70	4	5	5	7	工作面受限制时,用于无塑性及石质土
	举高2m	0.70~0.90	3	4	3	5	

⑤压实操作

路基压实时,在机具类型、松铺厚度和碾压遍数选定的情况下,压实工作应遵循以下原则:

(a)压实机具应先轻后重,以适应逐渐增长的路基强度。

(b)碾压速度应先慢后快,以避免引起土的推拥。

(c)压实机具的运行路线应先边缘后中间(超高路段则应先低后高)。碾压时,相邻两次轮迹应重叠轮宽的1/3,以保证压实的均匀。对于压不到的边角,应用人力或小型机具夯实。

(d)应经常检查含水率和压实度,不满足要求时应尽快采用措施。

⑥压实标准

工地实测干重度γ与室内标准击实试验所得的最大干重度γ_0之比,称为压实度K。压实

度 K 就是现行规范规定的路基压实标准。如果给定压实度 K 和 γ_0，则工地实测干重度应符合下式：

$$\gamma \geqslant K\gamma_0$$

表 4-6 是《公路土工试验规程》(JTG E40—2007)重型击实试验法确定的土质路基压实标准(特殊干旱地区的压实度酌情降低 2%～3%)。

土质路基压实度标准   表 4-6

填挖类型		路床顶面以下深度 (cm)	压实度(%)		
			高速公路、一级公路	二级公路	三、四级公路
填方路基	上路床	0～30	≥96	≥95	≥94
	下路床	30～80	≥96	≥95	≥94
	上路堤	80～150	≥94	≥94	≥93
	下路堤	>150	≥93	≥92	≥90
零填及挖方路基		0～30	≥96	≥95	≥94
		30～80	≥96	≥95	—

3. 挖方路基

(1) 路基开挖注意事项

土方开挖时不得乱挖超挖，不应掏洞取土。一般禁止采用爆破法施工，不得已采用时，应经过设计审批，并保证边坡的稳定性。

路堑开挖时应根据开挖断面的土层分布、地形条件、施工方法以及土方的利用和废弃情况等综合考虑，力求做到运距短，占地少，并注意处理好排水问题。

路堑横断面开挖时应按照设计边坡自上而下逐层进行，必要时应及时设置支挡工程，以防止开挖不当导致塌方；在设置支挡构造物的地质不良路段，为安全起见，在分段开挖的同时，应分段修建支挡构造物。

开挖时得到的土、砂、石等材料，在强度满足要求的条件下，应尽量用作填方填料或工程材料利用。

(2) 路堑开挖方案

根据挖方数量大小和施工方法的不同，路堑开挖按掘进方向可分为纵向全宽掘进和横向通道掘进两种方案，在高度上又可分为单层、双层和纵横掘进混合等三种。

在路线的一端或两端沿路线纵向向前开挖的方案为纵向全宽掘进，适用于短而深的路堑。当路堑深度不大时，可以一次挖到设计高程，称为单层纵向掘进。当路堑深度较大时，可分成几个台阶进行开挖。分层开挖的台阶高度应根据施工方法和施工安全综合考虑，一般用人力开挖时台阶高度宜为 1.5～2m，用机械开挖时台阶高度宜为 3～4m。多层掘进法使得纵向工作面拉开，多层多向出土，可以容纳较多的施工机械，能加快施工进度和提高工作速率。无论哪种掘进法，运土均由相反方向送出，且各层均应设独立的出土通道和临时排水设施。

先在路堑纵向挖出通道,然后分段同时向横向掘进的方案称横向通道掘进。这样方法施工时还可以分层和分段,层高和段长应由施工组织方案决定。此方法的优点是可以扩大施工面,加速施工进度;缺点是施工的干扰性增大,安排不当时易产生质量和安全事故。

采用双层式纵横通道混合掘进,同时沿纵横的正反方向,多施工面同时掘进的方案称混合法。深路堑的挖方工程数量大且工期受到限制时可采用此方案。它虽然能扩大施工面和加快施工进度,但干扰性更大。

三、机械化施工

路基机械化施工中,应视具体工程选择适宜的挖掘机械、装运机械、平整机械和压实机械,最大限度地发挥机械施工的效率和功能。平地机、推土机和铲运机等土方机械可进行单机作业,但挖掘机等需要以松土、运土、平土和压实等机具相配套,综合完成路基施工任务。

为能充分发挥施工机械的使用效率,应根据工程性质,施工条件、机械性能及需要,择优选用相应设备。根据工程实践经验,常用土方机械的适用范围可参考表4-7;按施工条件选择土方机械时也可参考表4-7。

常用土方机械适用范围　　　　　　　　　　　　表4-7

机械名称	适用的作业项目		
	施工准备工作	基本土方作业	施工辅助作业
推土机	1. 修筑临时道路; 2. 推倒树土,拔除树根; 3. 铲草皮,除积雪及建筑碎屑; 4. 推缓陡坡地形,整平场地; 5. 翻挖回填井、坑、陷穴、坟	1. 高度3m以内的路堤和路堑土方; 2. 运距100m以内的挖、填与压实; 3. 傍山坡挖填结合,路基土方	1. 路基缺口土方的回填; 2. 路基粗平,取弃土方的整平; 3. 填土压实,斜坡上修台阶; 4. 配合挖掘机与铲运机松土运土
铲运机	1. 铲运草皮; 2. 移运孤石	运距600~700m以内的挖土、运土、铺平与压实(高度不限)	1. 路基粗平; 2. 借土坑与弃土堆整平
自动平地机	除草、除雪、松土	修筑600~700m	

工程实践表明,要发挥机械化施工的优越性,必须正确使用施工机具,合理组织施工程序,努力加强施工管理,总体上遵循以下原则:

(1)为便于统一经营管理,应成立专业化的机械施工队伍,并建立健全施工管理体制和相应组织机构。

(2)针对每项路基工程,均应制订严密的施工组织计划和优化施工方案。挖掘机等主机在服从总的调度计划安排下,均应制订作业计划。

(3)制订作业计划时,应重点关注关键线路中的路基工程,并努力提高挖掘机等主机的生产效率。

(4)为提高劳动生产率,节省能源和减少开支,应加强技术培训和技术考核,开展劳动竞赛,鼓励技术革新,实行安全生产和文明施工。

以上四项原则对综合机械化施工具有重要的指导意义,施工单位应结合具体工程性质和施工条件认真执行。

第二节　排水及支挡防护工程

一、排水设施

路基排水的任务是将路基范围内的土基湿度降低到一定的限度以内,保持路基常年处于干燥状态,确保路基、路面具有足够的强度和稳定性。路基排水包括路基地面排水和路基地下排水。

1.路基地面排水设施

路基地面排水的任务是及时排出地表径流,路基地面排水设施包括坡面排水沟渠(如边沟、截水沟、排水沟)和特殊排水结构物(如跌水、急流槽、倒虹吸、渡水槽、蒸发池等)。

(1)边沟

边沟常见的横断面形式有梯形、矩形、流线型和三角形四种。边沟的横断面形式和尺寸的选用取决于公路等级、边沟设计流量、设置位置和地质情况。

当土质地段边沟沟底纵坡大于3%时,应采用干砌或浆砌片石进行铺砌。

边沟水流流向桥涵进水口时,为避免边沟水对桥涵的冲刷,通常可以做以下处理:在桥涵进口处设置跌水井,并根据地形需要,可在进口前设置急流槽或跌水等构造物,将水引进涵洞;在边沟与桥头翼墙或挡土墙之后墙交汇处,应在边沟出水口设置急流槽或跌水,将水引入河道,避免边沟水积聚在桥头或挡土墙后。

路堑和路堤衔接处,由于两者高差大,应在路堑边沟出水口处设置急流槽或排水沟,并延伸至填方坡脚以外,以免边沟水冲向填方坡脚。

边沟水流流至回头弯处,流水已充满边沟断面,流速较大,应顺边沟方向沿山坡开挖排水沟,将水引入路基范围以外的自然沟,或用急流槽引下山坡,以免增加对回头弯的冲刷。

边沟与通道交叉时,可设涵管通过,也可以将边沟起点设置在通道两侧,以减少纵向涵管的数量。

边沟与灌溉涵立交时,通常采用渡槽方式通过,应避免沟底高程与涵底高程相接近,而造成排水断面不足的现象。

当边沟通过集镇路段时,可在边沟顶面加带槽孔的混凝土盖板,或采用纵向涵管通过。

边沟施工时土质边坡必须平整、稳定,严禁贴坡;沟底应平顺整齐,不得有松散土和其他杂物,排水畅通。

各类防渗加固设施、浆砌边沟要求坚实稳定,砌体砂浆配比准确,砌缝内砂浆均匀,勾缝密实,砌体抹面平整、光滑、直顺。

(2)截水沟

截水沟的断面形式一般为梯形,底宽不小于0.5m,深度按设计流量确定,亦不应小于0.5m。长度一般不宜超过500m,以200~500m为宜。超过500m,应选择适当地点增设出水口,由急流槽或急流管分流引排,将水引至山坡侧的自然沟中或桥涵进水口。

当山坡覆盖层较薄(小于1.5m),又不稳定时,修建截水沟可将沟底设置在基岩上,以截除覆盖层与基岩面间的地下水,保证沟身稳定。

当截水沟沟壁最边缘开挖深度不能满足断面设计要求时,可在沟壁较低一侧筑土埝。土埝顶宽1～2m,背水面坡1∶1～1∶1.5,迎水面坡则按设计水流速度,漫水高度所确定的加固类型而定。

当地形较陡,如采用一般沟渠断面会导致地表覆盖层破坏范围太大时,或遇地质条件不良的土层,为了缩小山坡破坏面,可采用浆砌片石截水沟的形式。

当挖方边坡较高,降雨量也较大时,如边沟上设平台,可在平台上加设截水沟,拦截由坡顶流下的水流。

山坡路堤上方的截水沟离开坡脚至少2m,并利用开挖截水沟的土在路堤与截水沟之间修成向沟倾斜坡度为2%的土台或护坡道,使路堤内侧地面水流向截水沟排除,确保路堤不受水害。

截水沟内的水流一般应避免排入边沟,通常应尽量利用地形,将截水沟的水流排到所在山坡一侧的自然沟中,或直接引入桥涵进口处。截水沟出水口处应与其他排水设施平顺衔接,同时要注意防渗加固,必要时可设跌水或急流槽,以免水在山坡上任意自流,造成冲刷。

在土质松软、透水性强的地段或裂痕较多的岩石地段,截水沟应进行加固;沟底纵坡较大的土质截水沟,为防止冲刷,也应加固。

截水沟应结合地形合理布置,要求线形直捷舒顺,在转弯处应以平滑曲线连接,尽量与大多数地面水流方向垂直,以提高截水效果和缩短沟的长度。若因地形限制,截水沟绕行,工程艰巨,附近又无出水口处,可分段考虑,中部以急流槽衔接。

如将截水沟中的水流引至自然沟或路堤地段确有困难,引入边沟又将过大增加路基挖方时,则应考虑在挖方较低处增设急流槽和涵洞,直接将水引至路基另一侧,排除路基范围之外。

设置截水沟的关键是迅速排水,不仅要避免沟内积水,更要防止水流沿沟壁向路基附近土层渗水。如果截水沟发生积水和渗水,不但起不到截水效果,相反,很有可能成为边坡坍方的顶部边线,造成不良后果,因此在截水沟的施工过程中,要尤其注重施工质量,沟底、沟壁要求平整密实,不滞流、不渗水,必要时要予以加固和铺砌,防止渗漏和冲刷。

(3)排水沟

排水沟的横断面形式一般为梯形,尺寸大小根据水力水文计算确定。用于边沟、截水沟、取土坑出水口的排水沟,由于流量较小可按经验取沟宽、沟深不小于0.5m即可,土质边坡坡度约为1∶1～1∶1.5。

排水沟位置应尽量远离路基,距路基坡脚不宜小于1～3m,如由拦水带泄水口通过路堤边坡急流槽或急流管引排到坡脚的水流,应汇集到设在路堤坡脚外1～2m的排水沟;深路堑或高路堤边坡设边坡平台时,在坡脚径流量大的情况下可设置平台排水沟以减少坡面冲刷。

排水沟平面线形上应力求简捷,尽量采用直线,必须转弯时,可做成圆弧形,其半径不宜小于10～20m,当排水沟中的水流流入河道或沟渠时,为使原水道不产生冲刷或淤泥,一般应以锐角相交,交角不大于45°,如锐角相交有困难时,可用半径$R=10b$的圆弧相连。

当排水沟沟底纵坡大于3%时,应采取加固措施。

(4)跌水

跌水一般设置在沟渠的纵坡较陡地段,其目的是要在较短的距离内,降低流速,消减水流能量,因此要求结构本身稳固耐久,多采用浆砌片石或混凝土结构,并配有相应的防护加固措施。

跌水有单级和多级之分,沟底有变宽和等宽之别。单级跌水多用于排水沟渠连接处,由于水位落差大,需要消能或改变水流方向;多级跌水多用于较长陡坡的沟渠,为缓解水流速度,并予以消能。

跌水构造可分为进水口、消力池和出水口三部分。跌水墙的厚度,对砌石约为30～40cm,对混凝土约为25～30cm,跌水墙高度最大不超过2m,墙基埋深不小于1m,在冻土地区,要求伸入冻结线以下。消力池起消能作用,要求坚定稳固,不易毁坏,底部具有1%～2%纵坡,底板厚约35～40cm,沟槽及消力池的边墙高度应高于计算水深的20cm以上,边墙厚可与跌水墙相同。消力槛的槛高一般低于水深,其与跌水墙的距离应以"强迫式淹没水跃"水力计算长度确定,通常为5m左右。

跌水可考虑采用人工粗糙增加槽底粗糙度,使水流消能和减速。

山坡较陡时,跌水与下游的水面的连接形式宜采用淹没式水跃。常用的消力建筑有消力池、消力槛和两者混合的复合建筑形式。消力池一般用于可挖池的土质或软石地基;消力槛一般用于未风化岩石地基;复合建筑池一般用于可挖池的地基,但不足以布置完成淹没式水跃,故需增槛作为补充。

跌水槽身一般砌成矩形,如跌水高度不大,槽底纵坡较缓,亦可采用梯形。梯形跌水槽应在台阶前50～100cm和台阶后100～150cm范围内进行加固。

(5)急流槽

急流槽是一种较陡的人工水槽,一般设置在地质情况不允许冲刷的较陡山坡及涵洞的进、出口地段,其目的是集中消减水流能量,使水流经陡坡引流后降低流速,以避免冲蚀路基内外坡体而造成坍塌。这是山区公路回头展线,沟通上下线路基排水及沟渠出水口的一种常见排水设施。

急流槽构造分进水槽、急流槽、消力池和出水槽四部分。急流槽的横断面一般为矩形或梯形,尺寸视水流大小而定。

急流槽纵坡一般不宜超过1:2,同时应与天然地面坡度相配合。急流槽较长时,槽底可用几个纵坡,一般上段较陡、下段较缓。当急流槽纵坡陡于1:1.5时,宜采用金属管,管径应大于20cm。各节急流槽用管须用桩锚固在坡体上,其连接口应做防水处理,以免管内水流渗漏而冲刷坡面。

急流槽纵坡较陡时,为防止槽体顺坡下滑,槽底可每隔2.5～5.0m以及在转折点处设置耳墙深入地基约30～50cm。

急流槽或急流管的进出口与沟渠泄水口之间应做成喇叭式连接,变宽段应有至少深15cm的下凹,并铺砌防护。急流槽或急流管的出水口处应设置消能设施,可采用混凝土或石块铺筑的消力池或消力槛。一般消力池多采用矩形截面。

急流槽进出水槽处,底部宜用片石铺砌,长度一般不小于10cm。

长草困难的土质高路堤,为防止雨水漫流,冲刷边坡,在道路纵坡不大地段,急流槽进水口在路肩上可做成簸箕式,引导水流流入急流槽;在纵坡较大地段急流槽进水口与路肩应增设拦水带,拦截上游来水使之进入急流槽。拦水带的路缘石开口与流水进入路堤边坡急流槽的过渡段应连接圆顺。

当急流槽边墙高度大于1.5m时,墙脚下要设基础,急流槽很长时,应分段砌筑,每段长度一般为5～10cm,接头处用防水材料填缝,确保密实无空隙。

为减少纵坡很大的急流槽中水流的流速,常采用人工加糙的方式进行处理。经人工加糙后的急流槽,其在平面上的形状与普通急流槽一样,水力计算也相同。常用的加糙方式有:矩形肋条、棋盘式方格、逆水流人字形横条。

(6)倒虹吸和渡水槽

当水流需要横跨路基,而又受设计高程的限制时,可以采用管道或沟槽从路基底部通过或上部架空跨越,前者为倒虹吸,后者为渡水槽。两者都属于路基地面排水的特殊结构物,多数情况下为配合农田水利所需而设。

倒虹吸的设置是借助上下游沟渠水位差,利用势能迫使水流降落,经路基下部管道流向路基另一侧,再复升流入下游水渠。由于所设管道为有压管道,竖井式倒虹吸的水流成多次垂直改变方向,水流条件差,结构易漏水,经常淤塞且难以清理和修复,因此尽量少用。

倒虹吸管道有箱形和管形两种,以混凝土和钢筋混凝土为主,临时性简易管道可采用砖石结构。

倒虹吸的施工工序大致可以采用以下步骤:测量放样→开挖基坑→预制管涵→涵管运输、安装→企口处理→竖井浇筑→质量检验→涵侧填土。

倒虹吸的施工关键在于防渗漏,一旦涵管发生渗漏,极难处理,因此要在施工中把好以下几关:

涵管预制关:要求从进料、混凝土配制、拌和、振捣、养生成型以及钢筋加工、绑扎等每道工序都要按要求严格把关,每节成品管涵不得有裂纹、麻面、缺边掉角等病害。

企口处理关:企口为管节连接处,最易渗漏,因此必须使隔管节紧密结合,常用的方法是首先沿企口塞紧经热沥青中浸透的沥青麻絮,防渗的膨胀橡胶圈效果更好;其次是在企口和管节之间采用普通混凝土包裹,膨胀水泥更好。

竖井浇筑关:竖井浇筑过程中形成的施工缝,如竖井与涵管端部连接处、竖井墙身与底板交界处、竖井墙身施工缝等是最易渗漏的部位,都必须采取相应的措施处理好接缝处的渗漏问题。

涵侧填土关:涵管的两侧填土一般不易压实,建议采用石灰、粉煤灰或水泥处治的稳定土,经人工或机械分层夯实,分层厚度在10cm左右,效果最好。

倒虹吸管的进出水口,应在竣工后及时盖上,防止人畜掉入。

倒虹吸施工完成后,在填土之前应首先检查各部尺寸是否满足要求,同时还应按照以下方法进行渗透试验:烟雾试验法和灌水试验法。

渡水槽的架设应满足道路对净空与美化的要求,其构造与桥梁相似,主要作用是沟通水流,因此不仅在结构上要达到足够的强度,在效能上还应适合排水的要求,包括进出口的衔接、防冲、防渗等。

槽身过水断面一般较两端的沟渠横断面为小,相应槽中流速有所提高因此进出口段应注意防止冲刷和渗漏。

进出口处设置过渡段,根据土质情况,分别将槽身两端伸入路基两侧地面2~5cm,而且出水口过渡段宜长些,以防淤泥。如果槽身较短,可取槽身与沟渠的横断面相同,沟槽直接衔接,即不设过渡段。与槽身连接的土质沟渠,应予以防护加固,加固长度至少是沟渠水深的4倍。

(7)蒸发池

在降雨量不大、晴天日数多、气候干燥、排水困难地段,可利用沿线的集中取土坑或专门开挖的凹坑修建蒸发池,以汇集路界地表水,并通过蒸发池蒸发和渗漏使之消失。

用取土坑做蒸发池时,蒸发池与路基坡脚处的距离一般不宜小于5~10m,面积较大的蒸发池至路堤坡脚的距离不得小于20m,蒸发池同边沟或排水沟之间设排水沟相连,池内水面应低于排水沟沟底。

蒸发池底部应做成两侧边缘向中部倾斜0.5%的横坡,蒸发池的出入水口应与所连接的排水沟或排水通道平顺连接。当出口为天然沟谷时,应妥善导入沟谷中,不得形成漫流,必要时予以加固。

蒸发池的容量应以一个月内地表水汇入池中的水量能及时完成渗透和蒸发为依据,一般池的容量不宜超过200~300m³,蓄水深度不应大于1.5~2.0m,池周围可用土埂围护,防止其他水流入池中。

2. 路基地下水排水设施

路基地下排水的目的是为了提供稳定的路基和坡体,提高路堤基底的承载能力。在地下水危及路基稳定(包括整体稳定和局部稳定)或者严重影响路基强度的情况下,应根据具体情况采取措施拦截、旁引、排除地下含水层的水分,降低地下水位或者疏干坡体内地下水。

路基地下排水设施主要以渗流方式汇集水流,并就近排出路基范围以外,常用的有明沟、暗沟、渗沟、渗井等,一般排水量不大,但施工要求比较高,且较难养护。

(1)明沟

对路基及边坡土体中的上层滞水或埋藏很浅的潜水,可设置兼排地面水的明沟。明沟通常有梯形断面和矩形槽式断面。梯形断面一般适用于地下水埋藏很浅,深度仅在1~2m之内,或水沟通过的地层稳定且能够进行挖深、明挖的地方。矩形槽式断面则用于处理地下水埋藏相应较深,或地质不良、水沟边坡容易发生滑塌的地方,其深度可达3m左右。明沟用处很广,施工简便,养护容易,造价低廉,是排除浅层地下水的较好措施。

明沟的开挖一般采用人工或机械进行,施工时必须注意安全,防止塌方。当土质均匀、地下水位低于槽沟底面高程,且开挖深度符合要求时,其挖方边坡可不加支撑。当开挖深度较深,土质情况又较差时,必须考虑支撑。

(2)暗沟

暗沟是设在地面以下引排集中水流的沟渠,无排水和汇水作用。暗沟常在以下两种情况下设置:

当路基遇有个别泉眼,泉水外涌,路线不能绕行时,为将泉水引至填方坡脚以外或挖方边沟加以排除,可在泉眼与出水口之间开挖沟槽,修建暗沟或暗管;

市区或穿集镇路段的街道污水管或雨水管,以及公路中央分隔带弯道处的排水设计也有采用暗沟或暗管排除积水。

暗沟造价一般高于明沟,一旦发生淤塞,疏通费事,有时甚至需要开挖重建,因此在选用暗沟时,一般必须与明沟方案进行比较,择优选用。

路基回填时,挖出泉眼时,可按泉眼范围大小,剥去泉眼上层浮土,并挖成泉井,砌筑井壁与沟壁,上盖混凝土盖板。井深应保证盖板顶面的填土高度不小于50cm。井宽按泉眼的范围大小决定。暗沟高度约为20cm,宽20~30cm。如沟身两侧为石质,盖板可直接放在两侧石壁上。暗沟沟底纵坡建议不小于1%,采用暗管时,管底纵坡不小于0.5%,如出水口为边沟,暗沟底应高出边沟最高水位20cm以上,不允许出现倒灌现象。

在施工过程中,应防止泥土或砂粒落入沟槽或泉眼,以免堵塞。暗沟顶可以铺筑碎石一层,上填砂砾。

过水暗沟,如两雨水井之间的水道连接,可采用混凝土水管。

(3)渗沟

采用渗透方式降地下水汇集与边沟，并通过沟底通道将水排到指定地点，这种设施通称为渗沟。渗沟具有疏干表层土体，增加坡面稳定性，截断及引排地下水，降低地下水位，防止细颗粒土被冲移的作用。在路基中，浅埋的渗沟约在2～3m以内，深埋时可达6m以上。

由于渗沟是隐蔽工程，埋置于地面以下，不宜维修，因此在选择时一定要与修建明沟相比较，择优选用。必须采用渗沟时，要确保施工质量，使之长久牢固，渗流畅通，引排有效。渗沟一般在下列情况采用：

地基中存在层间水流向路基，为防止路基边坡滑塌和毛细水上升危及路基强度与稳定性，通常在一侧边沟下设置渗沟；

在地下水位较高时，毛细水上升到路基工作区范围内，形成水分积聚而造成冻胀和翻浆，通常在两侧边沟下均设置渗沟，以降低地下水位；

在挖方与填方交界处，为拦截和排除路堑下层间水或小股泉水，保持路基填土不受水害，通常在填挖方交界处设置横向渗沟。渗沟按结构形式的不同可分为填石渗沟、管式渗沟和洞式渗沟。这三种形式的渗沟均由排水层、反滤层和封闭层所组成。

填石渗沟又称盲沟，一般用于流量不大，渗沟不长的地段，是目前公路上最常用的一种渗沟形式。由于排水层阻力较大，其纵坡不应小于1%，一般可采用5%。

管式渗沟设于排除地下水较长的地段，但渗沟过长时，应加设横向泄水管，将纵向渗沟的水流迅速分段排除；沟底纵坡取决于设计流速，一般以不小于1.0m/s为宜，为避免淤积，沟底纵坡不得小于0.5%。

洞式渗沟采用石砌涵洞，一般用于地下水流量较大，或石料比较丰富的地区，洞口大小依设计流量而定；沟底纵坡最小为0.5%，有条件时适当采用较大纵坡。

渗沟要尽可能与地下水流向互相垂直，使之能拦截更多的地下水，用作引水的渗沟应布置成条形或树枝形。渗沟的槽宽视沟深而定，深度在2m时，宽度为0.6～0.8m，深度在3～4m时，宽度不小于1m，沟内用于排水和渗水的砂石填料，应经过筛选和清洗。

渗沟的封闭层是为了防止土粒落进填充石料的孔隙，以免造成渗沟堵塞而设置的，同时也能防止地面水流入渗沟。封闭层通常采用浆砌片石、干砌片石水泥砂浆勾缝和黏土夯实。黏土层厚约50cm，下面铺双层反铺草皮或铺土工布。寒冷地区沟顶填土高度小于冰冻深度时，应设置保温层，并加大出水口附近纵坡，保温层可采用炉渣、砂砾、碎石或草皮铺筑。

渗沟的出水口宜设置端墙，端墙下部留出与渗沟排水通道大小一致的排水沟，端墙排水孔底面距排水沟沟底的高度不宜小于20cm，在寒冷地区不宜小于50cm，端墙出口的排水沟应进行加固，防止冲刷。

渗沟的排水沟与沟壁之间应设置反滤层和隔渗层。沟底挖至不透水层形成完整渗沟时，反滤层设在迎水面一侧，背水面一侧设隔渗层，沟底设在含水层内形成不完整渗沟时，两侧沟壁均设置反滤层。

反滤层的作用是当含水层水流从细粒土流向相邻的排水层时，为防止细粒土被水流挟走和便于水流自由畅顺而不致引起排水层堵塞，需要在含水层与排水层交界处设置一层由砂砾石、渗水土工织物或无砂混凝土板组成的过滤层。

隔渗层采用黏土夯实、砂浆砌片石或土工薄膜等防渗材料。土工薄膜的渗透系数要大于10^{-11}cm/s，纵横向撕裂强度要求大于0.3kN。

渗沟的开挖宜自上游而下游进行，并应随挖随支撑和迅速回填，不可暴露太久，以免造成坍塌。当渗沟开挖深度超过6m，须选用框架式支撑，在开挖时自上而下随挖随支撑，施工回填时自上而下逐步撤除支撑。

为便于检查渗沟,每隔30～50m或在平面转折和坡度由陡变缓处,设置检查井。检查井一般采用圆形,内径不小于1m,在井壁处的渗沟底应高于井底30～40m,井底铺一层厚10～20cm的混凝土。井基如遇不良土质,应采取换填、夯实等措施。

对于兼起渗沟作用的检查井井壁,应在含水层范围内设置渗水孔和反滤层。深度大于20m的检查井,除设置检查梯外,还应设置安全设备,井口顶部应高出附近地面约30～50cm,并设井盖。

三种渗沟在具体施工过程中,大部分施工要点是相同的,所不同的主要表现在排水层施工方面。

填石渗沟:排水层应采用较大颗粒的坚硬石质,以保证具有足够的孔隙度,满足设计流量要求,填充高度不小于30cm;渗沟埋深,一般要求渗水材料的顶部不得低于原地下水位,排除层间水时,渗沟底部应埋于最下面的不透水层,在冰冻地区渗沟的埋深不得小于当地最小冻结深度,以确保全年使用;渗沟采用混凝土浇筑或浆砌片石浇筑时,应在沟壁与含水层接触面的高度处,设置一排或多排向沟中倾斜的渗水孔,沟壁外侧应填以粗粒透水材料或土工布做反滤层。

管式渗沟:排水管可采用陶土、混凝土、石棉或聚氯乙烯带孔塑料管等材料制成,在林区临时性的也可选用竹木等当地材料,管径按设计渗流量确定,但最小内径宜为15cm,在冬季管内水流结冰地段,为防止堵塞可采用较大直径的水管,并加设保温层;管底回填料厚度为15cm,管两侧回填材料宽度不宜小于30cm。管式渗沟的高度,应使填料顶面高出原地下水位,而且不低于沟底至管顶之间高度的2～4倍;沟底一般用干砌片石,如果深入不透水层,则用浆砌片石或混凝土。

洞式渗沟:在渗沟底部,以片石浆砌成矩形排水槽,槽顶覆盖水泥混凝土条形盖板,形成排水洞。板条间留有20mm的缝隙,间距不超过30mm。在盖板顶面铺以透水的土工织物。

(4)渗井

当地下存在多层含水层,其中影响路基的上部含水层较薄,排水量不大,且平式渗沟难以布置时,则可采用立式排水设备,这种设备称作渗井。

渗井的作用是穿过不透水层,将路基范围内的上层地下水引入更深的含水层中去,以降低上层的地下水位或全部予以排除。由于渗井施工不易,单位渗水面积的造价高于渗沟,一般尽量不用,选用时要进行分析比较后确定。一般在下列情况才考虑设置渗井:

路基附近的地面水或浅层地下水无法排除时,可以修建渗井经过不透水层将水流渗入到地面1.5m以下的透水层中排除,不致影响路基稳定;

高速公路或城市道路立交桥下的通道,如路线为凹形竖曲线时,当通道路基下层有良好的渗水土层,可于凹形的最底部设置渗井,使低洼处积水排走;

当土基含水率较大,严重影响路基路面强度,其他地下排水设施不易布置时,渗井可作为方式之一。

渗井上部构造为集水结构,下部为排水结构。渗井的一般要求如下:

渗井面积的大小取决于路基表面积水的流量,一般可采用直径为70cm的圆井,或边长60～100cm的方井。当排除表面集中流水时,渗井顶部四周用黏土筑堤围护,顶上也可加筑混凝土盖,严防渗井淤塞;

渗井的下部必须穿过不透水层而达到透水层,井内填充材料用碎石或卵石,上部不透水层

内填充砂和砾石。透水层离地面较深时,可用钻井机钻孔,直径不应小于15cm,有时可达50～60cm;

立交桥下通道采用渗井时,雨水口的铁箅盖板及其两侧墙身即为上部集水结构,墙身应深达透水层。墙身可用砖、片石砌筑,墙内不透水性的土应挖除,而以碎石与砂、砾石回填来作为下部构造,疏散雨水。

渗井直径一般为50～80cm,井内填充材料由中心向四周分层次填入由粗而细的砂石材料;粗料渗水,细料反滤;填充料要求筛分冲洗,施工时需要用铁皮套筒分隔,用以填入不同的粒径的材料,要求层次分明,不得粗细混杂,以保证渗井达到预期排水效果。

在下层透水范围内填碎石或卵石,上层不透水层范围内填砂或砾石;井壁和填充料之间应设反滤层。

二、支挡工程

挡土墙是用来支撑陡坡以保持土体稳定的一种构造物,它所承受的主要荷载是土压力。其主要用途有:降低挖方边坡高度,减少挖方数量,避免山体失稳滑塌;收缩路堤坡脚,减少填方数量和占地面积,保证路堤稳定;避免沿河路基挤缩河床,防止水流冲刷路基;防止山坡覆盖层下滑和整治滑坡。

根据在路基横断面上的位置,挡土墙可分为路肩墙、路堤墙及路堑墙。挡土墙的类型一般以结构形式划分为主,常见的挡土墙形式有重力式、半重力式、衡重式、悬臂式、扶壁式、加筋土式、锚杆式、锚定板式和桩板式。此外还有柱板式、垛式、竖向预应力锚杆及土钉式等。各类挡土墙的适用范围,取决于墙址地形、工程地质、水文地质、建筑材料、墙的用途、施工方法、技术经济条件及当地的施工经验等因素。

1. 重力式挡土墙

(1)特点及适用范围

重力式挡土墙主要依靠墙身自重支撑土压力来维持其稳定。它取材容易,形式简单,施工简便,适用范围广泛。多用浆砌片(块)石,墙高较低(小于等于6)时也可采用干砌,在缺乏石料地区可用混凝土浇筑。其断面尺寸较大,墙身较重,对地基承载力的要求较高。

重力式挡土墙主要依靠圬工墙体的自重抵抗墙后土体的侧向推力,以维持土体的稳定,它应具有足够的强度和稳定性。挡土墙可能的破坏形式有:滑移、倾覆、不均匀沉陷和墙身断裂等。因此,挡土墙的设计应保证在自身和外荷载作用下不发生全墙的滑动和倾覆,并保证墙身截面有足够的抗压和抗剪切能力,基底应力小于地基承载能力和偏心距不超过规定值或容许值,即在拟定墙身断面形式和尺寸后,应进行抗滑稳定性和抗倾覆稳定性验算、基底应力(或地基承载力)和合力偏心距验算以及墙身截面验算。若挡土墙位于不良地质地段,在地基内可能产生滑动时,还应验算包括地基在内的整体滑动稳定性。验算方法目前有两种:一是采用总安全系数的容许应力法;二是采用分项安全系数的极限状态法。

(2)重力式挡土墙按材料和施工方法分为以下几种类型:

①浆砌片(块)石砌体挡土墙。其主体材料为片石、块石。料源丰富,且施工技术要求不高。但其灰缝较宽,水泥用量较多,浆砌块石的强度比浆砌片石的要高。此类挡土墙适用范围广,如用于路肩墙、路堤墙、路堑墙或山坡墙,也可用于浸水挡土墙、抗滑挡土墙等。

②浆砌料石砌体挡土墙。由于料石形状较方正、表面较平整,施工灰缝较薄,可节约水泥砂浆,砌体表面较整齐、美观,强度较高。但料石本身的生产速度较慢,使其造价比浆砌

片(石)高。

③干砌片(石)挡土墙。其强度比较低,整体性、美观性也比较差,施工技术较浆砌稍难。适用于墙高小于6m以下的矮挡土墙,一般不宜在地震地区使用。沿河受水流冲刷的地段和高速公路以及一级公路也不宜用干砌片(石)挡土墙。

④普通黏土砖砌体挡土墙。一般用于盛产黏土砖的地区,黏土砖材料来源广泛,尺寸统一且较小,砌筑劳动强度较低,砌体表面整齐顺适、强度较高,但因其灰缝较多,所以砂浆用量较大,且施工速度慢。

⑤混凝土预制块砌体挡土墙。其混凝土砌块尺寸统一,砌体表面整齐顺适、强度较高,且可节省砌缝砂浆,与石料砌体相比,具有一定的优势。在石料缺乏的地区应优先选用混凝土预制块砌体挡土墙。

⑥现浇混凝土挡土墙。其常用于石料缺乏地区的低矮挡土墙,也常作为抗滑挡土墙使用。有时为减少墙身断面尺寸,节约圬工数量,在墙身加入少量钢筋。墙趾较宽时可在墙趾处设少量钢筋。其特点是施工时需支立模板,形状和施工质量易控制。

浆砌片(石)重力式挡土墙施工工序主要有基坑开挖、基底处理、砂浆配合比设计与拌制、基础砌筑、墙身砌筑、墙身填料填筑与压实等。

现浇混凝土重力式挡土墙施工工序主要有基坑开挖、基底处理、模板制作与安装、钢筋绑扎、混凝土配合比设计与拌制、混凝土浇筑与养生、墙背填料填筑与压实等。

(3)基本构造

①墙背形式

根据墙背倾斜方向的不同,重力式挡土墙墙背形式可分为仰斜、垂直、俯斜、凸形折线和衡重式等几种。以墙背所受土压力分析,在其他条件相同时,仰斜墙背所受土压力为最小,垂直墙背次之,俯斜墙背最大。

②墙身构造

重力式挡土墙的墙背坡度一般采用1∶0.25仰斜,仰斜墙背坡度不宜缓于1∶0.3;俯斜墙背坡度一般为1∶0.25～1∶0.4。衡重式或凸折式挡土墙下墙墙背坡度多采用1∶0.25～1∶0.30仰斜,上墙墙背坡度受墙身强度控制。

墙面一般为平面。墙面坡度除应与墙背的坡度协调外,还应考虑墙趾处地面的横坡度。

浆砌挡土墙墙顶宽度不应小于50cm,路肩墙宽度不小于60cm,且墙顶应以粗料石或C15混凝土做帽石,其厚度通常为40cm。

(4)挡土墙基础施工

①基础类型

目前挡土墙常用的基础类型有:扩大基础、换填基础、台阶基础,有时也采用拱形基础,遇有特殊水文地质条件时,也可采用桩基、锚桩以及沉井等基础。绝大多数挡土墙都直接修筑在天然地基上,当地基承载力不足,地形平坦而墙身较高时,为减少基底应力,增加抗倾覆稳定性,常常采用扩大基础,即将墙趾或墙踵部分加宽成台阶,或两侧同时加宽,以加大承压面积。

挡土墙基础形式按设置深度分为浅基础和深基础,按开挖方式分为明挖基础和挖孔、钻孔基础。

②基底处理

当基底为土质时,应将其整平夯实。对于岩石地基,若发现岩层有孔洞、裂缝,应视裂缝的张开度以水泥砂浆或小石子混凝土、水泥—水玻璃或其他双液型浆液等浇注饱满。若基底岩层有外露软弱夹层时,宜在墙趾前对此层做封面保护。对基底软弱或土质不良地段,可采取下列方法进行处理:换填法、挤密法、抛石挤淤法、土工合成材料法、粉喷桩法、排水固结法以及振冲碎石桩法。

③基坑开挖

开挖前,应做好场地临时排水措施,雨水坑内积水应随时排干。对受水浸泡的基底土,特别是松软淤泥应全部予以清除,并换以透水性和稳定性良好的材料夯实填至设计高程。基坑开挖尺寸,应满足基础施工的要求,基坑底面一般大于基础外缘0.5~1.0m,以免影响施工。

在松散软弱土质地段,基坑不宜全段连通开挖,而应采用跳槽开挖,以防基坑坍塌。

基坑可采取垂直开挖、放坡开挖、支撑加固或其他加固的开挖方法。当排水挖基有困难或遇有流沙、涌泥现象且具有水中挖基设备时,可采用下列挖基方法:挖掘机水中挖掘、水力吸泥机挖掘和空气吸泥机挖掘。

挡土墙基础为倾斜基底和墙趾设台阶时,应严格按照基底坡度、基底高程及台阶宽度开挖,保持地基土的天然结构,不得用填补方法筑成斜面。

④基础砌筑

砌筑前,应将基底表面风化、松散土石清除干净。

砌筑基础的第一层砌块时,如基底为岩层或混凝土基础,应先将基底表面清洗、湿润,再坐浆砌筑。

对于土质基坑或风化软岩基坑,在雨季施工时,应于基坑挖至设计高程,立即满铺砌筑一层。

硬质岩石基坑基础宜紧靠坑壁砌筑,并插浆塞紧间隙,使之与岩层形成整体。

基础完成后,应立即回填,以小型压实机械分层夯实,并在表面留3%的向外斜坡,防止积水渗入基底。

(5)挡土墙墙身砌筑

①砂浆的拌制及运送

砂浆配料应准确,其流动性应符合要求,一般采用机械搅拌。砂浆应使用铁桶、斗车等不漏水的容器运送。炎热天气或雨水运送砂浆时,容器应加以覆盖。

②浆砌砌体砌筑

浆砌原理是利用砂浆胶结砌体材料使之成为整体的人工构筑物,一般砌筑方法有:

坐浆法:砌筑时先在下层砌体面上铺一层厚薄均匀的砂浆,再压下砌块,借助砌块自重将砂浆压紧,并在灰缝上加以必要插捣和用力敲击。

抹浆法:用抹灰板在砌块面上用力涂上一层砂浆,尽量使之贴紧,然后将砌块压上,辅助以人工插捣或用力敲击,通过挤压砂浆使灰缝平实。

挤浆法:综合坐浆法和抹浆法的砌筑方法。

灌浆法:把砌块分层水平铺放,每层高度均匀,空隙间填塞碎石,在其中灌以流动性较大的砂浆,边灌边捣实至砂浆不能渗入砌体空隙为止。

③干砌片(块)石砌筑

干砌是不用胶结材料,仅靠石块间的摩擦力和挤压力相互作用使砌体的砌石互相咬紧的施工方法。用于它不用砂浆胶结,所以坚固性和整体性较差,施工比较困难。

石块尺寸必须符合规格要求,片石要尽量大,很薄的边口需敲除,露面石需稍加修整。

分层干砌时应于同一层的每平方米面积内干砌一块直石,以便上、下层咬接。干砌顺序应先外后内,并要求外高内低,以防石块下滑。干砌挡土墙当墙高较大时,最好用块石砌筑。

④现浇混凝土挡土墙

现浇重力式挡土墙模板支安应牢固、底脚加扫地方木,两侧设对接螺栓的水平撑、斜撑,并加方木内撑。钢筋、模板安装经检查验收后,方可浇筑。混凝土按规范规定,应分层浇筑,插捣密实,不得出现蜂窝、麻面、露筋、空洞。应设专人盯住模板,以便及时实施补救措施。

⑤沉降缝、伸缩缝砌筑

沉降缝、伸缩缝的宽度一般为2~3cm。为保证接缝的作用,两种接缝均须垂直,并且缝两侧砌体表面需要平整,不能搭接,必要时缝两侧的石料须加以修凿。

砌筑接缝砌体时,最好根据设计规定的接缝位置设置,采用跳段砌筑的方法,使相邻两段砌块高度错开,并在接缝处作为一个外露面,挂线砌筑,使达到又直又平。

⑥勾缝

勾缝一般采用水泥砂浆,其强度等级比砌筑砂浆提高一个等级。勾缝的形式一般有平缝、凹缝及凸缝三种,其形状有方形、圆形、三角形等。一般砌体宜采用平缝或凸缝,料石砌体宜采用凹缝。砌体勾缝应牢固、美观,当勾凸缝时,其宽度、厚度应基本一致。

⑦施工质量检查

施工过程中应对以下项目进行严格检查:砂浆强度的检查、砂浆流动性的检查、砂浆保水性的检查、砂浆饱满度的检查以及灰缝质量的检查。

(6)墙背填料填筑

①填料选择

一般情况下,应尽可能采用透水性好、抗剪强度高且稳定、易排水的砂类土或碎石类土等。严禁使用腐殖质土、盐渍土、淤泥土、白垩土和硅藻土作为填料。

②基底处理

挡土墙范围内的基底处理与一般路堤基底处理相似。

③填筑与压实

正式填筑前,碾压机具和填料性质应进行压实试验,确定填料分层厚度及碾压遍数,以便正确地指导施工。墙后回填要均匀,摊铺要平整,并设不小于3%的横坡,逐层填筑,逐层碾压夯实,不允许向墙背斜坡填筑。

墙背填料的压实效果应达到所在路基相应高度处的压实度,基底压实度不应小于85%。

2.薄壁式挡土墙

(1)特点及适用范围

薄壁式挡土墙是钢筋混凝土挡土墙的主要形式,属轻型挡土墙,包括悬臂式挡土墙和扶壁式挡土墙。

悬臂式挡土墙的钢筋混凝土结构由立壁、墙趾板和墙踵板三个悬臂部分组成,墙身稳定主要依靠墙踵板上的填土重力来保证。断面尺寸较小,但墙较高,立壁下部的弯矩大,钢筋与混凝土用量大,经济型差。多用作墙高不大于6m的路肩墙,适用于缺乏石料的地区和承载能力较低的地基。

扶壁式挡土墙的钢筋混凝土结构由墙面板(立壁)、墙趾板、墙踵板和扶肋组成,即沿悬臂式挡土墙的墙长,每隔一定距离增设扶肋,把墙面板与墙踵板连接起来。适用于缺乏石料的地区和地基承载力较低的地段,墙较高时,较悬臂式挡土墙经济。

(2)挡土墙施工

薄壁式挡土墙宜就地整体浇筑,在城市道路中,为提高施工进度,也可采用拼装式结构。采用拼装式施工时,首先应分别预制立壁、墙底板,现场基础处理平整后,安装墙底板,再将立壁(及扶肋)预制件插入榫口,用预埋钢板与墙底板连接,浇筑榫口混凝土,完成挡土墙结构的拼装。但拼装式挡土墙不宜在地质不良地段和地震烈度大于或等于8度的地区使用。

薄壁式挡土墙采用现场整体浇筑施工时,施工工序包括基槽开挖、地基处理、混凝土配合比设计、钢筋骨架制作与成型、模板制作与安装、混凝土浇筑、防排水设施、填料摊铺与压实等。

混凝土浇筑是薄壁式挡土墙施工中的重要组成部分,是实现设计者意图的关键环节。混凝土浇筑应均质密实、平整,无蜂窝麻面,不露筋骨,强度符合设计要求,做到搅拌均匀,振捣密实,养生及时。

3. 加筋土挡土墙

(1)特点及适用范围

加筋土挡土墙是利用加筋土技术修建的一种支挡结构物,其是由填料、铺设在填料中的拉筋以及墙面板三部分组成的复合结构。这种结构内部存在着墙面土压力、筋带的拉力及填料与筋带间的摩擦力等,这些作用内力互相平衡,保证了复合结构的内部稳定。同时,加筋土挡土墙还应抵抗加筋体后面填土所产生的侧应力,保证加筋土挡土墙的外部稳定,从而使整个复合结构稳定。

加筋土挡土墙一般适用于地形较为平坦、宽敞的填方地段,不宜在挖方地段、急流冲刷、崩塌等不良地质地段,基本烈度为8度以及8度以上的地震地区和具有强烈腐蚀环境地区也不宜修建加筋土挡土墙。

(2)条带式加筋土挡土墙施工

加筋土挡土墙形式多样,目前我国主要采用条带式有面板的加筋土挡土墙。

加筋土挡土墙施工工序一般为:基坑开挖、地基处理、排水设施、基础浇(砌)筑、构件预制与安装、筋带铺设、填料填筑与压实、墙顶封闭等,其中现场墙面板拼装、筋带铺设、填料填筑与压实等工序是交叉进行的。

①基础工程

加筋土挡土墙基础分为加筋体基础和墙面板基础。

加筋体基础实际上就是墙后填料的基础,加筋体基础一般不需要做专门处理,这是加筋土挡土墙与其他重力式结构相比的一个显著特点。

加筋土挡土墙的基础主要是指墙面板下的基础,其作用是便于安砌墙面板,起支托和定位作用。基础可以做得很小,一般设置宽度为30~50cm,厚度为25~40cm的条形基础。基础施工时,基底土要反复碾压到95%压实度。条形基础一般采用C20现浇混凝土或预制块件及片石砌筑。加筋土挡土墙的墙面板应有一定的埋置深度,防止因土粒流失而引起墙面附近加筋体的局部破坏。

②面板安装

面板安装是保证墙体稳定性和外观质量的重要环节,而第一层面板安装又是控制全墙施工质量的关键,因此面板放样尤为重要。面板放样一般可与基础放样同时进行。

当挡土墙的基础混凝土强度达到70%以上时,即可安装第一层墙面板。

为防止相邻面板错位和确保面板的相对稳定,第一层面板的安装宜用斜撑固定,以上各层宜采用夹木螺栓固定。

第一层次块件初步安装完成后,即可按下列工序施工:填料—压实—铺设筋带—覆盖填料

—校正面板—填料—压实—校正面板—安装另一层面板。

③筋带连接与铺设

筋带一般应水平铺设,并垂直于墙面板。加筋土挡土墙的拐角处和曲线部位,布筋方向也应与墙面垂直。当墙中设有斜交的横向构造物时,在垂直于墙面的方向上,筋带无法配置到所需的长度时,应设置足够的增强筋带。

在施工中必须进行防锈处理,其处理方法有:钢带镀锌、涂刷防锈漆、裹缠三油二布、覆盖沥青砂和涂塑。

④填料摊铺与压实

填料应优选渗水性好的材料,当用不透水填料时,宜在墙背50cm范围内采用砂砾石类土,以便墙后积水溢出。填料采集前应按要求做好击实试验,确定填料的最佳含水率和最大干密度以及相应的物理化学性能,以便控制压实质量。

⑤防、排水设施

加筋土挡土墙的防、排水设施,如反滤层、透水层、隔水层等应与墙体同步施工,同时完成。当挡土墙区域内出现层间水、裂缝水、涌泉时,应先修筑排水构造物,再修筑加筋土挡土墙。

4.锚杆式挡土墙

(1)特点及适用范围

锚杆式挡土墙是利用锚杆技术形成的由钢筋混凝土墙面及锚杆组成的一种支挡结构物。锚杆一端锚固在稳定的地层中,另一端与墙面连接,依靠锚杆与地层之间的锚固力(即锚杆抗拔力)承受土压力,维持挡土墙的平衡。按墙面的结构形式可分为柱板式锚杆挡土墙和壁板式锚杆挡土墙。

锚杆挡土墙对地基承载能力要求不高,常用于缺乏石料的地区和挖基困难的地段。一般适用于岩质路堑地段作路堑墙使用,但其他具有锚固条件的路堑墙也可使用,还可用于陡坡路堤。壁板式锚杆挡土墙多用于岩石边坡防护。

(2)柱板式锚杆挡土墙施工

柱板式锚杆挡土墙正式施工时,主要工作内容有:钻孔、锚杆安放、注浆以及墙面系安装、墙背填料填筑等。

①钻孔

造孔是锚杆挡土墙施工中至关重要的一环。锚孔钻孔质量指标主要是钻孔弯曲率,对于岩石锚杆还包括岩芯采取率。

②锚杆安放

安放杆体时,应防止杆体扭压、弯曲,注浆管宜随锚杆一同放入钻孔,注浆管头部距孔底宜为5~10cm,杆体放入角度应与钻孔角度保持一致。

③注浆锚固

锚孔注浆操作程序大致如下:

对锚孔用风、水清洁冲洗,排尽残渣和污水;

将组装好的杆体(包括注浆管)平顺、缓慢推送到孔底;

从注浆管注入水泥砂浆或水泥净浆。

④墙面系施工

墙面系施工包括基础工程、肋柱吊装、肋柱与锚杆连接以及挡土板安装。

⑤锚杆防锈

选择防锈方法必须适应锚杆的使用目的,对锚杆锚头、自由段和锚固段部分应分别保证防锈长期有效。

5. 锚定板式挡土墙

(1)特点及适用范围

锚定板式挡土墙由锚定板、拉杆、钢筋混凝土墙面和填土组成。锚定板埋置于墙后的稳定土层内,利用锚定板产生的抗拔力抵抗侧向土压力,维持挡土墙的稳定。基底应力小,圬工数量少,不受地基承载力的限制,构件轻简,可预制拼装、机械化施工。适用于缺乏石料的路堤墙和路肩墙,墙高时可分级修建。

(2)柱板式锚定板式挡土墙

①基础工程

锚定板式挡土墙的基础宜采用杯形基础、分离式垫块基础和条形基础。

②肋柱安装

③拉杆的安装

拉杆安装的关键在于确保拉杆顺直,拉杆与肋柱、锚定板的连接紧密牢固。

拉杆与肋柱的连接,一般用垫板套双螺帽拧紧,也可采用弯钩锚固和焊短钢筋锚固。

拉杆与锚定板的连接,可采用螺栓、锻粗的端头及焊接的锚具等多种形式。

④锚定板及挡土板的安装

在锚定板安装完毕后,用干硬性水泥砂浆封闭其锚固部分以及充填锚定板上预留拉杆孔的空隙。挡土板背后最好填一层级配良好的砂砾石反滤层,以利于墙背排水。

⑤填料填筑与压实

⑥钢拉杆防锈

6. 土钉式挡土墙

土钉式挡土墙是由土体、土钉和护面板三部分组成。利用土钉对天然土体就地实施加固,并与喷射混凝土护面板相结合,形成类似于重力式挡土墙的复合加强体,从而使开挖坡面稳定。对土体适应性强、工艺简单、材料用量与工程量较少,可自上而下分级施工。常用于稳定挖方边坡,也可以用于挖方工程的临时支护。

7. 桩板式挡土墙

桩板式挡土墙是由钢筋混凝土锚固桩和挡土板组成。利用深埋的锚固段的锚固作用和被动抗力抵抗侧向土压力,从而维护挡土墙的稳定。适用于岩质地基、土压力较大、要求基础深埋的地段,墙高不受一般挡土墙高度的限制。可挖面小,施工较为安全。

8. 竖向预应力锚杆式挡土墙

竖向预应力锚杆式挡土墙是由圬工砌体和竖向预应力锚杆构成。锚杆竖向锚固在地基中,并砌筑于墙身内,最后张拉锚杆,利用锚杆的弹性回缩对墙身施加预应力来提高竖向预应力锚杆式挡土墙的稳定性。施工中可用轻型钻机或人工冲孔,灌浆及预应力张拉较简易。适用于岩质地基及墙身所受侧压力较大的情况,常作为抗滑挡土墙使用。

第三节 软土地基处理

一、软土的分类及工程特性

软土一般是指在静水或缓慢流水环境中沉积而成的一种软塑到流塑状态的饱和黏性土

层。《公路路基施工技术规范》(JTG F10—2006)将软土定义为"滨海、湖沼、谷地、河滩沉积的天然含水率高、孔隙比大、压缩性高、抗剪强度低的细粒土"。其鉴定标准见表4-8。

软 土 鉴 别 表　　　　　　　　　　表4-8

特征指标名称	天然含水率(%)	天然孔隙比	十字板剪切强度(kPa)
指标值	≥35与液限	≥1.0	<35

1. 软土分类

按形成原因和分布，我国软土基本上可以分为两大类别：

第一类是属于海洋沿岸的淤泥，分布较为稳定，厚度较大；第二类是内陆、山区以及河、湖盆地和山前谷地的淤泥，其沉积厚度较低，呈零星分布。

(1) 沿海软土

沿海软土大致可分为四种类型，即滨海相、三角洲相、泻湖相和溺谷相。

滨海相软土在沿岸与垂直岸分向有较大的变化，交错层理是其沉积特征。

三角洲相沉积是一个多种沉积环境的沉积体系，由于河流和海洋的复杂交替作用，而使软土层与薄层砂交错沉积，形成不规则的透镜体夹层，分层程度差，结构疏松，颗粒细。表层为褐黄色的黏性土，其下为厚层的软土或软土夹薄砂层。

泻湖相沉积物颗粒细微，分布范围较广。表层为较薄的黏性土层，其下为厚层淤泥层。

溺谷相分布范围较窄，结构疏松，在其边缘表层常有泥炭堆积。

(2) 内陆平原淤泥和淤泥质土

这类软土主要包括湖相、河漫滩与古河道相两类。

湖相沉积的组成和构造特点是组成颗粒细微、均匀，富含有机质。淤泥成层较厚，不夹或很少夹砂，且往往具有厚度和大小不等的肥淤泥与泥炭夹层或透镜体。故其工程性质往往比一般滨海相沉积者差。

河漫滩相沉积典型的粒径分布为：砂粒5%～10%，粉粒20%～40%，黏粒35%～60%，有机质含量为1%～10%。河流漫滩相沉积的工程地质特征是具有层理和纹理特性，有时夹细砂层，不会遇到很厚的均匀沉积，有明显的二元结构。上部为粉质黏土、砂质粉土，具微层理，但比滨海相的间隔厚些，一般层厚为3～5cm以至十几厘米；下部为粉砂、细纱。由于河流的复杂作用，常夹有各种成分的透镜体(淤泥、粗砂、砂卵石等)，特别是局部淤泥透镜体的存在，造成地基不均一，强度小，承载力变化大。

废河道牛轭湖相沉积物一般由淤泥、淤泥质黏性土及泥炭层组成，处于流动或潜流状态。它是由河道淤塞沉积而成，工程性质与一般内陆湖相相近，通常处于正常固结状态，液性指数接近1。牛轭湖相沉积物只是表面变干，硬壳层下的黏土依然很软。以后，硬壳又可被泛滥平原沉积物所覆盖，软土层仅在重力作用下固结。当现场勘测疏漏时，会造成不均匀沉降。

(3) 山地型

其成因主要是由于当地的泥灰岩、炭质页岩、泥砂质页岩等风化产物和地表的有机物质径水流搬运，沉积于原始地形的低洼处，长期饱水软化，间有微生物作用而形成。成因类型以坡洪积、湖积和冲积三种为主。它们在分布上总的特点是，分布面积不大，厚度变化悬殊。这是因为山区软土的分布严格地受着成土母岩地出露位置和地形地貌的控制，一般分布在冲沟、谷地、河流阶地和各种洼地，广大山区，特别是属于山地型高原的西南地区，宜于沉积和形成软土的上述地貌形态数量多、面积小、起伏大，兼之山区地表径流易于消涨，沉积物质分选条件极差,这一切便决定了这些地区软土分布位置和厚度变化悬殊的特点,从而造成软土地基的严重不均匀性。

在"山地型"软土的几个主要成因类型中,常以坡洪积相分布最广。其物理力学性质差异很大:冲积相的土层很薄,土质好些;湖沼相的一般有较厚的泥炭层和肥淤泥,土质往往比平原湖相的还差;坡洪积相的性质介于两者之间。

表4-9为我国软土的类型和特征。

软土类型及特征表 表4-9

类 型		厚度(m)	特 征	分 布 概 况
滨海沉积	滨海相	60~200	面积广,厚度大,常夹有砂层,极疏松,透水性较强,易于压缩固结	沿海地区
	三角洲相	5~60	分选性差,结构不稳定,粉砂薄层多,有交错层理、不规则尖灭层及透镜体	
	潟湖相	5~60	颗粒极细,孔隙比大,强度低,常夹有薄层泥炭	
	溺谷相		颗粒极细,孔隙比大,结构疏松,含水率高,分布范围较窄	
内陆平原	湖相	5~25	粉土颗粒占主要成分,层理均匀清晰,泥炭层多是透镜体状,但分布不多,表层多有小于5m的硬壳	洞庭湖、太湖、鄱阳湖、洪泽湖周边
	河床相、河漫滩相、牛轭湖相	<20	成层情况不均匀,以淤泥和软黏土为主,含砂与泥炭夹层	长江中下游、珠江下游及河口、淮河平原、松辽平原
山地沉积	谷地相	<10	呈片状、带状分布,谷底有较大的横向坡,颗粒由山前到谷中心逐渐变细	西南、南方山区或丘陵地区

2. 软土的主要物理力学指标

(1)天然含水率高

一般大于液限,通常大于30%,甚至大于200%或更大。

(2)天然孔隙比大

天然孔隙比 $e>1.0$。

(3)渗透性小

渗透系数为 $10^{-4}\sim10^{-8}$cm/s。

(4)压缩性高

压缩系数 a_{1-2} 一般大于 0.005MPa^{-1},最大达 4.5MPa^{-1},且随着土的液限和天然含水率的增大而增高。

(5)抗剪强度低

软土的抗剪强度与加荷速度及排水固结条件密切相关。不排水三轴快剪所得抗剪强度值很小,且与其侧压力大小无关,其内摩擦角为零,黏聚力一般小于20kPa;直剪快剪内摩擦角一般为 2°~5°,黏聚力为 10~15kPa;排水条件下的抗剪强度随固结度的增大而增大,固结快剪的内摩擦角可达 8°~12°,黏聚力为 20kPa 左右。

(6)触变性

软土的触变性是指土体强度因受扰动而降低,又因静止而增长的特性。触变性是软土的一个突出特点,保护天然软黏土结构性具有重要意义。

表 4-10 为软土的主要物理力学特性。

软土主要物理力学特性 表 4-10

类型	天然重度 γ (kN/m³)	含水率 w (%)	孔隙比 e	有机质含量 (%)	压缩系数 α_{1-2} (MPa⁻¹)	渗透系数 k (cm/s)	快剪强度 c_u	快剪强度 φ_u	标准贯入值 $N_{63.5}$
软黏土	16~19	$w_l<w$ <100	>1.0	<3	>0.3	<1×10⁻⁶	<20	<10	<2
淤泥质土			1.0~1.5	3~10					
淤泥			>1.5						
泥浆质土	10~16	100~300	>3	10~50	>2.0	<1×10⁻³	<10	<20	
泥炭	10	>300	>10	>50		<1×10⁻²			

二、软土地基的处理措施

1. 换填土层法

(1)换填土层法的原理

换填土层法是将基础底面以下不太深的处理范围内的软弱土层挖去,然后以质地坚硬、强度较高、性能稳定性好、具有抗侵蚀性的砂、碎石、卵石、素土、灰土、矿渣等材料分层换填,同时用人工或机械方法进行表面机械碾压、重锤夯实、振动压实等密实处理至满足工程要求。各种不同材料的垫层(如砂垫层、砂石垫层、碎石垫层、素土垫层、灰土垫层及矿渣垫层等)主要的作用是提高地基承载力,减少沉降量,加速软弱土层的排水固结,调整不均匀地基的刚度,防治冻胀以及消除膨胀土的胀缩作用。

(2)换填土层的适用范围

换填土层法可以用于处理浅层软基,包括淤泥、淤泥质土、松散素填土、杂填土地基及暗塘、暗沟等浅层和低洼区域的填筑外,还适用处理一些区域性特殊土。

(3)垫层材料选择

砂和砂石垫层材料,应选用颗粒级配良好、质地坚硬的粒料,其颗粒的不均匀系数最好不能小于 10,以中、粗砂为佳,可掺入一定数量的碎(卵)石,但要分布均匀。对湿陷性黄土地基,不得选用砂石等渗水材料。若采用细砂、粉砂,因不易压实且强度也不高,使用时应均匀掺入 25%~30%的碎卵石,最大粒径不宜大于 50mm。

素土垫层材料可选用挖出的黏性土,土料中有机质含量不得超过 5%,也不得含有冻土或膨胀土。当含有碎石时,其粒径不宜大于 50mm。素土垫层材料不应采用地表耕植土、淤泥及淤泥质土、杂填土。

灰土垫层材料中的石灰易用新鲜的消石灰。一般常用的熟石灰粉末质量应符合Ⅲ级以上的标准,活性氧化钙、氧化镁含量不低于 50%。灰土中土的黏粒(0.005mm 以下)或胶粒(0.002mm 以下)含量越多,则灰土的强度越高。土料应过筛,其粒径不得大于 15mm。

碎石垫层中的碎石粒径,一般为 5~40mm 的自然级配碎石,含泥量不大于 5%。

矿渣垫层材料采用的矿渣应符合：质地坚硬，稳定性合格。无侵蚀性；松散密度不小于 $1.1t/m^3$，压碎指标不大于 13%，含硫量不大于 1.5%，铁矿含量不大于 1%；泥土与有机杂质含量不大于 5%。

(4)砂垫层施工

当地基表层具有一定厚度的硬壳层，其承载力较好，能上运输机械时，一般采用机械分堆摊铺法，即先堆成若干砂堆，然后利用机械或人工摊平。当硬壳层承载力不足时，一般采用顺序推进摊铺法。

当软土地基表面很软，如新沉积或新吹填不久的超软地基，首先要改善地基表面的持力条件，使施工人员和轻型运输工具能在其上工作。工程上常采用如下措施：地基表面铺荆笆；表面铺设塑料编制网或尼龙纺织网，纺织网上再作砂垫层；表面铺设土工合成材料，土工合成材料上再铺排水垫层。

砂垫层施工中的关键是将砂加密到设计要求的密实度。加密的方法常用的有振动法（包括平振、插振和夯实）、水撼法、碾压法等。分层铺砂，然后逐层振密或压实，分层的厚度视振动力的大小而定，一般为 15~20cm。

砂垫层无明显粗细粒料分离，最大粒径不宜大于 5cm。砂垫层宽度应宽出路堤边脚 0.5~1.0m，两侧墙以片石护砌或采用其他方式防护，以免砂料流失。

碾压施工时，砂垫层的最佳含水率一般控制在 8%~12%。

(5)石灰土垫层施工

灰土垫层施工前必须对下卧地基进行检验，如发现局部软弱土坑，应挖除，用素土或灰土填平夯实。

施工时应将灰土拌和均匀，控制含水率，如土料水分过多或不足时应晾干或洒水润湿。掌握分层松铺厚度，一般情况下松铺 30cm，分层压实厚度为 20cm。

压实后的灰土应采用排水措施，3 天内不得受水浸泡。

灰土垫层铺筑完毕后，要防止日晒雨淋，及时铺筑上层。

2.强夯法

(1)加固原理

强夯法处理软土地基是利用夯锤自由落下产生的冲击波使地基密实，这种冲击引起的振动在土中是以波的形式向地下传播的。当强夯法应用于非饱和土时，压密过程基本上同实验室的击实法相同；对于饱和无黏性土，夯击过程中，土体可能会产生液化，其致密过程与爆破和振动压密过程相似。强夯理论认为，当夯锤夯击地面时，势能的极大部分都转化为动能，而其中大部分的冲击动能使土体产生自由振动，并以压缩波、剪切波和瑞利波的波体系联合在地基内传播，在地基中产生一个波场。压缩波大部分通过液相运动，使孔隙水压力增大，同时使土颗粒错位，土体骨架解体，而随后到的剪切波使土颗粒处于更密实的状态。占总能量 67% 的瑞利波，其竖向分量起到松动土的作用，但其水平分量可使土得到密实。

(2)适用范围

强夯法适用于处理碎石土、砂土、粉土、黏性土、杂填土和素填土等地基，它不仅能提高地基的强度、降低其压缩性、还能改善其抗振动液化的能力和消除土的湿陷性，故常用于处理可液化砂土地基和湿陷性黄土地基。强夯法对于饱和度较高的黏性土，一般来说处理效果不显著，尤其是淤泥和淤泥质土地基，处理效果更差。

(3)施工工艺

强夯法虽然在实践中已被证实是一种较好的地基处理方法,但是目前还没有一套成熟和完善的理论和设计计算方法,只能通过试夯的方法提供施工依据。试夯区的面积不应小于20m×20m,对不同地质条件,至少进行一处试夯,通过试夯确定施工参数,如夯锤质量、夯锤落距、单点总夯击能、夯点距离、间歇时间、夯击遍数及有效加固深度等。具体施工步骤如下:

①首先选定试夯区,最好两个,每个均为20m×20m,清理平整试夯区;

②布置夯击点位,并用明显标志标明,测量场地夯前高程;

③起重机就位,使夯锤对准夯点位置,测量夯前锤点高程;

④将夯锤起吊至预定高度,待夯锤脱钩,自由下落后,放下吊钩,测量锤顶高程;若发现因坑底倾斜而造成夯锤歪斜时,应及时将坑底整平;

⑤每夯击一次,将场地整平,同时测量整平后的高程;

⑥重复步骤④,按设计规定的夯击次数及控制标准,完成一个夯点的夯击;

⑦重复步骤⑥,完成第一遍夯实点夯击,用推土机将夯坑整平,并测量此时场地高程;

⑧按规定的间隔时间,重复上述步骤,逐次完成全部夯击遍数,最后用低能量满夯,将场地表层松土夯实,并测量夯后场地高程;

⑨强夯结束后间隔一定时间对地基加固质量进行检测,检测内容包括静荷载试验,钻探及瑞利波测试,测点应选在夯点及夯点间。

(4)施工要点

在软基上采用强夯法施工,常在夯击地面上铺设1～2m的砂砾碎石层,有时还采用竖向排水体处理地基,其目的是加速软土地基孔隙水的排出。

有人提出由轻到重、少击多遍,逐渐加荷的施工工艺。

夯锤必须设直径20～35cm的排气孔,避免产生"气垫效应"和"真空效应"。

夯锤必须平稳自由落下,若倾斜落下或坑底面倾斜,能量损耗较大,且夯击中心易改变,影响工程质量。

满夯时,能量不宜过大,一般加固深度达3m即可。

(5)质量检验

强夯施工结束后应间隔一定时间才能对地基加固质量进行检验,对于软黏土一般间隔3～4周。质量检验可采用标准贯入、静力触探及瑞利波和分层静载试验,以确定地基承载力、夯实均匀性及强夯加固深度。

(6)现场测试

现场测试工作是强夯施工中的一个重要组成部分,在大面积施工前应在试夯区进行现场测试,以便取得设计和施工参数。测试工作一般有以下几方面:

①地表及深层土体变形;

②孔隙水压力;

③侧向挤压力;

④振动加速度。

3.袋装砂井法

(1)加固原理

饱和软黏土地基在荷载作用下,孔隙水受压差作用,由排水通道缓慢排出,使孔隙体积减少,地基发生固结沉降;同时土中有效应力增大,地基土强度逐渐增长。排水固结法就是应用上述原理对软土地基进行处理。排水固结法的关键在于排出孔隙水,使孔隙体积减少及有效应力增加,从而产生固结沉降。

袋装砂井法属于排水固结法的一种,是砂井排水法的延续。袋装砂井是将散体砂装入用化纤纺织物做成的细长袋子内,置于软土中作为竖向排水体的一种方法。由于它可以做成很细的形状,通常为7~12cm,根据"细而密"的原则,能将井间距大大缩小,加快排水固结时间。同时,由于装砂的砂袋是由化纤纺织物制成,具有较大的拉伸强度,工程在施工加荷时竖向砂袋正好处于与土体滑动带相交位置,它能起到竖向加筋和抗滑作用,对土体的稳定较为有利。

(2)适用范围

袋装砂井法适用于饱和软黏土、吹填土、松散粉土、新近沉积土、有机质土及泥炭土地基。

(3)材料要求

砂袋可采用聚丙烯、聚乙烯、聚酯等适用的编织料制成,其抗拉强度应能保证承受砂袋自重,装砂后砂袋的渗透系数应不小于砂的渗透系数。

砂应采用渗水率较高的中、粗砂。大于0.5mm的砂的含量宜占总重的50%以上,含泥量不能大于3%,渗透系数不应小于5×10^{-3}cm/s。砂应保持干燥,不宜潮湿,以免砂干燥后体积减少造成短井。

(4)施工工艺

施工工艺流程为:排除地表水→整平原地面→铺设下垫砂层→测设放样→机具定位→打入套管→沉入袋砂→拔出套管→机具移位→埋袋砂头→摊铺上层砂垫层。

在整平地面后,视软土地基情况,铺设20~30cm的砂垫层,用压路机或推土机稳压3~4遍;在桩管垂直定位后,将可开闭底盖的套管一直打到设计深度,准备一个比砂井设计长度还要长2m左右的砂袋,下端放入20~30cm左右的砂子作为压重,将砂袋放入套管中,并使之沉到要求深度,把袋子固定到装砂子用的出料口,由漏斗将砂子装入袋中。装满砂子后取下袋子,拧紧套管上盖,然后一边把压缩空气送进套管,以免将砂袋带上来,一边提升套管。提升完后,一个袋装砂井就完成了,注意要及时将砂井头埋置好。

(5)施工控制

施工质量控制应符合以下规定:

①砂袋灌砂率应满足规定要求;

②砂袋灌入砂后,露天堆放要有遮盖,切忌长时间暴晒,以免砂袋老化;

③砂井可用锤击法或振动法施工,导轨应垂直,钢套管不得弯曲,沉桩时应用经纬仪或重锤控制垂直度;

④为控制砂井的设计入土深度,在套管上应划出标尺,以确保井底高程符合设计要求;

⑤用桩架吊起砂袋入井时,应确保砂袋垂直下井,防止砂袋产生扭结、缩径、断裂和砂袋磨损;

⑥拔钢套管时,应注意垂直起吊,以防带出或磨损砂袋。施工中若发现上述现象,应在原孔边缘重打;连续两次带出砂袋时,应停止施工,查明原因后再施工;

⑦砂袋留出孔口长度应保证伸入砂垫层至少30cm,并且不能卧倒。

4.塑料板排水法

(1)加固原理

塑料排水板法的加固原理与袋装砂井相同,具体是将塑料排水板用插板机打入土中,作为竖直排水通道。与袋装砂井法相比,塑料板排水法具有以下优点:滤水性好,可确保排水效果;塑料排水板具有一定的强度和延伸率,适应地基变形的能力强;板截面尺寸不大,插入时地基扰动少,施工方便。

(2)材料

塑料排水板由芯板和滤膜组成,芯板是由聚丙烯和聚乙烯塑料加工而成,且两面有间隔沟槽的板体,土层中固结渗流水通过滤膜渗入到沟槽内,并通过沟槽从排水垫层中排出。塑料排水板所用的材料、制造方法不同,结构也不同,但基本上分为两类。第一类是用单一材料制成的多孔管道的板带,表面有许多微孔;第二类是由两种材料组合而成,芯板为各种规律变形断面的芯板或乱丝、花式丝的芯板,外面包裹一层无纺土工织物滤套。

(3)施工工艺

塑料排水板法的施工机械,基本上可与袋装砂井打设机械共用,只是将圆形导管改成矩形导管。

塑料排水板通过导管,从导管靴穿出并与桩尖相连,导管连同塑料板顶住桩尖压入土中。塑料排水板与桩尖连接的方式有倒梯形桩尖、楔形固定桩尖和混凝土圆桩尖。

塑料排水板打设顺序:定位→塑料板通过导管从管靴穿出→塑料板与桩尖连接贴紧管靴并对准桩位→插入塑料板→拔管剪断塑料板。

(4)施工要点

塑料板插入过程中防止淤泥进入板芯,堵塞输水通道,影响排水效果。

塑料板与桩尖连接要牢固,避免提管时脱开将塑料板带出。

桩尖与导管配合要适当,避免错缝,防止淤泥进入而增大塑料板与导管壁的摩擦力而造成塑料板带出。

严格控制间距和深度,凡塑料板被带上2m的应作废,进行补打。

塑料板需接长时,应采用滤膜内水平搭接的连接方法,为保证输水畅通并且有足够的搭接强度,搭接长度不小于20cm。

(5)施工控制

排水塑料板法的施工质量要靠施工过程中进行质量控制,板体本身和板间距比较容易进行,但是对板长和竖直度的检验,一旦施工完成,检测工程质量比较困难。

5.碎石桩法

(1)加固原理

碎石桩是指用振动、冲击或水冲等方法在软弱地基中成孔后,再将碎石挤入土中形成大直径的由碎石所构成的密实桩体。按其制桩工艺分为振冲碎石桩和干法碎石桩两大类。利用振动水冲法施工的碎石桩称为湿法碎石桩。各类碎石桩的主要特性见表4-11。

各类碎石桩的主要特性 表4-11

名　　称		设备与工艺	制桩工效	桩长(m)	桩径(m)	挤密能力	环境影响
振冲碎石桩		专用振冲器水平振冲加水造孔,分层挤密填料	较快	20～25	0.6～1.2	强	泥浆污染
干法碎石桩	干振碎石桩	专用振动孔器水平振动造孔,分层振实填料	较快	≤6	0.4～0.7	强	无泥浆污染
	锤击碎石桩	重锤内击沉管,分层击实填料	中等	12～15	0.4～0.7	较强	
	振挤碎石桩	振动沉管法造孔,分层振实填料	较快	19～28	0.4～0.6	中等	

对松砂而言,利用振动或冲击将碎石压入砂中以减少孔隙比,提高相对密度,其效果如下:

通过振动或冲击将碎石压入砂中,使砂基挤密到临界孔隙比以下,以防止砂土在地震或受振动时液化;

由于形成强度高的挤密碎石桩,提高了地基的剪切强度和水平抵抗力;

减少固结沉降;

由于挤密使地基变均匀。

对黏性土而言,由于形成了一定的间距的碎石桩和黏性土共同构成的复合地基,从而改善了基础地基的整体稳定性,其效果如下:

增加了地基整体抗剪能力,可以提高承载力,防止地基发生滑动破坏;

由于荷载产生桩间的应力集中,减少了固结沉降;

由于密实的碎石桩的排水作用,可以提前完成剩余沉降;

由于复合地基利用,可以减少差异沉降。

(2)适用范围

碎石法主要应用于软弱地基加固;堤坝边坡加固;消除可液化砂土的液化性;消除湿陷性黄土的湿陷性。

(3)振冲碎石桩施工

①桩身材料

碎石或卵石可选用自然级配,含泥量不宜超过10%,材料的最大粒径不宜大于80mm,对碎石常用的粒径为20~50mm,粒径太大不仅容易卡孔,而且能使振冲外壳强烈磨损。作为桩材料,碎石比卵石好,碎石之间咬合力比卵石大,形成的碎石桩强度高,而卵石作填料下料容易。

②施工机具

施工机具主要有振冲机、起吊机械、水泵、泥浆泵、填料机械、电控系统等。

③施工顺序

施工顺序一般采用"先中间后周边"或"一边推向一边"的顺序进行。在软黏土地基施工时,要考虑减少对地基土的扰动,易用间隔跳打的方式。

④施工工艺

施工机具就位,振冲机对准桩位,开动水泵,待振冲器下端水口出水后,启动振冲器,检查水压、电压和振冲器的空载电流是否正常。

启动起吊机械,使振冲器以1~2m/min的速度下沉。成孔过程中应使振冲器保持铅直状态。当下沉过程中电流值超过额定电流值时,必须减速或者停止下沉,或者向上提起振冲器,待电流下降后继续进行下沉。在成孔过程中要记录电流值、成孔速度和返水情况。当孔口不返水时,应加大水量。

成孔后孔内泥浆比重较高,填料在孔内的下降速度将减慢,甚至造成淤塞。因此,成孔后要留一定时间进行清孔。

清孔后,将振冲器提出孔口,即可开始填料。填料方式一般有两种:一种是把振冲器提出孔口向孔内加料,然后再放入振冲器振密,每次往孔内倒入约0.15~0.50m石料,分段填料分段振密,直到制桩结束;另一种方法是振冲器不拔出孔口,只是往上提一些,使振冲器离开原来振密过的地方,然后往下倒料,再放下振冲器进行振密。

利用振冲器将填入桩内的石料不断挤入侧壁土层,同时使桩身填料密实。无论哪种填料方式都应保证振密从孔底开始,以每段30～50m长度逐段自上而下直至孔口。

振密加固到孔口时桩体形成,先关闭振冲器,再关闭水泵。

⑤施工要点

施工过程中,水量要充足,也不宜过多,以防塌孔。

密实电流限定值应根据现场制桩试验确定,对常用的30kW振冲器,密实电流一般为50～55A。

加料宜勤加,但不宜太多。

在强度较低的软土地基中施工,要采用"先护壁、后制桩"的施工方法。即开孔时,现将振冲器沉到第一层软土层,然后加料振挤,把这些填料挤到软土层中,将这段孔壁保护住,接着再用同样的方法处理下面的软弱土层,直到加固深度。

桩顶部约1m范围内,由于该处地基土的上覆压力小,施工时桩体的密实度很难达到要求。应将顶部的松散桩体挖除,或用碾压等方法使之密实,随后铺一层300～500mm的碎石垫层,并压实。

(4) 干振碎石桩施工

干振碎石桩是对振冲碎石桩的一种改进,它可以克服施工过程中及其以后一段时间内桩间含水率增多,导致强度降低及施工过程中大量排泥浆,污染环境的特点。干振碎石桩的主要设备有干法振动成孔机。

①适用条件

干振碎石桩适用于加固松散的非饱和黏性土、素填土、杂填土和二级以上非自重湿陷性黄土,加固深度6m左右,不适宜加固砂土和孔隙比$e<0.85$的饱和黏性土。

②施工工艺

首先用振动成孔器成孔,将桩孔中的土挤入周围土体,提起振孔器,向孔内倒入约1m厚的碎石,再用振孔器进行捣实,要求达到密实电流并留振10～15s,然后提起振孔器。如此分段填料振实,直到形成碎石桩。

(5) 锤击碎石桩施工

①施工机具

锤击碎石桩施工设备有机架、卷扬机、电动机、导管和冲锤。

②施工工艺

机架就位,对准桩位,调平机架,置放导管。

在导管内投入一定量的碎石,形成一定高度的"石塞",投料要适当。

用冲锤反复冲击导管内碎石石塞,由碎石与导管间的摩擦力带动导管与石塞一起下沉,直到设计深度为止。在冲击石料塞的沉管过程中,投料孔入土前必须封闭。

沉管到位后,提开导管一定高度,用低冲程将石塞击出管外,并使其冲入管下一定深度。为确定石塞是否被冲击到导管外,可轻冲管底1～2次,如导管不随之下沉,可判断已经穿塞。

制桩包括提管、投料和击实三个过程。在制桩过程应严格控制每次提管高度,在淤泥质土层中应小于150mm,在一般黏土层中应在300mm左右。每次投料量以顺利击出管口并保证桩体连续为准。每次击实时一般先轻击,后重击。

制桩完成后,桩顶高程一般应高出基础底面0.5～1.0m,这段高度称桩顶超高,以保证桩底处的桩体和桩周土获得足够的密实度。超高部分在基础施工时挖除。

6. 灌浆法

(1) 加固原理

灌浆法是指利用物理化学原理,通过机械设备将具有固化和抗渗性能的浆液材料均匀地灌入地层中,并使之在一定范围内扩散和固化,将原来松散的土粒或裂隙胶结成一个整体,形成一个结构新、强度高、防水性能好和化学稳定性良好的"结石体",以达到提高地基强度、降低渗透性、改善地基物理力学性质的一种方法。

灌浆法的加固机理主要有以下三类:

①渗透灌浆

渗透灌浆是指在压力作用下使浆液充满填土孔隙和岩石的裂隙,排挤出孔隙中存在的自由水和气体,而基本上不改变原状土的结构和体积,所用灌浆压力相对较小。这类灌浆一般只适用于中砂以上的砂性土和有裂隙的岩石。

②劈裂灌浆

劈裂灌浆是指在压力作用下,浆液克服地层的初始应力和抗拉强度,引起岩石和土体结构的破坏和扰动,使其沿垂直于小主应力的平面发生劈裂,使地层中原有的裂隙或孔隙张开,形成新的裂隙或孔隙,浆液的可灌性和扩散距离增大,而所用的灌浆压力相对较高。

③压密灌浆

压密灌浆是指通过钻孔在土中灌入极浓的浆液,在灌浆点使土体压密,在灌浆管端部附近形成"浆泡"。当浆泡的直径较小时,灌浆压力基本上沿钻孔的径向即水平向扩展。随着浆泡尺寸的增大,便产生较大的上抬力而使地面抬动。当合理地使用灌浆压力并产生适宜的上抬力时,能使下降的建筑体上升到预定的范围。简单地说,压密灌浆是用浓浆置换和压密土的过程。压密灌浆的主要特点是它在较软弱的土体中具有较好的效果。此方法最常用在中砂地基,黏土地基中若有适宜的排水条件也可采用。

(2) 施工工艺

灌浆施工方法包括:钻杆灌浆法、花管灌浆法和袖阀管阀等。以下主要介绍花管灌浆法。

花管灌浆法适用于大孔隙或溶洞加固和防渗灌浆,软土劈裂灌浆、砂砾石基础的防渗加固灌浆。

钻孔:对于较浅的软土,可采用螺旋钻,较深则宜采用回转式钻机。为防止冒浆,孔径宜小,一般为75~110mm,垂直偏差小于1%。

制浆:按程序加料,准确计量,掌握浆液性能,用多少浆制多少浆。浆液应进行充分搅拌,并坚持灌浆前不断的搅拌,防止再次沉淀,影响浆液质量。

灌浆是通过灌浆设备、输浆管路,将浆液注入到目的层中。用于公路软弱地基处治工程的灌浆方法有:

①自上而下式空口封闭灌浆法。这种方法一次成孔,孔口用三角楔止浆塞封口,分段自上而下灌浆,灌浆段高度在1.5~2.0m之间。该方法对于黏性土层较多或地层下部具有少量中粗砂土层的软弱土层较为适用。

②自上而下式空口封闭灌浆法。这种方法一次只钻成一段灌浆孔,孔口用三角楔止浆塞封口,分段自上而下灌浆,灌浆段在1.5~2.0m之间。该方法对于上部中粗砂土层较多的软弱土层较为适用。

在开始灌浆前,应进行现场灌浆试验,确定单孔灌浆量,然后按照所采用的灌浆工艺施工。在灌浆顺序上,先施工边缘帷幕孔,再施工加固孔,并宜按次序施工,即先注第一次序孔,再注第二次序孔。当灌浆量达到设计要求时可终止灌浆。边缘帷幕孔孔距应为一般灌浆孔孔距的1/2,以确保灌浆工程的质量。

在边缘帷幕孔施工后,应根据处治段水文地质情况决定是否施工排水孔。在地下水位较高地区,应在处治范围内用钻孔机钻成1～3个排水孔,以便能更有效地保证灌浆质量。当排水孔周围灌浆孔施工时,排水孔内见到灌浆浆液时,可将该排水孔用灌浆浆液灌实,并封孔。

在灌浆过程中,当地面隆起或地面有跑浆现象时,应停止灌浆,分析其原因,对下一个灌浆地段宜减少灌浆量,并检查封孔装置、灌浆设备等。

(3)质量检验

灌浆施工属地下隐蔽工程,灌浆施工应严格按照要求进行,以保证灌浆质量。对于地基处治,有多种质量检验方法,适用于灌浆施工质量检验的方法有开挖法、钻探法、荷载试验法、物探法和变形观测法。

7.高压喷射注浆法

高压喷射注浆法是利用钻机把带有喷嘴的注浆管钻进至土层的预定位置后,用高压设备将浆液或水以20MPa左右的高压流从喷嘴中喷射出来,冲击破坏土体,同时钻杆以一定速度逐渐向上提升,将浆液与土粒强制搅拌混合,浆液凝固后,在土中形成一个固结体。根据喷射流移动的分向,高压喷射注浆法分为旋喷注浆、定喷注浆和摆喷注浆三种。

(1)加固原理

高压喷射注浆的关键是通过高压泵等装置,使液体获得巨大压能后,用特定的流体运动方式,以很高的速度从一定形状的喷嘴中连续不断地喷射出来,携带着高速集中的动能,直接冲击切削破坏土体。高压喷射流集中和连续地作用在土体上,其喷射作用力有:

喷射流动压力:高压喷射流具有很高的流速,向土体喷射时会在一个很小的冲击面上产生很大的压应力作用。当压应力超过土颗粒结构的临界破坏压力时,土体便发生破坏,一般要求高压泵的压力在20MPa以上。

喷射流的脉动负荷:当喷射流不停地以脉冲式冲击土体时,土颗粒表面受到脉动负荷的影响逐渐积累起残余变形,使土颗粒失去平衡从而促使了土体的破坏。

水锤冲击力:由于喷射流持续锤击土体,产生冲击力,促进破坏的进一步发展。

空穴现象:当土体没有被射出孔洞时,以冲击面上的大气压力为基础,喷射流冲击土体产生压力变动,在压力差大的部位产生孔洞,呈现出类似空穴的现象。冲击面上的土体被气泡的破坏力所腐蚀,使冲击面破坏。

水楔效应:当喷射流充满土层时,由于喷射流的反作用力,产生水楔。

挤压力以及气流搅动。

上述7种作用力对土体同时产生作用,当这些外力超过土体结构临界值后,土体便遭到破坏,由整体变成松散状。松散的土颗粒在喷射流的搅拌混合作用下,形成水泥与土的混合浆液。随着喷射流的连续冲切和移动,土体破坏的范围不断扩大,水泥土混合浆液的体积也不断增大,经一定时间的固化后,形成具有一定形状和尺寸的固结体。

(2)适用范围

高压喷射注浆法对淤泥、淤泥质土、黏性土、粉土、黄土、砂土、碎石土和人工填土等都有良好的处理效果。对于含有较多的大粒径块或有大量植物根茎的地基,因喷射流可能受到阻挡或削弱,冲击破碎力急剧下降影响处理效果。

(3)施工工艺

高压喷射注浆施工的主要机具包括钻孔机械和喷射注浆设备两大类。以下以单管法为例介绍施工工艺。

钻机就位:钻机安放在设计的孔位上并应保持垂直,施工时旋喷管的允许倾斜不得大于1.5%。

钻孔:单管旋喷常使用76型旋转振动钻机,钻进深度可达30m以上,适用于标准贯入值小于40的砂土和黏性土层当遇到比较坚硬的土层时宜使用地质钻机钻孔。钻孔的位置与设计位置的偏差不得大于50mm。

插管:插管是将喷管插入地层预定的深度。使用76型振动钻机钻孔时,插管与钻孔两道工序合二为一,即钻孔完成后插管作业同时完成。如使用地质钻机钻孔完毕后,必须拔出岩芯管,并换上旋喷管插入到预定深度。在插管过程中,为防止泥沙堵塞喷嘴,可边射水,边插管。

喷射作业:当喷管插入预定深度后,由下而上进行喷射作业。值班人员必须时刻注意浆液初凝时间、注浆流量、压力、旋转提升速度等参数是否符合设计要求。

冲洗:喷射施工完毕后,应将注浆管等机具设备冲洗干净。

(4)施工要点

钻机或旋转机就位时机座要平稳,立轴或转盘与孔位对正。

喷射注浆前要检查高压设备和管路系统,设备的压力和排量必须满足设计要求。

喷射注浆时应估计水泥浆的前峰已流出喷嘴后,才开始提升注浆管。

开始喷射注浆的孔段要与前段搭接0.1m,防止固结脱节。

喷射注浆结束后,由于浆液析水作用,一般均有不同程度收缩,使固结体顶部出现凹穴,应及时用水灰比为0.6~1的水泥浆进行补灌。

为加大固结体尺寸,或为避免深层硬土固结体尺寸缩小,可以采用提高喷射压力、泵量或降低回转与提升速度等措施,也可采用复喷工艺。

8. 粉喷桩法

粉喷桩属于深层搅拌法加固地基方法的一种形式,也叫加固土桩。深层搅拌法是加固饱和或软黏土地基的一种方法,它是利用水泥、石灰等材料作为固化剂的主剂,通过特制的搅拌机械就地将软土和固化剂(浆液状和粉体状)强制搅拌,利用固化剂和软土之间所产生的一系列物理-化学反应,使软土硬结成具有整体性、水稳性和一定程度的优质地基。粉喷桩就是采用粉体状固化剂来进行软基搅拌处理的方法。

(1)适用范围

粉喷桩最适用于加固各种成因的饱和软黏土,目前国内常用于加固淤泥、淤泥质土、粉土和含水率较高的黏性土。由于粉喷桩是将干的固化剂(水泥粉、石灰粉)拌入地基的,所以当地基中的含水率低于30%时,为保证粉体的充分固化,必须在搅拌过程中加入适当的水分,因此当选用粉喷桩时,土层的含水率宜大于50%。

(2)施工机械

钻机:一般钻头直径为500mm,能完成18m桩长的机架,单轴并具有正向钻进反向提升的功能,并能实现匀速变速提升和钻进。

粉体发送器:粉体的定量输出由控制转鼓的转速实现,粉体的掺入量根据施工前室内试验确定,施工时通过控制钻机提升速度和钻速实现。

此外,施工机械还有空气压缩机和钻头。

(3)施工工艺

放样定位。

移动钻机,准确定位对孔。对孔误差不得大于 50mm。

利用支腿油缸调平钻机,钻机主轴垂直度误差应不大于 1%。

启动主电动机,根据施工要求,以Ⅰ、Ⅱ、Ⅲ挡逐渐加速的顺序,正转预搅下沉。钻至接近设计深度时,应用低速慢钻。为保持钻杆中间的送风通道的干燥,从预搅下沉开始到喷粉完成为止,应在钻杆内连续输送压缩空气。

粉体材料及掺和量:使用粉体材料,除水泥外,还有石灰、石膏及矿渣等,也可使用粉煤灰等作为掺加料。在国内工程中普通硅酸盐水泥,其掺和量常为 $180\sim240kg/m^3$。

提升喷粉搅拌:在确认加固料已喷至孔底时,按 0.5m/min 的速度反转提升。当提升到设计停灰高程后,应慢速原地搅拌 1~2min。

重复搅拌:为保证粉体搅拌均匀,须再次将搅拌头下沉到设计深度。提升搅拌时,其速度控制在 0.5~0.8m/min 左右。

为防止空气污染,在提升喷粉距离地面 0.5m 处应减压或停止喷粉,在施工中,孔口应设喷粉防护装置。

(4)施工要点

目前影响粉喷桩质量问题的关键是粉体的计量。气固二相流的计量本身在理论上是一个比较难的课题。

施工机械和设备,现在只能加固 17.5m 以内的软土层,对超过 20m 以上的深厚软土就无能为力。

粉喷桩的质量检测虽然在行业技术规范内已有几种测试方法,但尚待完善。

复搅长度:复搅桩体水泥土的无侧限抗压强度比未复搅桩体水泥土的无侧限抗压强度大 2~3 倍以上。

输灰管道长度:粉体喷射机到主钻机之间是由橡胶贯相连接的,其内径为 50mm,水泥粉被高压空气由粉体发射机吹送到主体钻头出口处喷射,水泥粉在管道内的运动符合粉体力学中有关粉体运动的规律。为施工安全,保证水泥用量,管道长度一般不超过 60m,特殊情况下不大于 80m,当管道长度超过 60m 时应采用保证喷灰量的措施。同时,为保证高压空气能快速、有效地吹送水泥粉,避免"拧麻花",在粉体喷射机出口处 10m 范围内最好顺直摆放胶管。

粉喷桩质量的优劣主要反映在粉喷桩的强度指标上,这不仅与掺入粉体的质量有关,而且与施工工艺、地基土的性质也有关,尤其是地基土的含水率。

粉喷桩的支承式与悬浮式对沉降的影响。当粉喷桩打穿软土层进入比较硬的持力层,沉降很小,若不打穿软土层成为悬浮层,沉降就大,说明自桩尖下卧层的沉降还相当大,而且持续时间较长。

9.土工合成材料法

土工合成材料是人工合成的聚化物为原材料制成的各种类型产品,可置于岩土或其他工程结构内部、表面或各结构层之间,具有过滤、防渗、隔离、排水、加筋和防护等多种功能。土工合成材料可分为土工织物、土工膜、特种土工合成材料和复合型土工合成材料等。

(1)加固原理

土工合成材料突出的优点是:质量小、整体连续性好、施工方便、抗拉强度高、耐腐蚀性和抗微生物侵蚀性好。

土工合成材料用于地基加固补强的常用材料为土工格栅、土工格网以及土工布等材料。土工格栅、土工格网等筋材的作用机理与土工布有相似之处,即它们都可以通过与土体的摩擦这种方式发挥自己的抗拉强度,同时又有很大区别,土工格栅、土工格网具有一定的开孔率,通过与土体颗粒以及其他粒状填料之间的嵌锁与咬合作用来发挥性能。这使得这种材料总体优于土工布材料,而且还克服了土工布这类材料分隔土体,不能充分发挥土体自身抗剪强度的弱点。

加固补强材料表面粗糙度及机械嵌锁性是发挥其与土体界面效应的重要条件。土工格栅、土工格网的节点厚度远远大于筋条厚度,加糙了表面与土体界面的摩擦,机械咬合作用远大于土工布。当粒状填料堆积在土工格栅上时,部分颗粒穿过网孔、并与下部土层相嵌,使网孔受到的拉力负荷转变成周围土体中的压应力,使嵌锁土体受到压缩、包裹作用。格栅与土体形成一个稳定的、有一定模量的,能抵抗水平剪力的类似柔性平台的复合结构。

(2)施工要点

目前国产土工合成材料的纵、横两个方向的强度并不一致,一般纵向强度较高。而作为路堤,其边坡坍滑多表现为侧向移动,此时将强度高的方向置于垂直于路堤轴线方向更有利于发挥其优势。

土工合成材料的连接有绑扎、缝合、粘合等方法,一般对土工格栅及土工网采用绑扎方法,而对土工织物多采用缝合法和粘合法。根据一些施工经验,当采用绑扎法时,一般每隔10~15cm应有一绑扎节点,且为使搭接处的强度满足要求,搭接长度一般不小于10cm,在受力方向搭接至少应有两个绑扎节点。当采用缝合法进行连接时,一般采用工业缝纫机,缝接长度在20cm左右。粘合法很难保证连接质量,因此在施工工程中较少采用。

土工合成材料在铺设时,如有褶皱将不利于强度的发挥。在工程中为保证土工合成材料的铺设质量,常采用插钉等固定方法,当然也可采用其他固定方法。

铺设土工合成材料的土层表面如有坚硬突出物,则易穿破土工合成材料。从而使单位宽度的土工合成材料强度降低,因此在铺设土工合成材料前应将场地整平好。

土工合成材料摊铺好后应立即用土料填盖。

对于软土地基,应采用后卸式,卡车沿加筋材料两侧边缘倾斜填料,以形成运土的交通便道,并将土工合成材料张紧。填料不允许直接卸在土工合成材料上面,必须卸在已摊铺完毕的土面上,卸土高度以不大于1m为宜,以免造成局部承载力不足。卸土后立即摊铺,以免形成局部下陷。

填成施工便道后,再由两侧向中心平行于路堤中线对称填筑,宜保持填土施工面呈"U"形。

第一层填料宜采用推土机或其他轻型压实机具进行压实,只有当已填筑压实的垫层厚度大于60cm后,才能采用重型压实机械压实。

三、特殊土地基处理

1.膨胀土地基

膨胀土地基是指黏粒成分主要由强亲水性矿物组成,并具有显著膨胀性的黏土。膨胀土是一种高塑性黏土,吸水膨胀,失水收缩,具有较大胀缩变形能力,且变形往复。即使在一定的荷载作用下,仍具有这种胀缩性质。膨胀土的矿物成分主要是蒙脱石和伊利石。当矿物成分相近时，黏土粒含量越高，吸水性能越强，胀缩变形越大。孔隙比小，浸水膨胀强烈，失水收缩小；孔隙比大，浸水膨胀小，失水收缩大。初始含水率与胀后含水率愈接近，土的膨胀就愈小，收缩的可能性和其值就愈大。两者相差愈远，土膨胀的可能性及其值就愈大，收缩就愈小。

膨胀土地基处理一般采用下列措施：

①增大基础埋深。

②桩基：单桩的容许承载力应通过浸水静载试验，或根据当地建筑经验确定，在设计地面高程以下3m内的膨胀土中，桩周容许摩擦力应乘以折减系数0.5。

桩长应通过计算确定，且不得小于4m，应使桩基支承在膨胀变形较稳定的土层或非膨胀土层上。

桩身全长需进行配筋计算。

③换土垫层和砂垫层。

④砂包基础：由于砂包基础能释放地裂应力，所以在膨胀土发育地区，中等胀缩性土地基，采用砂包基础、地梁、油毡滑动层以及散水坡四者相结合的处理措施，可取得明显效果。

⑤灌浆法和电渗法。

2. 湿陷性黄土地基

湿陷性黄土分为非自重湿陷性和自重湿陷性两种。非自重湿陷性在自重压力作用下受水浸湿后则不发生湿陷；自重湿陷性黄土，在自重压力下受水浸湿后则发生湿陷。在一定压力下，由于黄土湿陷而引起结构物不均匀沉降是造成黄土地区地基事故的主要原因。因此，对于黄土地基首先必须判明它是否具有湿陷性，再进行区别其是否属于自重湿陷性或非自重湿陷性黄土，以便采用相应的措施。

湿陷性黄土地基常用的处理方法有：土或灰土垫层、重锤夯实、土或灰土挤密桩以及桩基础等。这些方法的作用在于破坏湿陷性黄土的大孔结构，以便全部或部分消除地基的湿陷性，从根本上避免或减弱湿陷性现象的发生。

湿陷性黄土地基如果确保不受水浸湿，地基即使不处理，湿陷性也是无从发生，因此，应着重注意施工场地的排水、防水。

第四节 路面基层及底基层

路面基层和底基层材料可采用无机结合料稳定类（包括水泥稳定类、石灰稳定类和工业废渣稳定类），粒料类（包括级配碎石、级配砾石和填隙碎石等），沥青碎石混合料和沥青贯入式碎石，贫混凝土和碾压式混凝土等。鉴于我国主要采用无机结合料稳定类和粒料类修建高等级公路路面基层或底基层，下面重点介绍这两种类型。

一、无机结合料稳定类

无机结合料稳定类材料的刚度介于柔性路面材料和刚性路面材料之间，故称为半刚性材料，用其修筑的基层称为半刚性基层（底基层）。半刚性基层具有整体性强，承载力高，刚度大，水稳性好，经济性优的特点。水泥稳定类、石灰粉煤灰稳定类材料可用做各级公路的基层和底基层，但水泥稳定细粒土，石灰粉煤灰稳定细粒土和石灰稳定类不能用做高级路面的基层。

1. 水泥稳定土

(1) 对原材料的要求

普通硅酸盐水泥、矿渣硅酸盐水泥和火山灰质硅酸盐水泥都可用于水泥稳定类基层,但应选用初凝时间 3h 以上和终凝时间 6h 以上的水泥。不应使用快硬水泥、早强水泥以及受潮变质的水泥。

高速公路和一级公路基层水泥稳定土中碎石和砾石的压碎值应不大于 30%,二级和二级以下公路应不大于 35%;高速公路和一级公路底基层水泥稳定土中碎石和砾石的压碎值也应不大于 30%,二级和二级以下公路应不大于 40%。

饮用水均可用于水泥稳定类基层和底基层的施工。

高速公路和一级公路水泥稳定类基层和底基层所用的粗粒土和中粒土应符合以下要求:

水泥稳定类做基层时,单个颗粒的最大粒径不应超过 31.5mm,其颗粒组成应在表 4-12 所列 1 号级配范围内;水泥稳定细粒土做底基层时,单个颗粒的最大粒径不应超过 37.5mm,颗粒组成应在表 4-12 所列 2 号级配范围内,且细粒土的液限不应超过 40%,塑性指数不应超过 17,均匀系数应大于 5;水泥稳定中粒土和粗粒土做底基层时,单个颗粒的最大粒径也不应超过 37.5mm,颗粒组成应在表 4-12 所列 3 号级配范围内,小于 0.075mm 的颗粒含量和塑性指数可不受限制。

高速公路和一级公路水泥稳定土的颗粒组成范围 表 4-12

项目	通过质量百分率(%) 编号	1	2	3
筛孔尺寸(mm)	37.5		100	100
	31.5	100		90~100
	26.5	90~100		
	19	72~89		67~90
	9.5	47~67		45~68
	4.75	29~49	50~100	29~50
	2.36	17~35		18~38
	0.6	8~22	17~100	8~22
	0.075	0~7	0~30	0~7
液限(%)			<28	
塑性指数			<9	

注:集料中 0.5mm 以下细粒土有塑性指数时,小于 0.075mm 的颗粒含量不应超过 5%;细粒土无塑性指数时,小于 0.075mm 的颗粒含量不应超过 7%。

二级和二级以下公路水泥稳定类基层和底基层所用的粗粒土、中粒土和细粒土应符合以下要求:

水泥稳定类做基层时,单个颗粒的最大粒径不应超过 37.5mm,水泥稳定土的颗粒组成应在表 4-13 所列范围内(二级公路应按接近级配范围的下限组配混合料),且集料中不应含有黏性土。

二级和二级以下公路水泥稳定基层的颗粒组成范围　　　　表4-13

筛孔尺寸 (mm)	通过质量百分率 (%)	筛孔尺寸 (mm)	通过质量百分率 (%)
37.5	90～100	2.36	20～70
26.5	66～100	1.18	14～57
19	54～100	0.6	8～47
9.5	39～100	0.075	0～30
4.75	28～84		

水泥稳定类做底基层时,采用方孔筛时单个颗粒的最大粒径不应超过53mm,其颗粒组成应在表4-14所列范围内,土的均匀系数应大于5。细粒土的液限不应超过40,塑性指数不应超过17。中粒土和粗粒土中小于0.6mm的颗粒含量应限制在30%以下,塑性指数可稍大。

二级和二级以下公路水泥稳定底基层的颗粒组成范围　　　　表4-14

筛孔尺寸(mm)	53	4.75	0.6	0.075	0.002
通过质量百分率(%)	100	50～100	17～100	0～50	0～30

实际工作中,宜选用均匀系数大于10,塑性指数小于12的土。以下情况不宜用水泥单独稳定:

①塑性指数大于17的土,宜采用石灰稳定,或用水泥和石灰综合稳定。

②硫酸盐含量超过0.25%的土,不应用水泥稳定。

③有机质含量超过2%的土,应先用石灰进行处理,闷料一夜后再用水泥稳定。

④水泥稳定粒径均匀的砂时,应在砂中添加部分塑性指数小于10的黏性土、石灰土,或适量粉煤灰,加入比例可按使混合料的标准干密度接近最大值确定,一般为20%～40%。

(2)混合料组成设计

水泥稳定土是由水泥、土和水组成的。混合料的组成设计包括:根据强度标准,通过试验选取合适的土,确定水泥剂量和混合料的最佳含水率。

①原材料试验

在水泥稳定类基层和底基层施工前,选取料场中的代表性样品进行如下试验:颗粒分析;液限和塑性指数;相对密度;击实试验;碎石或砾石的压碎值;必要时测定有机质含量和硫酸盐含量;水泥的强度等级和终凝时间。

当水泥稳定的土或集料级配不良时,应改善其级配。

②混合料设计步骤

(a)配制同一种土样、不同水泥剂量的混合料。可参考以下水泥剂量进行配制:

做基层用时:

中粒土和粗粒土:3%,4%,5%,6%,7%;

塑性指数小于12的土:5%,7%,8%,9%,11%;

其他细粒土:8%,10%,12%,14%,16%。

做底基层用时:

中粒土和粗粒土:3%,4%,5%,6%,7%;

塑性指数小于12的土:4%,5%,6%,7%,8%;

其他细粒土:6%,8%,9%,10%,12%。

(b)采用重型击实试验确定各种混合料的最佳含水率和最大干密度。

(c)按规定的压实度分别计算不同水泥剂量的试件应有的干密度。

(d)按最佳含水率和计算得到的干压实密度制备试件。强度试验时作为平行试验的最少试件数量应符合表4-15的规定。

强度试验的最少试件数量　　　　表4-15

试件数量 土　类	偏差系数	<10%	10%~15%	15%~20%
细粒土		6	9	
中粒土		6	9	13
粗粒土			9	13

(e)试件在规定温度下保湿养生6d,浸水24h后,进行无侧限抗压强度试验,并计算试验结果的平均值和偏差系数。

(f)表4-16是各级公路用水泥稳定土的7d浸水抗压强度标准。由表4-16选定合适的水泥剂量,此剂量试验结果的平均值应符合下式:

$$\overline{R} \geqslant \frac{R_d}{1-Z_a C_v}$$

式中：R_d——设计抗压强度(表4-5);

C_v——试验结果的偏差系数;

Z_a——标准正态分布表中随保证率(或置信度α)而变的系数,高速公路和一级公路应取保证率为95%($Z_a=1.645$),其他公路应取保证率为90%($Z_a=1.282$)。

工地实际施工时,若采用集中厂拌法,则水泥剂量应比室内试验确定的剂量增加0.5%;若采用路拌法,则应增加1%。对不同土类采用不同拌和方法施工时,水泥的最小剂量应符合表4-17的规定。

水泥稳定类的抗压强度标准(MPa)　表4-16

公路等级 层　位	高速公路和一级公路	二级和二级以下公路
基层	3~5	2.5~3
底基层	2.0~2.5	1.5~2.0

水泥的最小剂量　　　表4-17

拌和方法 土　类	集中厂拌法	路拌法
中粒土和细粒土	3%	4%
细粒土	4%	5%

(3)拌和和施工方法

水泥稳定类基层或底基层的拌和和施工方法分中心站集中厂拌法施工和路拌法施工两种。

①中心站集中厂拌法施工

(a)一般规定

水泥稳定类基层或底基层,施工期的最低气温应控制在5℃以上,且必须在第一次冰冻到来之前半个月到一个月完成。

水泥稳定类混合料从拌和到碾压之间的持续时间宜控制在3~4h。

施工作业段的长度应综合考虑以下因素:施工季节和气候条件;水泥的终凝时间;延缓时

间对混合料密度和抗压强度的影响；施工机械的效率和数量；操作的熟练程度；尽量减少施工接缝。

(b)下承层准备

水泥稳定类基层或底基层的下承层应表面平整、坚实，且具有规定的路拱。下承层的平整度和压实度应符合表 4-18 的规定。对不符合质量要求的底基层、旧路面或土基等下承层，应采取技术措施进行处理。

水泥稳定类基层或底基层下承层质量标准值　　　　　表 4-18

工程类别	项目		频度	质量标准	
				高速公路和一级公路	二级和二级以下公路
路基	高程(mm)		每 200m4 点	+5,−10	+5,−15
	宽度(mm)		每 200m4 个断面	不小于设计值	不小于设计值
	横坡度(%)		每 200m4 个断面	±0.5	±0.5
	平整度(mm)		每 200m2 处，每处连续 10 尺(3m 直尺)	≤8	≤12
底基层	高程(mm)		每 200m4 点	+5,−15	+5,−20
	厚度(mm)	均值	每 200m 每车道 1 点	−10	−12
		单个值		−25	−30
	宽度(mm)		每 200m4 个断面	+0 以上	+0 以上
	横坡度(%)		每 200m4 个断面	±0.3	±0.5
	平整度(mm)		每 200m2 处，每处连续 10 尺(3m 直尺)	12	15

(c)混合料拌和

在混合料拌制前，应保证混合料的最大粒径，级配组成和含水率符合要求。拌和设备开动时，应按质量比或体积比准确加料。拌和应均匀，含水率宜略大于最佳值，使混合料运到现场摊铺碾压时的含水率不小于最佳值。注意拌和机与摊铺机生产能力的匹配问题。为保证连续摊铺，拌和机的产量宜大于 400t/h。如果拌和机的生产能力较小，为避免摊铺机停机待料，摊铺机应采用最低速度摊铺。当运距远时，为防水分损失过多，运送混合料的车箱应加覆盖。

(d)摊铺和碾压

应采用沥青混凝土摊铺机或稳定土摊铺机按松铺厚度均匀摊铺，如有粗细料离析现象，应以人工或机械补充拌匀。如下承层是稳定细粒土，应先将下承层顶面拉毛，再摊铺混合料。

在二级以下公路施工时没有摊铺机的情况下，可采用自动平地机按以下步骤摊铺混合料：根据要求达到的压实度和铺筑层的厚度计算每车混合料的摊铺面积；将混合料沿着路幅中央均匀地卸成一行或两行；按松铺厚度将混合料用平地机摊铺均匀；对粗细料的离析问题应及时处理。

碾压时宜先用轻型两轮压路机跟在摊铺机后及时进行碾压，然后采用轮胎压路机、三轮压路机或重型振动压路机继续碾压密实。严禁压路机在正被碾压的路段和已完成的路段紧急制动或随意掉头。碾压过程中，如果表层水分蒸发过快，应及时洒水使其始终保持潮湿。如果出现弹簧、松散和起皮现象,应及时翻开并采取有效方法处理。

(e)接缝处理

摊铺机应连续摊铺混合料,如果因故中断时间超过2h,则将摊铺机驶离混合料末端并按照以下步骤设置横向接缝:人工将混合料末端弄整齐,紧靠混合料放两根方木,方木的高度与混合料的压实厚度相同,整平方木一侧的混合料;方木的另一侧用砂砾或碎石回填,后将对应一侧混合料碾压密实;在重新开始摊铺混合料之前,将方木和砂砾或碎石清除,并将下承层顶面清扫干净。如因下雨等原因,在摊铺中断2h且未能按上述步骤设置横向接缝时,应将未压实的混合料铲除,并将已碾压密实且高程和平整度符合要求的末端挖成与路中心线垂直并垂直向下的断面,然后再继续摊铺。

高等级公路基层的摊铺应分两幅进行,为避免纵向接缝,可采用两台摊铺机一前一后相隔5～10m同步向前,随后一起碾压。在不能避免纵缝时,可采用以下方法摊铺:前一幅摊铺时,在靠中央一侧用方木或钢模板进行支撑;前一幅养生结束后,在摊铺另一幅之前,拆除支撑物。

②养生及交通管制

每一段碾压完成并经压实度检查合格后,应立即开始养生,不得延误。

水泥稳定类基层或底基层在整个养生期间均应保持潮湿状态。养生结束后,将湿砂等覆盖物清除干净。如果养生期间未采取覆盖措施,则应封闭交通(洒水车除外)。采用覆盖措施但不能封闭交通时,则应限制车速不超过30km/h,且严禁重车通行。

如果基层能及时铺筑沥青面层,则可减少养生时间,但不得少于3天。养生期满验收合格后应立即喷洒透层或黏层沥青。

③路拌法施工

路拌法施工的工艺流程可按图4-5的顺序进行。

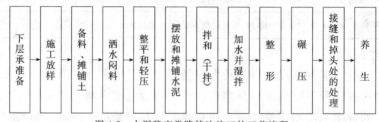

图4-5 水泥稳定类路拌法施工的工艺流程

(a)下承层准备

下承层准备工作可参考集中厂拌法施工。

(b)施工放样

在土基、底基层或老路面上恢复中线,并在两侧路肩边缘外设指示桩,指示桩上标出水泥稳定土层边缘的设计高。

(c)备料和摊铺土

当利用土基上部材料或者路面时,应用犁、松土机等机械将土基上部材料和老路面翻松到预定的深度,土块粉碎到符合要求。为使预定处治层的边部成一个垂直面和防止处治宽度超限,应用犁将土向路中心翻松。对于较难粉碎的黏性土,可采用旋转耕作机、圆盘耙或专用机械。

当利用料场的土时,应首先计算材料用量,这包括三方面内容:根据各施工段宽度、厚度和预定的干密度,计算需要的干燥土数量;根据土的含水率和运料车的吨位,计算料堆间的堆放距离;根据施工段厚度、干密度和水泥剂量,计算每1平方米需要的水泥用量和水泥摆放的纵横间距。采集土前,先清除树木、草皮、杂土和超尺寸颗粒。土装车时,应控制每车料的数量基本相等。卸料前,应在下承层上洒水,使其表面湿润。卸料时应严格控制料堆与料堆之间的相互距离。

按日进度的需要量将土均匀地摊铺在预定的宽度上,应力求表面平整,且符合规定的路拱。松铺系数可参考表 4-19。

水泥稳定类基层、底基层松铺系数　　　　　表 4-19

材料名称	松铺系数	备注
水泥稳定砂砾	1.30~1.35	
水泥土	1.53~1.58	现场人工摊铺土和水泥,机械拌和,人工整平

(d)洒水闷料

当已整平的土含水率过小时,应均匀地进行洒水闷料。细料土的闷料时间应长于中粒土和粗粒土。掺加石灰时,应将石灰和土拌匀后一起闷料。

(e)整平和轻压

人工摊铺的土层应整平,后用 6~8t 两轮压路机碾压 1~2 遍,使其表面平整,并有一定压实度。

(f)摆放和摊铺水泥

将水泥按计算的纵横间距卸在相应的地点,后用刮板将水泥均匀地摊开,应注意每袋水泥的摊铺面积相等且表面没有空白位置。

(g)拌和(干拌)

二级和二级以上公路应采用专用稳定土拌和机进行拌和。拌和深度应达基层、底基层底并宜侵入下承层 5~10mm,拌和层底部不应留有素土夹层。三、四级公路在没有专用拌和机的情况下,可用农用旋转耕作机与多铧犁或平地机相配合进行拌和。

(h)加水和湿拌

在干拌过程结束时,如果混合料的含水率不足,应用喷管式洒水车补充洒水,拌和机械紧跟在洒水车后面进行拌和,并及时检查混合料的含水率,水泥稳定粗粒土和中粒土的含水率宜较最佳含水率大 0.5%~1.0%;水泥稳定细料土宜较最佳含水率大 1%~2%。

(i)整形

二级以下公路基层或底基层在摊铺后应立即用平地机初步整形。在直线段,平地机应从两侧向路中心进行刮平;在平曲线段,平地机应从内侧向外侧进行刮平。

碾压、接缝和掉头处的处理和养生工艺可参考集中厂拌法施工的相关内容。

2.石灰工业废渣稳定类

(1)对原材料的要求

石灰的质量应符合 III 级以上技术指标。高速公路和一级公路宜采用磨细生石灰粉,实际使用时,要尽量缩短石灰的堆放时间。石灰在野外堆放时间较长时,应妥善覆盖保管。块灰必须充分消解方可使用,未消解生石灰应剔除。粉煤灰是火力发电厂燃烧煤粉产生的粉状灰渣,主要成分是二氧化硅(SiO_2)和三氧化二铝(Al_2O_3),总含量应超过 70%。粉煤灰的烧失量应小于 20%。干粉煤灰和湿粉煤灰都可以使用。但干粉煤灰堆在空地时应洒水以防止飞扬造成污染,湿粉煤灰的含水率不宜超过 25%。

高速公路和一级公路二灰稳定类基层集料的压碎值应不大于 30%,二级和二级以下公路集料的压碎值应不大于 35%;高速公路和一级公路二灰稳定类底基层集料的压碎值应不大于

35%,二级和二级以下公路集料的压碎值应不大于40%。

高速公路和一级公路二灰稳定类基层和底基层所用集料应符合以下要求:

做基层时,石料颗粒的最大粒径不应超过31.5mm,颗粒组成应在表4-20或表4-21中2号级配所列范围内;做底基层时,石料颗粒的最大粒径不应超过37.5mm。

二级和二级以下公路二灰稳定类基层和底基层所用集料应符合以下要求:

做基层时,石料颗粒的最大粒径不应超过37.5mm,颗粒组成应在表4-20或表4-21所列范围内;做底基层时,石料颗粒的最大粒径不应超过53mm。

二灰砂砾混合料级配范围　　表4-20

通过质量百分率(%) 编号 筛孔尺寸(mm)	1	2
37.5	100	
31.5	85~100	100
19.0	65~85	85~100
9.50	50~70	55~75
4.75	35~55	39~59
2.36	25~45	27~47
1.18	17~35	17~35
0.60	10~27	10~25
0.075	0~15	0~10

二灰碎石混合料级配范围　　表4-21

通过质量百分率(%) 编号 筛孔尺寸(mm)	1	2
37.5	100	
31.5	90~100	100
19.0	72~90	81~98
9.50	48~68	52~70
4.75	30~50	30~50
2.36	18~38	18~38
1.18	10~27	10~27
0.60	6~20	6~20
0.075	0~7	0~7

(2)混合料组成设计

石灰粉煤灰稳定土是由石灰、粉煤灰、土和水组成的。混合料组成设计包括:根据强度标准,通过试验选取合适的土,确定石灰、粉煤灰剂量和混合料的最佳含水率。

①原材料试验

在石灰粉煤灰稳定类基层施工前,选取料场中的代表性样品进行如下试验:土的颗料分析;液限和塑性指数;石料的压碎值试验;土的有机质含量;石灰的有效钙、镁含量;粉煤灰的化学成分、细度和烧失量。

②混合料设计步骤

(a)固定土或碎石集料含量,变化石灰与粉煤灰的相对比例,选取相同龄期相同压实度条件下抗压强度最大的石灰粉煤灰比例。

(b)固定石灰与粉煤灰的比例为(a)确定的数值,变化结合料与集料的比例。当石灰粉煤灰稳定类做基层时,结合料与集料的比例应处在20:80~15:85范围内。

(c)确定不同结合料含量时的最佳含水率和最大干密度(用重型击实试验法)。由最佳含水率和按规定压实度计算得的干密度制备试件。强度试验时作为平行试验的最少试件数量应符合表4-22的规定。

强度试验的最少试件数量　　表4-22

试件数量　偏差系数 土　类	<10%	10%~15%	15%~20%
细粒土	6	9	
中粒土	6	9	13
粗粒土		9	13

(d)试件在规定温度下保湿养生 6d,浸水 24h 后,进行无侧限抗压强度试验,并计算试验结果的平均值和偏差系数。

(e)表 4-23 是石灰粉煤灰混合料的 7d 抗压强度标准。由表 4-23 选定合适的结合料剂量,此剂量试验结果的平均抗压强度应符合下式:

$$\overline{R} \geqslant \frac{R_d}{(1 - Z_a C_V)}$$

注:式中相关符号的意义可参考水泥稳定类材料。

二灰稳定类的抗压强度标准　　　　表 4-23

公路等级 层　位	高速公路和一级公路	二级和二级以下公路
基层(MPa)	0.8~1.1	0.6~0.8
底基层(MPa)	≥0.6	≥0.5

经现场试验结果证明,提供的配比剂量和试验强度达不到规定要求或施工工艺上有难度时,需经批准后方可予以调整,但石灰粉煤灰的掺量应大于 20%。

(3)拌和和施工方法

石灰粉煤灰稳定类基层或底基层的拌和和施工方法分中心站集中厂拌法施工、路拌法施工和人工沿路拌和法施工。

①中心站集中厂拌法施工

集中厂拌法拌制混合料适用于高速公路和一级公路的基层或底基层,拌和工艺流程如图 4-6 所示。

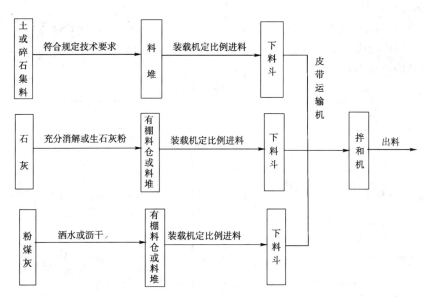

图 4-6　石灰粉煤灰稳定类混合料集中拌和工艺流程

集中拌和法各种成分的配比偏差应在下列范围之内:

集料:±2%,质量比。

石灰:±1%,质量比。

粉煤灰:±1.5%,质量比。

水:±2%,按最佳含水率。

摊铺、碾压和接缝处理。石灰粉煤灰稳定类混合料的摊铺、碾压和接缝处理工序可参考水泥稳定类基层的相关内容。

养生和交通管制。石灰粉煤灰稳定碎石碾压完成后的第二天或第三天开始洒水养生,应使表面始终保持湿润。养生期一般为7d。在养生期内,除洒水车外,应封闭交通。养生期结束,宜先让施工车辆慢速通行7~10d,磨去表面的二灰薄层,清扫和冲洗干净后再喷洒透层或黏层沥青。

②路拌法施工

石灰粉煤灰稳定土的路拌法施工工艺流程如图4-7所示。

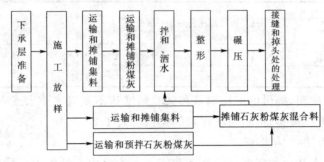

图4-7 石灰粉煤灰稳定土路拌法施工工艺流程图

③人工沿路拌和法施工

二级以下公路和不适宜采用机械施工的小工程,可以采用人工沿路拌和法施工。

3.石灰稳定土

(1)对原材料的要求

石灰采用消石灰粉或生石灰粉,高速公路和一级公路宜用磨细的生石灰粉。石灰质量应符合表4-24中Ⅲ级以上的技术指标。当采用质量差的石灰时,应适当增加石灰剂量。注意尽量缩短石灰的存放时间。

石灰的技术指标 表4-24

指标\类别		钙质生石灰			镁质生石灰			钙质消石灰			镁质消石灰		
项目		等级											
		Ⅰ	Ⅱ	Ⅲ	Ⅰ	Ⅱ	Ⅲ	Ⅰ	Ⅱ	Ⅲ	Ⅰ	Ⅱ	Ⅲ
有效钙加氧化镁含量(%)		≥85	≥80	≥70	≥80	≥75	≥65	≥65	≥60	≥55	≥60	≥55	≥50
未消化残渣含量(5mm圆孔筛的筛余,%)		≤7	≤11	≤17	≤10	≤14	≤20						
含水率(%)								≤4	≤4	≤4	≤4	≤4	≤4
细度	0.71mm方孔筛的筛余(%)							0	≤1	≤1	0	≤1	≤1
	0.125mm方孔筛的累计筛余(%)							≤13	≤20	—	≤13	≤20	—
钙镁石灰的分类界限,氧化镁含量(%)		≤5			>5			≤4			>4		

石灰稳定黏性土强度高,稳定效果显著;石灰稳定粉性土早期强度较低,但后期强度可满足行车要求;石灰稳定高液限黏土时施工不易粉碎;石灰稳定低液限土质时难以碾压成形,稳定效果不显著。一般塑性指数为 12~18 的黏性土适合用石灰稳定。

高速和一级公路石灰稳定土底基层中碎石或砾石的压碎值不应大于 35%,颗粒的最大粒径不应超过 37.5mm;二级和二级以下公路不应大于 40%,颗粒的最大粒径不应超过 53mm。二级公路石灰稳定土基层中碎石或砾石的压碎值不应大于 30%,二级以下公路不应大于 35%,做基层时颗粒的最大粒径不应超过 37.5mm。

(2)混合料组成设计

石灰稳定土是由土、石灰和水组成的。混合料的组成设计包括:根据强度标准,通过试验选取合适的土,确定必需的或最佳的石灰剂量和混合料的最佳含水率。

①原材料试验

在石灰稳定类基层或底基层施工前,应选取料场中有代表性的土样进行下列试验:颗粒分析;液限和塑性指数;击实试验;碎石或砾石的压碎值;有机质含量;硫酸盐含量。

②混合料设计步骤

(a)配制同一种土样、不同石灰剂量的石灰土混合料。可参照下列石灰剂量进行配制:

做基层用:

砂砾石和碎石土:3%,4%,5%,6%,7%。

塑性指数小于 12 的黏性土:10%,12%,13%,14%,16%。

塑性指数大于 12 的黏性土:5%,7%,9%,11%,13%。

做底基层用:

塑性指数小于 12 的黏性土:8%,10%,11%,12%,14%。

塑性指数大于 12 的黏性土:5%,7%,8%,9%,11%。

(b)确定混合料的最佳含水率和最大干压实密度(用重型击实标准试验),至少应做三个不同石灰剂量混合料的击实试验,即最小剂量、中间剂量和最大剂量。

(c)由最佳含水率和按规定的压实度计算得的干密度制备试件。强度试验时作为平行试验的最少试件数量应符合表 4-25 中的规定。

强度试验的最少试件数量　　　　　表 4-25

试件数量　偏差系数　土 类	<10%	10%~15%	15%~20%
细粒土	6	9	
中粒土	6	9	13
粗粒土		9	13

(d)试件在规定温度下保湿养生 6d,浸水 24h 后,进行无侧限抗压强度试验,并计算试验结果的平均值和偏差系数。

(e)表 4-26 是石灰稳定土的 7d 抗压强度标准。由表 4-26 选定合适的石灰剂量,此剂量试验结果的平均抗压强度 $\overline{R}$ 应符合下式:

$$\overline{R} \geqslant \frac{R_d}{1 - Z_a C_V}$$

注:式中相关符号的意义可参考水泥稳定类材料。

二灰稳定类的抗压强度标准   表4-26

层位\公路等级	高速公路和一级公路	二级和二级以下公路
基层(MPa)	—	≥0.8
底基层(MPa)	≥0.8	0.5~0.7

(f)石灰稳定土采用集中厂拌法施工时,实际采用的石灰剂量应比室内试验确定的剂量增加0.5%;采用路拌法施工时,应增加1%。

(3)拌和和施工方法

石灰稳定类基层或底基层的拌和和施工方法分中心站集中厂拌法施工、路拌法施工和人工沿路拌和法施工。集中厂拌法施工和人工沿路拌和法施工可参考水泥稳定类或石灰粉煤灰稳定类的相关内容,下面仅简要介绍路拌法施工的工艺流程。

石灰稳定土路拌法施工的工艺流程如图4-8所示。

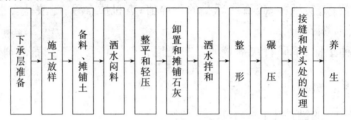

图4-8 石灰稳定土路拌法施工工艺流程

二、粒料类基层或底基层

粒料类基层或底基层包括级配碎石、级配砾石和填隙碎石等。

1.级配碎石

(1)对原材料的要求

级配碎石中的碎石可以是各种类型的坚硬岩石、圆石或矿渣,它们的干密度和质量应比较均匀,且干密度不小于960kg/m³。单一尺寸碎石是未筛分碎石通过几个不同筛孔的筛得出的不同粒径的碎石,如20~40mm、10~20mm、5~10mm碎石等。石屑或细集料可以进行专门轧制,或使用轧制沥青路面用石料的细筛余料,也可以使用一般碎石场的细筛余料。颗粒尺寸合适,级配良好且已筛除超尺寸颗粒的天然砂砾或粗砂也可代替石屑。

级配碎石做基层时,高速公路和一级公路所用石料的压碎值不应大于26%,二级公路不应大于30%,二级以下公路不应大于35%,级配碎石做底基层时,高速公路和一级公路所用石料的压碎值不应大于30%,二级公路不应大于35%,二级以下公路不应大于40%。级配碎石中针片状颗粒的总含量不应超过20%,不应含有黏土块、植物等有害物质。

高速公路和一级公路级配碎石基层的颗粒组成和塑性指数应在表4-27中1所列范围内,二级和二级以下公路级配碎石基层的颗粒组成和塑性指数应在表4-27中2所列范围内;高速公路和一级公路级配碎石底基层的颗粒组成和塑性指数应在表4-28中1所列范围内,二级和二级以下公路级配碎石底基层的颗粒组成和塑性指数应在表4-28中2所列范围内。

潮湿多雨地区塑性指数宜小于6,其他地区塑性指数宜小于9。在塑性指数偏大时,应控制塑性指数与0.5mm以下细土含量的乘积,具体的原则是:潮湿多雨地区不应大于100;年降雨量小于600mm的地区不应大于120。

级配碎石基层的颗粒组成 表 4-27

通过质量百分率(%) 编号 筛孔尺寸(mm)	1	2
37.5		100
31.5	100	90～100
19.0	85～100	73～88
9.50	52～74	49～69
4.75	29～54	29～54
2.36	17～37	17～37
0.6	8～20	8～20
0.075	0～7	0～7
液限(%)	<28	<28
塑性指数	<6(或9)	<6(或9)

级配碎石底基层的颗粒组成 表 4-28

通过质量百分率(%) 编号 筛孔尺寸(mm)	1	2
53		100
37.5	100	85～100
31.5	83～100	69～88
19.0	54～84	40～65
9.5	29～59	19～43
4.75	17～45	10～30
2.36	11～35	8～25
0.6	6～21	6～18
0.075	0～10	0～10
液限(%)	<28	<28
塑性指数	<6(或9)	<6(或9)

(2)拌和和施工方法

级配碎石基层或底基层的拌和和施工方法分中心站集中厂拌法施工和路拌法施工。

①中心站集中厂拌法施工

(a)一般规定

级配碎石的颗粒组成应是一条顺滑的曲线。拌料时配料必须准确,拌和必须均匀,没有粗细颗粒离析现象。基层或底基层碾压时应使用12t以上的三轮压路机,每层的压实厚度不应超过15～18cm。用重型振动压路机和轮胎压路机碾压时,每层的压实厚度可达到20cm。碾压时应在最佳含水率下进行,级配碎石基层应达到按重型击实试验法确定的干密度的98%,底基层应达到96%。

(b)拌和和摊铺

级配碎石混合料可以在中心站用多种机械进行集中拌和,如强制式拌和机、卧式双转轴桨叶式拌和机、普通水泥混凝土拌和机等。配料应准确,拌料应均匀。高速和一级公路级配碎石基层或底基层混合料,应用沥青混凝土摊铺机或其他碎石摊铺机摊铺碎石混合料,并及时消除粗细集料离析现象。二级和二级以下公路级配碎石混合料,也可用自动平地机摊铺混合料。

(c)整形和碾压

用平地机将摊铺好的级配碎石混合料按规定的路拱进行整平和整形后,用拖拉机、平地机或轮胎压路机在已初平的路段上快速碾压一遍,以暴露潜在的不平整,最后用平地机进一步进行整平和整形。

碾压时混合料的含水率应等于或略大于最佳含水率。碾压机械应采用12t以上的三轮压路机、振动压路机或轮胎压路机。碾压时压路机的后轮应重叠1/2轮宽,后轮必须超过两段的接缝处。后轮压完路面全宽为一遍。一般需碾压6～8遍,使表面无明显轮迹为止。压路机的碾压速度,头两遍宜采用1.5~1.7km/h,以后用2.0~2.5km/h。在直线段和不设超高的平曲线段应由两侧路肩开始向路中心碾压;在设超高的平曲线段,应由内侧路肩向外侧路肩碾压。路面的两侧应多压2~3遍。

(d)横缝和纵缝的处理

用摊铺机摊铺混合料时,施工段末端未压实混合料应与第二天摊铺的混合料在等于或略大于最佳含水率的条件下一起碾压,以消除横向接缝。用平地机摊铺混合料时,第一段拌和后,应留5~8m不进行碾压,第二段施工时,前段留下未压部分与第二段一起拌和整平后进行碾压。

为避免产生纵向接缝,应用两台摊铺机一前一后相隔约5~8m同步向前摊铺混合料。在只有一台摊铺机时,可先在一条摊铺带上摊铺一定长度后,再开到另一条摊铺带上摊铺,然后一起进行碾压。在必须分两幅铺筑时,前一幅全宽碾压密实,在后一幅拌和时,应将相邻的前幅边部约30cm搭接拌和,整平后一起碾压密实。

②路拌法施工

级配碎石混合料路拌法施工工艺流程如图4-9所示。

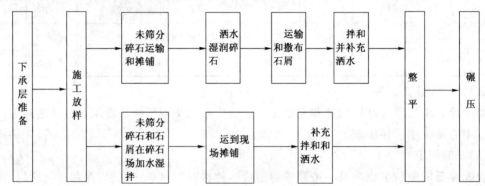

图4-9 级配碎石路拌法施工工艺流程图

2.级配砾石

(1)对原材料的要求

级配砾石适用于轻交通的二级和二级以下公路的基层以及各级公路的底基层。级配砾石做基层时,砾石的最大粒径不应超过37.5mm,二级公路的集料压碎值不应大于30%,三级和四级公路不应大于35%;级配碎石做底基层时,砾石的最大粒径不应超过53mm,高速公路和一级公路的集料压碎值不应大于30%,二级公路不应大于35%,二级以下公路不应大于40%。

级配砾石做基层时,其颗粒组成和塑性指数应在表4-29所列范围内,且液限应小于28%,塑性指数应小于9。潮湿多雨地区塑性指数宜小于6,其他地区塑性指数宜小于9。当塑性指数偏大时,应控制塑性指数与0.5mm以下细土含量的乘积,具体的原则是:年降雨量小于600mm的中干和干旱地区乘积不应大于120,潮湿多雨地区不应大于100。级配碎石做底基层时,其颗粒组成应在表4-30所列范围内。

级配砾石做基层时,当最佳含水率条件下制备的级配砾石试件的干密度与工地规定达到的压实干密度相同时,浸水4d的承载比值应不小于160%;做底基层时,浸水4d的承载比值在轻交通道路上应不小于40%,在中等交通道路上应不小于60%。

(2)施工工艺

级配砾石的施工工艺流程如图4-10所示。

级配砾石基层的颗粒组成范围 表4-29

筛孔尺寸(mm) \ 通过质量百分率(%) 编号	1	2	3
53	100		
37.5	90～100	100	
31.5	81～94	90～100	100
19.0	63～81	73～88	85～100
9.50	45～66	49～69	52～74
4.75	27～51	29～54	29～54
2.36	16～35	17～37	17～37
0.6	8～20	8～20	8～20
0.075	0～7	0～7	0～7
液限(%)	<28	<28	<28
塑性指数	<6(或9)	<6(或9)	<6(或9)

砂砾底基层的级配范围 表4-30

筛孔尺寸(mm)	53	37.5	9.5	4.75	0.6	0.075
通过质量百分率(%)	100	80～100	40～100	25～85	8～45	0～15

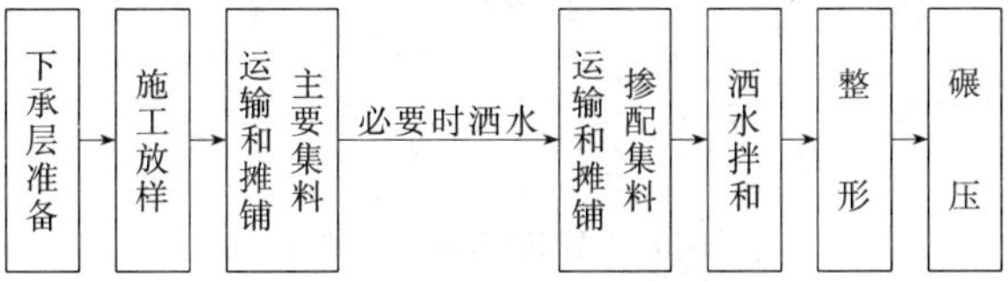

下承层准备 → 施工放样 → 运输和摊铺主要集料 → 必要时洒水 → 运输和摊铺掺配集料 → 洒水拌和 → 整形 → 碾压

图4-10 级配砾石的施工工艺流程

级配砾石摊铺时应通过试验确定集料的松铺系数和松铺厚度。平地机摊铺混合料时,其松铺系数宜为1.25～1.35;人工摊铺混合料时,其松铺系数为1.40～1.50。级配砾石用两种集料时,应先运输和摊铺主要集料,再运输和摊铺掺配集料。摊铺结束后,在用平地机拌和过程中,应用洒水车洒足所需的水分。拌和结束时,混合料含水率应均匀,应较最佳含水率大1%左右。碾压应在最佳含水率时进行。级配砾石用12t以上三轮压路机碾压时,每层的压实厚度不应超过15～18cm;用重型振动压路机和轮胎压路机碾压时,每层的压实厚度不应超过20cm。碾压结束时,基层的压实度应达到重型击实试验法确定的要求压实度的98%;底基层应达到96%。

3. 填隙碎石

(1)对原材料的要求

填隙碎石适用于各等级公路的底基层和二级以下公路的基层,其中的碎石可以用具有一定强度的各种岩石或漂石轧制,但漂石的粒径应为粗碎石最大粒径的3倍以上;也可用干密度和质量比较均匀,且干密度不小于960kg/m³ 的矿渣轧制。填隙碎石做基层时,粗碎石的压碎值不应大于26%;做底基层时,不应大于30%。填隙碎石中粗碎石的颗粒组成应在表4-31所列范围内,填隙料的颗粒组成应在表4-32所列范围内。

填隙碎石中粗碎石的颗粒组成 表4-31

编号	标称尺寸(mm)	通过质量百分率(%) 筛孔尺寸(mm)						
		63	53	37.5	31.5	26.5	29	16	9.5
1	30~60	100	25~60		0~15		0~5		
2	25~50		100		25~50	0~15		0~5	
3	20~40			100	35~70		0~5		0~5

填隙料的颗粒组成 表4-32

筛孔尺寸(mm)	9.5	4.75	2.36	0.6	0.075	塑性指数
通过质量百分率(%)	100	85~100	50~70	30~50	0~10	<6

(2)施工工艺

填隙碎石的施工工艺流程如图4-11所示。

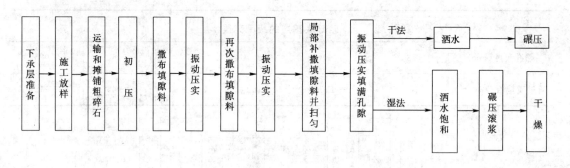

图4-11 填隙碎石施工工艺流程图

第五节 沥青类和水泥混凝土面层

一、沥青面层

沥青路面具有行车舒适、噪声低、施工期短、养护维修简便等优点,因此得到了广泛应用。沥青路面按照材料组成和施工工艺可分为:沥青混凝土、热拌沥青碎石、乳化沥青碎石混合料、沥青贯入式、沥青表面处治等。沥青路面具有坚实、平整、抗滑、耐久的品质,还具有高温抗车辙、低温抗开裂、抗水损害以及防止雨水渗入基层的功能。

1.对原材料的要求

(1)沥青材料

沥青路面所用的沥青材料有石油沥青、煤沥青、液体石油沥青和沥青乳液等。各类沥青路面所用沥青材料的标号,应根据公路等级、路面类型、气候条件、交通条件、施工方法及在结构层中层位及受力特点等来选择。总体上说,对夏季温度高、持续时间较长,或者交通量较大的地区,宜采用稠度大、60℃黏度大的沥青;对于冬季气温低或者交通量小的地区,宜选用稠度小、低温延度小的沥青;对于年温差或者日温差较大的地区宜选用针入度指数大的沥青。另外,煤沥青不宜用做沥青面层,一般仅作透层沥青使用。选用乳化沥青时,阳离子型适用于各种集料品种,阴离子型适用于碱性石料或掺有石灰、粉煤灰、水泥的石料。根据适用范围的不同选择合适的石油沥青如表 4-33 所示。

道路石油沥青的适用范围 表 4-33

沥青等级	适用范围
A级沥青	各个等级的公路;适用于任何场合和层次
B级沥青	①高速公路、一级公路沥青下面层及以下的层次,二级及二级以下公路的各个层次; ②用作改性沥青、乳化沥青、改性乳化沥青、稀释沥青的基质沥青
C级沥青	三级及三级以下公路的各个层次

(2)粗集料

沥青路面所用的粗集料有碎石、筛选砾石、破碎砾石、矿渣、钢渣等。

碎石是由各种坚硬岩石轧制而成。沥青路面所用碎石应匀质、洁净、坚硬和无风化,不含过量小于 0.075mm 的颗粒(小于 2%),吸水率小于 2%~3%。颗粒形状接近立方体并有多棱角,细长或扁平的颗粒(长边与短边或长边与厚度比大于3)含量应小于 15%,压碎值应不大于 20%~30%。具体应用时,应根据路面的类型和使用条件选定石料的等级。各种沥青路面对石料等级的要求列于表 4-34。

沥青面层粗集料质量技术要求 表 4-34

指标		高速公路、一级公路		其他等级公路
		表面层	其他层次	
石料压碎值	不大于(%)	26	28	30
洛杉矶磨耗损失	不大于(%)	28	30	35
视密度	不小于(%)	2.60	2.50	2.45
吸水率	不大于(%)	2.0	3.0	3.0
坚固性	不大于(%)	12	12	—
针片状颗粒含量(混合料)	不大于(%)	15	18	20
其中粒径大于 9.5mm	不大于(%)	12	15	—
其中粒径小于 9.5mm	不大于(%)	18	20	—
水洗法,<0.075mm 颗粒含量	不大于(%)	1		1
软石含量	不大于(%)	3	5	5

为提高沥青混合料的强度和水稳性,应优先选用同沥青材料有良好黏附性的碱性碎石。碎石与沥青材料的黏附性用水煮法测定时,一般公路不小于3级,高等级公路应不小于4级。筛选砾石仅适用于交通量较小的路面面层下层、基层或联结层的沥青混合料中使用,不宜用于防滑面层。在交通量大的沥青路面面层中使用沥青砾石混合料时,应在砾石中至少掺有50%(按质量计算)大于5mm的碎石或经轧制的砾石。砾石用于沥青贯入式路面时,主层矿料中亦应掺有30%～40%以上的碎石或轧制砾石。破碎砾石的破碎面应符合粗集料对破碎面的要求。

高速公路、一级公路沥青路面表面层及各类抗滑表层的粗集料应符合规定的石料磨光值要求,不得使用筛选砾石、矿渣及软质集料。酸性岩石的石料用于高速公路、一级公路和城市快速路、主干路时,宜使用针入度较小的沥青,必要时可在沥青中掺加抗剥离剂,或用干燥的磨细消石灰或生石灰粉、水泥作为填料的一部分,或将粗集料用石灰浆处理后使用。

(3)细集料

细集料应洁净、干燥、无风化、无杂质,并有适当的颗粒组成。沥青面层的细集料可采用天然砂、机制砂及石屑。表4-35是沥青面层用天然砂规格。

沥青混合料用细集料质量技术要求 表4-35

指　　标	高速公路、一级公路	其他等级公路
表观相对密度,不小于(t/m³)	2.50	2.45
坚固性(>0.3mm的部分),不小于(%)	12	—
含泥量(<0.075mm的含量),不大于(%)	3	5
砂当量,不小于(%)	60	50
亚甲蓝值,不大于(g/kg)	25	—
棱角性(流动时间),不小于(s)	30	—

热拌沥青混合料的细集料宜采用优质的天然砂或机制砂,在缺砂地区也可以用石屑。但用于高速公路、一级公路沥青混凝土面层及抗滑表层的石屑用量不宜超过天然砂及机制砂的用量。细集料应与沥青有良好的黏结能力,与沥青黏结差的天然砂及用花岗岩、石英岩等酸性石料破碎的机制砂或石屑不宜用于高速公路、一级公路沥青面层,必须使用时,应有抗剥落措施。

(4)填料

沥青混合料的填料宜采用石灰岩或岩浆岩中的强基性岩石等憎水性石料磨细得到的矿粉。矿粉应干燥、洁净,其质量符合表4-36的技术要求。

沥青混合料用矿粉质量技术要求 表4-36

指　　标		高速公路、一级公路	其他等级公路
视密度	不小于(t/m³)	2.50	2.45
含水率	不大于(%)	1	1

续上表

指　　标		高速公路、一级公路	其他等级公路
粒度范围	<0.6mm(%)	100	100
	<0.15mm(%)	90~100	90~100
	<0.075mm(%)	75~100	70~100
外观		无团粒结块	
亲水系数		<1	
塑性指数		<4	
加热安定性		实测记录	

2.沥青混合料的配合比设计

热拌沥青混合料的配合比设计包括目标配合比设计阶段、生产配合比设计阶段及生产配合比验证阶段。通过配合比设计决定沥青混合料的材料品种、矿料级配及沥青用量。高速公路和一级公路的热拌沥青混合料的配合比设计应遵照上述三阶段设计步骤。

(1)目标配合比设计阶段

目标配合比设计分为矿质混合料组成设计和沥青用量确定两部分,是沥青混合料配合比设计的重点。

①矿质混合料组成设计

矿质混合料组成设计的目的,是选配一个具有足够密实度且有较高内摩阻力的矿质混合料,并根据级配理论,计算出需要的矿质混合料的级配范围。一般由规范推荐的矿质混合料级配范围来确定。

②确定沥青混合料类型

沥青混合料类型,根据道路等级、路面类型、所处的结构层位,按表4-37选定。

沥青混合料类型　　　　　　　　　　表4-37

结构层次	高速公路、一级公路、城市快速路、主干路		其他等级公路		一般城市道路及其他道路工程	
	三层式沥青混凝土路面	两层式沥青混凝土路面	沥青混凝土路面	沥青碎石路面	沥青混凝土路面	沥青碎石路面
上面层	AC-13 AC-16 AC-20	AC-13 AC-16	AC-13 AC-16	AC-13	AC-5 AC-10 AC-13	AM-5
中面层	AC-20 AC-25	—	—	—	—	—
下面层	AC-25 AC-30	AC-20 AC-25 AC-30	AC-20 AC-25 AC-35 AM-25 AM-30	AM-25 AM-30	AC-20 AM-25 AM-25 AM-30	AC-25 AM-30 AM-10

③确定矿料的最大粒径

我国研究认为,随h/D增大,沥青混合料耐疲劳性提高,但车辙量增大;随h/D减小,车辙量减少,但耐久性降低。当$h/D<2$时,疲劳耐久性急剧下降。因此结构层厚度h与最大粒径

D 之比应控制在 $h/D \geqslant 2$，尤其是在使用国产沥青时 h/D 更应接近于 2。例如最大粒径 D 为 30～35mm 的粗粒式沥青混凝土，其结构层厚度应大于 4～7cm，D 为 20～25mm 中粒式沥青混凝土，其结构层厚度应大于 4～5cm，D 为 15mm 细粒式沥青混凝土，其最小结构层厚度应为 3cm。只有控制结构层厚度与最大粒径之比，才能拌和均匀，易于摊铺。压实时才能达到要求的密实度和平整度，保证施工质量。

④确定矿质混合料的级配范围

根据确定的沥青混合料类型，由规范推荐的矿质混合料级配范围表可确定所需的级配范围。

矿质混合料配合比计算：

a. 测定组成材料的原始数据。对现场取样的粗集料、细集料和矿粉进行筛分试验。根据筛分结果分别绘出各组成材料的筛分曲线，并测定各组成材料的相对密度，以供计算物理常数之用。

b. 计算组成材料的配合比。根据各组成材料的筛分试验结果，采用图解法或电算法，计算符合要求级配范围的各组成材料用量比例。

c. 调整配合比。计算得的合成级配应根据下列要求作必要的配合比调整。

(a) 通常情况下，合成级配曲线宜尽量接近设计级配中限，尤其应使 0.075mm、2.36mm 和 4.75mm 筛孔的通过量尽量接近设计级配范围中限。

(b) 对高速公路、一级公路、城市快速路、主干路等交通量大、车辆载重大的道路，宜偏向级配范围下限(粗)；对一般道路、中小交通量和人行道路等宜偏向级配范围的上限(细)。

(c) 合成的级配曲线应接近连续或合理的间断级配，不得有过多的犬牙交错。如果经过再三调整，仍有两个以上的筛孔超过级配范围时，应对原材料进行调整或更换原材料重新设计。

⑤试验确定最佳沥青用量

试验确定沥青最佳用量的方法，目前最常用的有：维姆法和马歇尔法。

我国现行标准规定按以下方法确定沥青最佳用量：

a. 制备试样

(a) 根据确定的矿质混合料配合比，计算各矿质材料的用量。

(b) 根据推荐的沥青用量范围估计适宜的沥青用量(或油石比)。

测定物理力学指标：

以估计沥青用量为中值，以 0.5% 间隔上下变化沥青用量制备马歇尔试件不少于 5 组，然后在规定的试验温度及试验时间内用马歇尔仪测定稳定度和流值，同时计算空隙率、饱和度及矿料间隙率。

b. 马歇尔试验结果分析

(a) 绘制沥青用量与物理力学指标关系图。以沥青用量为横坐标，以毛体积密度、空隙率、饱和度、稳定度、流值、矿料间隙率为纵坐标，绘制沥青用量与各项指标的关系曲线(图 4-12)。

(b) 从图 4-12 中求得相应于密度最大值、稳定度最大值、目标孔隙率(或中值)、沥青饱和度范围的中值的沥青用量 a_1、a_2、a_3、a_4，取平均值 OAC_1。

$$OAC_1 = (a_1 + a_2 + a_3 + a_4)/4$$

(c) 如果在所选择的沥青用量范围未能涵盖沥青饱和度的要求范围，按下式求取 3 者得平均值作为 OAC_1。

$$OAC_1 = (a_1 + a_2 + a_3)/3$$

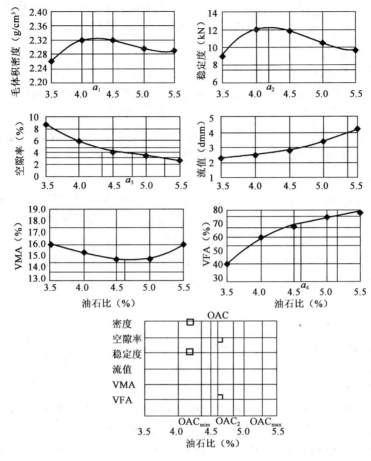

图 4-12 沥青用量与物理、力学指标关系图

(d) 对所选择试验的沥青用量范围,密度或稳定度没有出现峰值(最大值经常在曲线的两端)时,可直接以目标孔隙率所对应的沥青用量 a_3 作为 OAC_1,但 OAC_1 必须介于 OAC_{min} ~ OAC_{max} 的范围内,否则应重新进行配合比设计。

(e) 以各项指标均符合技术标准(不含 VMA)的沥青用量范围 OAC_{min} ~ OAC_{max} 的中值作为 OAC_2。

$$OAC_2 = (OAC_{min} + OAC_{max})/2$$

(f) 根据 OAC_1 和 OAC_2 综合确定沥青最佳用量(OAC)。检验 VMA 是否符合要求。OAC 宜位于 VMA 凹形曲线最小值的贫油一侧。当空隙率不是整数时,最小 VMA 按内插法确定并将其画入图中。

(g) 检查图中相应于此 OAC 的各项指标是否符合马歇尔试验技术标准。

(h) 对炎热地区公路以及高速公路、一级公路的重载交通路段,山区公路的长大坡度路段,预计有可能产生较大车辙时,宜在空隙率符合要求的范围内将计算的最佳沥青用量减小 0.1%~0.5% 作为设计沥青用量。对寒区公路、旅游公路、交通量很少的公路,最佳沥青用量可以在 OAC 的基础上增加 0.1%~0.3%,以适当减小设计空隙率,但不得降低压实度要求。

⑥ 配比设计检验

a. 高温稳定性检验。对公称最大粒径等于或小于 19mm 的混合料,按规定方法进行车辙试验,动稳定度应符合车辙试验动稳定度技术要求。

b. 水稳定性试验。按规定的试验方法进行浸水马歇尔试验和冻融劈裂试验,残留稳定度及残留强度比要符合沥青混合料水稳定性检验技术要求。

(2)生产配合比设计阶段

应利用实际施工的拌和机进行试拌以确定施工配合比。试验前,应根据级配类型选择振动筛筛号,使几个热料仓的材料不至相差太多,最大筛孔应保证超粒径料筛出。试验时,按试验室配合比设计的冷料比例上料、烘干、筛分,然后取样筛分,与试验室配合比设计一样进行矿料级配计算。按计算结果进行马歇尔试验。规范规定试验油石比可取试验室最佳油石比和其±0.3%三档试验,从而得出最佳油石比,供试拌试铺使用。

(3)生产配合比验证阶段

拌和机采用生产配合比试拌、铺筑试验段,技术人员观察摊铺、碾压过程和成形混合料的表面状况,用拌和的沥青混合料及路上钻取的芯样进行马歇尔试验检验,最终确定生产用的标准配合比。标准配合比应作为生产上控制的依据和质量检验的标准。标准配合比的矿料级配至少应包括0.075mm、2.36mm、4.75mm,三档筛孔的通过率接近要求级配的中值。生产过程中,当进场材料发生变化时,应及时调整配合比,必要时重新进行配合比设计,使沥青混合料质量符合要求。

3.沥青面层施工与质量控制

(1)洒铺法沥青面层施工

用洒铺法施工的沥青面层包括沥青表面处治和沥青贯入式两种。

①沥青表面处治

沥青表面处治最好在干燥和较热的季节施工,并应在雨季及日最高温度低于15℃到来以前半个月结束。沥青表面处治可采用拌和法或层铺法施工。

沥青表面处治所用的矿料,其最大粒径应与所处治的层次厚度相当。矿料的最大与最小粒径比例应不大于2,介于两个筛孔之间颗粒的含量应不小于70%~80%。沥青表面处治材料用量要求如表4-38所示。

沥青表面处治可采用道路石油沥青、乳化沥青铺筑,沥青用量按表4-38选用。采用煤沥青时,应将表4-38中的沥青用量相应增加15%~20%。采用乳化沥青时,乳液用量根据表4-38所列的乳液用量并按其中的沥青含量进行折算。乳化沥青的类型及标号应按表4-39选用。

当采用乳化沥青时,应在主层集料中掺加20%以上较小粒径的集料,以减少乳液流失。

沥青表面处治面层材料规格用量(方孔筛)　　　　　　　　　表4-38

沥青种类	类型	厚度(cm)	集料(m³/1000m²)						沥青或乳液用量(kg/m²)			
			第一层		第二层		第三层		第一次	第二次	第三次	合计用量
			粒径规格	用量	粒径规格	用量	粒径规格	用量				
石油沥青	单层	1.0	S12	7~9					1.0~1.2			1.0~1.2
		1.5	S10	12~14					1.4~1.6			1.4~1.6
	双层	1.0*	S12	10~12	S14	5~7			1.2~1.4	0.8~1.0		2.0~2.4
		1.5	S10	12~14	S12	7~8			1.4~1.6	1.0~1.2		2.4~2.8
		2.0	S9	16~18	S12	7~8			1.6~1.8	1.0~1.2		2.6~3.0
		2.5	S8	18~20	S12	7~8			1.8~2.0	1.0~1.2		2.8~3.2
	三层	2.5*	S9	18~20	S11	9~11	S14	5~7	1.6~1.8	1.1~1.3	0.8~1.1	3.5~4.1
		2.5	S8	18~20	S10	12~14	S12	7~8	1.6~1.8	1.2~1.4	1.0~1.2	3.8~4.4
		3.0	S6	20~22	S10	12~14	S12	7~8	1.8~2.0	1.2~1.4	1.0~1.2	4.0~4.6

续上表

沥青种类	类型	厚度(cm)	集料(m³/1000m²)						沥青或乳液用量(kg/m²)			
			第一层		第二层		第三层		第一次	第二次	第三次	合计用量
			粒径规格	用量	粒径规格	用量	粒径规格	用量				
乳化沥青	单层	0.5	S14	7～9					0.9～1.0			0.9～1.0
	双层	1.0	S12	9～11	S14	4～6			1.8～2.0	1.0～1.2		2.8～3.2
	三层	3.0	S6	20～22	S10	9～11	S12 S14	4～6 3.5～4.5	2.0～2.2	1.8～2.0	1.0～1.2	4.8～5.4

注：①煤沥青表面处治的沥青用量可较石油沥青用量增加15%～20%。
②＊符号的规格和用量只使用于城市道路。最后一层集料中已包括了2～3m³/1000m² 养护料。
③表中乳化沥青的乳液用量适用于乳液中沥青用量约为60%的情况。
④高寒地区及干旱、风沙大的地区,可超出高限5%～10%。

道路用乳化石油沥青质量要求　　　　　　　　　　　　　　　表4-39

试验项目	单位	品种及代号									
		阳离子				阴离子				非离子	
		喷洒用			拌和用	喷洒用			拌和用	喷洒用	拌和用
		PC-1	PC-2	PC-3	BC-1	PA-1	PA-2	PA-3	BA-1	PN-2	BN-1
破乳速度		快裂	慢裂	快裂或中裂	慢裂或中裂	快裂	慢裂	快裂或中裂	慢裂或中裂	慢裂	慢裂
粒子电荷		阳离子(＋)				阴离子(－)				非离子	
筛上残留物(1.18mm 筛),不大于	%	0.1				0.1				0.1	
黏度 恩格拉黏度计 E_{25}		2～10	1～6	1～6	2～30	2～10	1～6	1～6	2～30	1～6	2～30
黏度 道路标准黏度计 $C_{25,3}$	s	10～25	8～20	8～20	10～60	10～25	8～20	8～20	10～60	8～20	10～60
蒸发残留物 残留分含量,不小于	%	50	50	50	55	50	50	50	55	50	55
蒸发残留物 溶解度,不小于	%	97.5				97.5				97.5	
蒸发残留物 针入度(25℃)	0.1mm	50～200	50～300		45～150	50～200	50～300		45～150	20～300	60～300
蒸发残留物 延度(15℃)不小于	cm	40				40				40	
与粗集料的黏附性,裹覆面积,不小于		2/3			—	2/3			—	2/3	—
与粗、细粒式集料拌和试验		—			均匀	—			均匀	—	
水泥拌和试验的筛上剩余,不大于	%	—				—				—	3
常温储存稳定性: 1d,不大于 5d,不大于	%	1 5				1 5				1 5	

注：①P为喷洒型,B为拌和型,C、A、N 分别表示阳离子、阴离子、非离子乳化沥青。
②黏度可选用恩格拉黏度计或沥青标准黏度计之一测定。

沥青表面处治层铺法施工,一般采用"先油后料"法,即先洒布一层沥青,后撒布一层矿料。单层表处的厚度为1.0～1.5cm,双层表处的厚度为1.5～2.5cm,三层表处的厚度为2.5～

3.0cm。图4-13是双层式沥青表面处治施工程序。

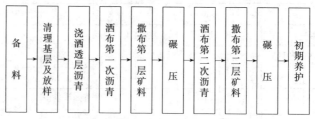

图4-13 双层式沥青表面处治施工程序

单层式和三层式沥青表面处治的施工程序与双层式相同,仅需相应地减少或增加一次洒布沥青、铺撒矿料和碾压工序。

层铺法施工主要工序的施工要点如下:

(a)洒布沥青:沥青的浇洒温度应根据施工气温及沥青标号选择,石油沥青130~170℃,乳化沥青在常温下洒布,当气温偏低,破乳及成型过慢时,可将乳液加温后洒布,但乳液温度不得超过60℃。当浇洒出现空白、缺边时,应立即用人工补洒,有积聚时应予刮除。沥青浇洒的长度应与集料撒布机的能力相配合,应避免沥青浇洒后等待时间过长。除阳离子乳化沥青外,不得在潮湿的基层或集料上浇洒沥青。

(b)撒布矿料:当使用乳化沥青时,集料撒布必须在乳液破乳之前完成。集料撒布后应及时扫匀,达到全面覆盖一层,厚度一致,集料不重叠,沥青不外露的要求。局部有缺料或料过多处,应适当找补或扫除。

(c)碾压:矿料撒布后立即用6~8t钢筒双轮压路机碾压。碾压时每次轮迹重叠约30cm,从路边逐渐移到路中心,然后再从另一边开始移到路中心,以此作为一遍,宜碾压3~4遍。压路机行驶速度开始不宜超过2km/h,以后可适当提高。

第二层施工方法与第一层相同,但可采用8~10t压路机。当使用乳化沥青时,还应增加一层封层料,其规格为3~5mm,用量为3.5~5.5m³/1000m²。

②沥青贯入式路面

沥青贯入式路面宜在干燥和较热的季节施工,并宜在雨季及日最高温度低于15℃到来以前半个月结束。贯入式结构层可通过开放交通碾压成形。

沥青贯入式路面所用的集料选择嵌挤性好的坚硬石料,其技术要求如表4-40所示。

表面加铺拌和层时贯入层部分的材料规格和用量(方孔筛) 表4-40

(用量单位:集料:m³/1000m²,沥青及沥青乳液:kg/m²)

沥青品种	石 油 沥 青					
贯入层厚度(cm)	4		5		6	
规格和用量	规格	用量	规格	用量	规格	用量
封层料	S14	3~5	S14	3~5	S13(S14)	4~6
第三遍沥青		1.0~1.2		1.0~1.2		1.0~1.2
第二遍嵌缝料	S12	6~7	S11(S10)	10~12	S11(S10)	10~12
第二遍沥青		1.6~1.8		1.8~2.0		2.0~2.2
第一遍嵌缝料	S10(S9)	12~14	S8	12~14	S8(S6)	16~18
第一遍沥青		1.8~2.1		1.6~1.8		2.8~3.0
主层石料	S5	45~50	S4	55~60	S3(S4)	66~76
总沥青用量		4.4~5.1		5.2~5.8		5.8~6.4

续上表

沥青品种	石油沥青		乳化沥青			
厚度(cm)	7		4		5	
规格和用量	规格	用量	规格	用量	规格	用量
封层料	S13(S14)	4～6	S13(S14)	4～6	S14	4～6
第五遍沥青						0.8～1.0
第四遍嵌缝料					S14	5～6
第四遍沥青				0.8～1.0		1.2～1.4
第三遍嵌缝料					S12	7～9
第三遍沥青		1.0～1.2	S14	5～6		1.5～1.7
第二遍嵌缝料				1.4～1.6	S10	
第二遍沥青	S10(11)	11～13	S12			9～11
第一遍嵌缝料		2.4～2.6		7～8	S8	1.6～1.8
第一遍沥青			S9	1.6～1.8		
主层石料	S6(S8)	18～20		12～14	S4	10～12
		3.3～3.5	S5	2.2～2.4		2.6～2.8
						50～55
	S2	80～90		40～50		
总沥青用量		6.7～7.3		6.0～6.8		7.4～8.5

注：①乳化沥青用量是指乳液的用量，适用于乳液浓度约为60%的情况。
②在高寒地区及干旱风沙大的地区，可超出高限，再增加5%～10%。
③表面加铺拌和层部分的材料规格及沥青（或乳化沥青）用量按热拌沥青混合料（或常温沥青碎石混合料路面）的有关规定执行。

沥青贯入式面层厚度一般为4～8cm。乳化沥青贯入式路面的厚度不宜超过5cm。当贯入式面层上部加铺拌和的沥青混合料面层时，路面总厚度为7～10cm，其中拌和层的厚度宜为3～4cm。沥青贯入式面层的施工程序如图4-14所示。

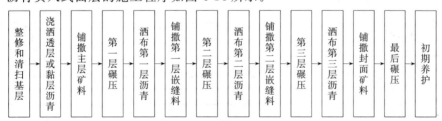

图4-14 沥青贯入式面层施工程序

沥青贯入式路面施工应根据碾压机具，洒布沥青设备和数量安排每一作业段的长度，并注意各施工工序紧密衔接。适度的碾压对贯入式路面施工极为重要。应根据矿料的等级、沥青材料的标号、施工气温等因素来确定各次碾压所使用的压路机重力和碾压遍数。

(2)路拌沥青碎石面层施工

路拌沥青碎石面层施工是指在路上用机械将热的或冷的沥青材料与冷的矿料拌和，并摊铺、压实的施工方法。

路拌沥青碎石面层施工程序如图4-15所示。

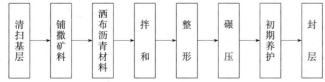

图4-15 路拌沥青碎石面层施工程序

141

主要工序的施工要点如下：

①拌和：每次洒布沥青材料时，立即用齿耙机或圆盘耙将矿料与沥青材料初步拌和，然后改用自动平地机做主要的拌和工作。拌和时，平地机行程的次数视施工气温、路面的层厚、矿料粒径的大小和沥青材料的黏稠度而定，一般需往返行程20～30次才能拌和均匀。

②碾压：路拌沥青混合料碾压时，应先用轻型压路机碾压3～4遍后，再用重型压路机碾压3～6遍，路面压实后可立即开放交通。通车后一个月内为确保路面进一步压实成形，应控制行车路线和车速。

(3) 热拌沥青混合料路面的施工

厂拌法沥青路面包括沥青混凝土、沥青碎(砾)石等，施工过程可分为沥青混合料的拌制与运输及现场铺筑两个阶段。

厂拌法拌制混合料所用的固定式拌和设备有间歇式和连续式两种。前者是在每盘拌和时计量混合料各种材料的质量，而后者则在计量各种材料之后连续不断地送进拌和器中拌和。为保证沥青混合料的质量更稳定，沥青用量更准确，高速公路和一级公路的沥青混凝土应采用间歇式拌和机拌和。

拌和厂需设置在空旷、干燥、运输条件良好的场地，应有良好的排水设施及可靠的电力供应。固定式沥青混合料拌和厂场地面积可参考表4-41。

拌制沥青混合料前应进行试拌。通过试拌和抽样检验确定拌和的相关要素，如间隙式拌和机每盘热拌的配合比和总质量、沥青用量、加热温度、拌和时间以及沥青混合料的出厂温度。固定式拌和机拌制沥青混合料的工艺流程如图4-16所示。

沥青混合料拌和厂场地面积参考表　　表4-41

生产能力(t/h)	搅拌器容量(间歇式)(kg)	场地面积(m²)
30～35	500	3000
35～40	750	4500
60～70	1000	6500
90～110	1500	9000
120～140	2000	12000

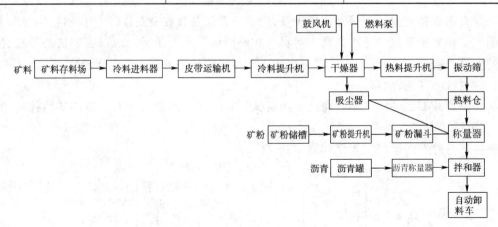

图4-16　拌制沥青混合料的工艺流程

为保证沥青混合料拌和均匀,拌制时应严格控制矿料和沥青的加热温度与拌和温度。不同沥青混合料的拌制温度和运输及施工温度应符合表4-42的要求。拌和后的混合料应均匀一致,无花白料,无结团成块或严重离析现象,不符合要求的混合料不得使用,并应及时调整。运输热拌沥青混合料,应采用大吨位的自卸汽车。从拌和机向运料汽车上卸料时,应每卸一斗混合料挪动一下汽车位置,以减少粗细集料的离析现象。为保温、防雨、防污染,运料车应用篷布覆盖。运输混合料的运量能力应较拌和能力或摊铺速度有所富余,以避免对摊铺工序的影响。混合料运输所需的车辆数可按下式计算:

$$需要车辆数 = 1 + \frac{a_1 + a_2 + a_3}{t} + b$$

式中:t——一辆车容量的沥青混合料拌和与装车所需的时间,min;
a_1——运到铺筑现场所需时间,min;
a_2——铺筑现场返回拌和厂所需时间,min;
a_3——现场卸料和其他等待时间,min;
b——备用车辆数(运输车辆发生故障及其他用途时使用)。

热拌沥青混合料面层的铺筑工序如下:

①基层准备和放样:面层铺筑前,应对基层或旧路面坎坷不平、松散、坑槽等进行整修,并检查基层或旧路面的厚度、密实度、平整度和路拱。面层铺筑前4~8h,在粒料类的基层洒布透层沥青。根据基层类型选择渗透性好的液体沥青、乳化沥青、煤沥青作透层油,喷洒后通过钻孔或挖掘确认透层油渗透入基层的深度宜不小于5mm(无机结合料稳定集料基层)~10mm(无机结合料基层),并能与基层联结成为一体。黏层油宜采用快裂或中裂乳化沥青、改性乳化沥青,也可采用快、中凝液体石油沥青。若基层为灰土类基层,应在面层铺筑前铺下封层。

热拌沥青混合料的施工温度(℃) 表4-42

施工工序		石油沥青的标号			
		50号	70号	90号	110号
沥青加热温度		160~170	155~165	150~160	145~155
矿料加热温度	间隙式拌和机	集料加热温度比沥青温度高10~30			
	连续式拌和机	矿料加热温度比沥青温度高5~10			
沥青混合料出料温度		150~170	145~165	140~160	135~155
混合料储料仓储存温度		储料过程中温度降低不超过10			
混合料废弃温度,高于		200	195	190	185
运输到现场温度,不低于		150	145	140	135
混合料摊铺温度,不低于	正常施工	140	135	130	125
	低温施工	160	150	140	135
开始碾压的混合料内部温度,不低于	正常施工	135	130	125	120
	低温施工	150	145	135	130
碾压终了的表面温度,不低于	钢轮压路机	80	70	65	60
	轮胎压路机	85	80	75	70
	振动压路机	75	70	60	55
开放交通的路表温度,不高于		50	50	50	45

准备好基层之后进行测量放样,可沿路面中心线和1/4路面宽处设置样桩,标出混合料的松铺厚度。自动调平摊铺机摊铺时,还应设置控制走向和高程的基准线。

②摊铺:沥青混合料用机械摊铺,温度高限30℃时,混合料应予废弃。

沥青混合料摊铺机分履带式和轮胎式两种。沥青混合料摊铺机摊铺过程中,自动倾卸汽车将沥青混合料卸到摊铺机料斗后,链式传送器将混合料往后传到螺旋摊铺器。随着摊铺机向前行驶,在摊铺带宽度上螺旋摊铺器均匀地摊铺混合料,振捣板随后捣实,摊平板最后进一步整平。

③碾压:沥青混合料摊铺平整之后,应趁热及时进行碾压。碾压的温度应符合表4-42的规定。沥青混合料碾压过程分为初压、复压和终压三个阶段。碾压速度如表4-43所示。

路面碾压速度 表4-43

项 目	初 压		复 压		终 压	
	适宜	最大	适宜	最大	适宜	最大
	碾压速度(km/h)					
钢筒式压路机	2~3	4	3~5	6	3~6	6
轮胎式压路机	2~3	4	3~5	6	3~6	8
振动式压路机	2~3 (静压或振动)	3 (静压或振动)	3~4.5 (振动)	5 (振动)	3~6 (静压)	6 (静压)

初压用60~80kN双轮压路机先碾压2遍,初步稳定混合料。后用100~120kN三轮压路机或轮胎式压路机复压4~6遍,复压阶段应碾压至无显著轮迹为止。复压是碾压过程最重要的阶段,混合料能否达到规定的密实度,关键在于这个阶段的碾压。终压是用60~80kN双轮压路机碾压2~4遍,以消除碾压过程中产生的轮迹,以确保路面表面的平整。沥青混合料的分层压实厚度不得大于10cm,压实后的沥青混合料应符合压实度和平整度要求。

碾压时压路机行驶方向应平行于路中心线,并由一侧路边缘向路中推进。三轮压路机碾压时,每次应重叠后轮宽的1/2;双轮压路机每次重叠30cm;轮胎式压路机亦应重叠碾压。由于轮胎式压路机易获得均一的密实度,而且密实度可以提高2%~3%,所以最适宜用于复压阶段的碾压。

④接缝施工:施工时必须重视沥青路面各种施工缝(包括纵缝、横缝、新旧路面的接缝等)的处理。如果压实不足,容易产生台阶、裂缝、松散等病害,影响路面的平整度和耐久性。

(a)纵缝施工:当天前后修筑的两个车道,摊铺宽度应与已铺车道重叠3~5cm,所摊铺的混合料应高出相邻已压实的路面,以便压实到相同的厚度。不在同一天铺筑的相邻车道,在摊铺新料之前,应对压实路面边缘进行修理,要求凿齐,刨除塌落松动部分,露出坚硬的边缘。摊铺新料前,缝边应保持垂直,并需涂刷一薄层黏层沥青。旧沥青路面纵缝的施工可采取同样的方法。纵缝应在摊铺之后立即碾压,压路机应大部分在已铺好的路面上,仅有10~15cm的宽度压在新铺的车道上,然后逐渐移动跨过纵缝。

(b)横缝施工:横缝应与路中线垂直。先用热拌沥青混合料覆盖刨齐的缝边,覆盖厚度约15cm,待接缝处沥青混合料变软后,铲除覆盖的混合料,换用新的热混合料摊铺,接着用热夯沿接缝边缘夯捣,将接缝的热料铲平,最后趁热用压路机沿接缝边缘碾压密实。

二、水泥混凝土面层

1. 对原材料的要求

水泥混凝土面层受到动荷载的冲击、摩擦和反复弯曲作用,还受到温度和湿度反复变化的影响,因此其所用的混合料,应比其他结构物所使用的混合料有更高的要求。面层混合料必须具有较高的抗弯拉强度和耐磨性,良好的耐冻性以及较低的膨胀系数和弹性模量。湿混合料应有良好的施工和易性,一般规定其坍落度为 0~30mm,工作度约 30s。施工时,混凝土强度应满足设计要求。

混凝土混合料中的粗集料(>4.75mm)宜选用岩浆岩或未风化的沉积岩碎石。不应使用易磨光的石灰岩碎石。碎石、碎卵石和卵石的技术要求如表 4-44 所示,粗集料和细集料的标准级配范围及技术要求分别如表 4-45~4-47 所示。

碎石、碎卵石和卵石技术指标 表 4-44

项 目	技 术 指 标		
	I 级	II 级	III 级
碎石压碎指标(%)	<10	<15	<20[①]
卵石压碎指标(%)	<12	<14	<16
坚固性(按质量损失计,%)	<5	<8	<12
针片状颗粒含量(按质量计,%)	<5	<15	<20[②]
含泥量(按质量计,%)	<0.5	<1.0	<1.5
泥块含量(按质量计,%)	<0	0.2	<0.5
有机物含量(比色法)	合格	合格	合格
硫化物及硫酸盐(按 SO_3 质量计,%)	<0.5	<1.0	<1.0
岩石抗压强度	火成岩不应小于100MPa;变质岩不应小于80MPa;水成岩不应小于60MPa		
表观密度(kg/m3)	>2 500		
松散堆积密度(kg/m3)	>1 350		
空隙率(%)	<47		
碱集料反应	经碱集料反应试验后,试件无裂缝、酥裂、胶体外溢等现象,在规定试验龄期的膨胀率应不小于0.10%		

注:①表示 III 级碎石的压碎值标,用做路面时,应小于 20%;用做下面层活基层时,可小于 25%。
②表示 III 级粗集料的针片状颗粒含量,用做路面时,应小于 20%;用做下面层或基层时,可小于 25%。

粗集料级配范围 表 4-45

类型	粒径级配	方筛孔尺寸(mm)							
		2.36	4.75	9.50	16.0	19.0	26.5	31.5	37.5
		累计筛余(以质量计,%)							
合成级配	4.75~16	95~100	85~100	40~60	0~10				
	4.75~19	95~100	85~95	60~75	30~45	0~5	0		
	4.75~26.5	95~100	90~100	70~90	50~70	25~40	0~5	0	
	4.75~31.5	95~100	90~100	75~90	60~75	40~60	20~35	0~5	0

续上表

类型	粒径级配	方筛孔尺寸(mm)							
		2.36	4.75	9.50	16.0	19.0	26.5	31.5	37.5
		累计筛余(以质量计,%)							
粒级	4.75～9.5	95～100	80～100	0～15	0				
	9.5～16		95～100	80～100	0～15	0			
	9.5～19		95～100	85～100	40～60	0～15	0		
	16～26.5			95～100	55～70	25～40	0～10	0	
	16～31.5			95～100	85～100	55～70	25～40	0～10	0

天然砂用做细集料时,颗粒应坚硬耐磨,具有良好级配,表面粗糙有棱角,清洁和有害杂质含量少,细度模数在2.5以上。

细集料技术指标 表4-46

项 目	技术要求		
	I级	II级	III级
机制砂单粒级最大压碎指标(%)	<20	<25	<30
氯化物(氯离子质量计,%)	<0.01	<0.02	<0.06
坚固性(按质量损失计,%)	<6	<8	<10
云母(按质量计,%)	<1.0	<2.0	<2.0
天然砂、机制砂含泥量(按质量计,%)	<1.0	<2.0	<3.0①
天然砂、机制砂泥块含量(按质量计,%)	0	<1.0	<2.0
机制砂 MB 值<1.4 或合格石粉含量(按质量计,%)	<3.0	<5.0	<7.0
机制砂 MB 值≥1.4 或不合格石粉含量(按质量计,%)	<3.0	<5.0	<7.0
有机物含量(比色法)	合格	合格	合格
硫化物及硫酸盐(按 SO_3 质量计,%)	<0.5	<0.5	<0.5
轻物质(按质量计,%)	<1.0	<1.0	<1.0
机制砂母岩抗压强度	火成岩不应小于100MPa;变质岩不应小于80MPa;水成岩不应小于60MPa		
表观密度(kg/m³)	>2 500		
松散堆积密度(kg/m³)	>1 350		
空隙率(%)	<47		
碱集料反应	经碱集料反应试验后,由砂配制的试件无裂缝、酥裂、胶体外溢等现象,在规定试验龄期的膨胀率应小于0.10%		

注:①表示天然III级砂用做路面时,含泥量应小于3%;用做贫混凝土基层时,可小于5%。

细集料级配范围						表 4-47
砂分级	方孔筛尺寸(mm)					
	0.15	0.30	0.60	1.18	2.36	4.75
	累计筛余(按质量计,%)					
粗砂	90~100	80~95	71~85	35~65	5~35	0~10
中砂	90~100	70~92	41~70	10~50	0~25	0~10
细砂	90~100	55~85	16~40	0~25	0~15	0~10

除饮用水外,工业废水、污水、海水、沼泽水、酸性水(pH<4)和硫酸盐含量较多(按 SO_2 计超过 $2.7mg/cm^3$)的水均不允许拌制和养生混凝土。混凝土的用水量为 $130\sim170L/m^3$。

混凝土的水灰比应为 0.40~0.55。水灰比低时应添加塑化剂或减水剂。混合料的含砂率为 28%~33%。

2. 施工准备

(1)选择混凝土拌和场地。拌和场地的选择应综合考虑运送混合料的运距;拌和场必需的水源和电源;拌和场的应有面积等因素。

(2)进行原材料试验和混凝土配合比检验与调整。碎石应抽检其强度、软弱及针片状颗粒含量和磨耗等,砂料应抽样检测含泥量、级配、有害物质含量和坚固性。如含泥量超过允许值,应提前两天冲洗或过筛至符合规定为止。水泥应检查出厂质量报告,还应逐批抽验其细度、凝结时间,安定性及 3d、7d、28d 的抗压强度是否符合要求。外加剂应通过试验检验其性能指标是否适用。为检验混凝土配合比工作性,应按设计配合比取样试拌,测定其工作度,必要时还应通过试铺检验。工作性符合要求的配合比成型混凝土抗弯拉及抗压试件,养生 28d 后测定其强度。施工现场砂石料的含水率会经常发生变化,必须及时进行测定,并调整其实际用量。

(3)基层的检查与整修。基层的宽度、路拱与高程、表面平整度和压实度,均应检查其是否符合要求。若有不符之处,应予整修,否则,将使面层的厚度变化过大,而增加造价或减少其使用寿命。在旧砂石路面上铺筑混凝土路面时,所有旧路面的坑洞、松散等损坏,以及路拱横坡或宽度不符合要求之处,均应事先翻修调整压实。

(4)测量放样。测量放样是水泥混凝土路面施工前的一项重要工作。应先放出路中心线及路边缘线,将设胀缩缝处、曲线起讫点、纵坡变化点等的中心点及一对边桩在实地标出。放样时,基层宽度应比混凝土板每侧宽出 25~35cm。主要中心桩应分别固定在路边稳固位置,临时水准点每隔 100m 左右设置一个,以便施工时就近复核路面高程。

根据放好的中心线及边缘线,在现场核对结构施工图纸的混凝土分块线,要求分块线距窨井盖及其他公用事业检查井盖的边线至少 1m 的距离,否则应适当调整,移动分块线位置。

混凝土摊铺前,为防止混凝土底部的水分被干燥的基层吸收,变得疏松以致产生细裂缝,基层表面应洒水润湿,有时也可在基层和混凝土之间铺设薄层沥青混合料或塑料薄膜。

3. 施工程序和施工技术

混凝土路面板施工工艺流程如图 4-17 所示。

(1)安装模板

摊铺混凝土前应先安装两侧模板。人工摊铺混凝土时,边模可采用厚4~8cm的木模板,在弯道和交叉口路缘处,应采用厚1.5~3cm的薄模板,以便弯成弧形。条件许可时宜用钢模,不仅节约木材,而且保证工程质量。用机械摊铺混凝土时,安装前应先对轨道及模板的有关质量指标进行检查和校正,安装中要用水平仪、经纬仪、皮尺等定出路面高程和线形,每5~10m一点,用挂线法将铺筑线形和高程固定下来。

图4-17 混凝土路面板施工工艺流程图

侧模按预先标定的位置安放在基层,两侧用铁钎打入基层以固定位置。模板顶面用水准仪检查其高程,不符合时及时调整。施工时必须严格控制模板的平面位置和高程。模板内侧应涂刷肥皂液、废机油或其他润滑剂,以方便拆模。

(2)设置传力杆

非连续浇筑的混凝土板在施工结束时设置胀缝,宜用顶头木模固定传力杆的安装方法。即在端模板外侧增加一块定位模板,板上按照传力杆间距及杆径钻成孔眼,将传力杆穿过端模板孔眼并直至外侧定位模板孔眼。两模板之间可用按传力杆一半长度的横木固定。继续浇筑邻板时,拆除挡板、横木及定位模板,设置胀缝板、木制压缝板条和传力杆套管。连续浇筑时设置胀缝传力杆,一般是在嵌缝板上预留圆孔以便传力杆穿过,嵌缝板上面设木制或铁制压缝板条,其旁再放一块胀缝模板,按传力杆位置和间距,在胀缝模板下部挖成倒U形槽,使传力杆由此通过。传力杆的两端固定在钢筋支架上,支架脚插入基层内。

(3)混凝土的拌和与运送

在工地拌和混合料时,为提高拌和机的生产效率,应在拌和场地上合理布置拌和机和原材料的堆放地点。拌制混凝土时,要准确掌握配合比,特别要严格控制用水量。每天开始拌和前,应根据天气变化情况,测定砂、石含水率,以调整实际需水量。每盘拌料均应过磅,保证用料精确度控制在规范规定的范围。配料的精确度水泥为±1.5%,砂为±2%,碎石为±3%,水为±1%。每一工班应检查材料配料的精确度至少2次,每半天检查坍落度2次。拌和机每盘拌和时间为1.5~2.0min,相当于拌鼓转动18~24转。

用机械摊铺混凝土时须进行匀料,即用匀料机将运输车卸下的混凝土均匀分布在铺筑路段内,并应保证大致平整。摊铺的虚高与混凝土的压(振)实系数、混凝土的级配组成、坍落度及振实机械的性能等有关,具体数值应由试验确定,一般情况下,当坍落度为1~5cm时,匀料机匀料的松铺厚度按振实后路面厚度的1.15~1.25倍控制。

混合料合适的运距应根据车辆种类和混合料容许的运输时间而定。夏季一般不超过30~40min,冬季不超过60~90min。气温高时运送混合料时应采取覆盖措施,以防混合料中水分蒸发。运送车辆的车箱应在每天工作结束后,用水清洗干净。

(4)摊铺和振捣

水泥混凝土路面施工分为小型机具、轨道式摊铺机、滑模式摊铺机三种方法。

铺筑混凝土混合料之前,应再检查模板、传力杆、接缝板、各种钢筋的安装位置是否正确,尺寸是否符合规定,绑扎是否牢固。

①小型机具施工

在安装好侧模的路槽内,摊铺混合料时应考虑混凝土振捣后的沉降量,虚高应高出设计厚度约10%,以使振实后的面层高程与设计相符,并注意防止出现离析现象。

小型机具施工的振捣器具由平板振捣器(2.2~2.8kW)、插入式振捣器和振动梁(各1kW)组成。当混凝土面板厚在0.22m以内时,可一次摊铺并用平板振捣器振实,面板的边角部、窨井、进水口附近,以及设置钢筋的部位振捣不到之处等,可用插入式振捣器进行振实;混凝土板厚较大时,应先插入振捣,然后再用平板振捣,以避免出现蜂窝现象。平板振捣器在同一位置的停留时间一般为10~15s,以达到表面振出浆水,混合料不再沉落为宜。平板振捣后,用带有振捣器的、底面符合路拱横坡的振捣梁,两端放在侧模上,沿摊铺方向振捣拖平。拖振过程中,多余的混合料随着振捣梁的拖移而刮去,低陷处应随时补足。随后,再用两端放在侧模上直径75~100mm的无缝钢管,沿纵向滚压一遍。

②轨道式摊铺机施工

轨道式摊铺机施工的整套机械在轨道上推进,以轨道为基准控制路面高程。轨道和模板同时安装,统一调整定位。将轨道固定在模板上,既作路面的侧模,又是每节轨道的固定基座。轨道固定在路基上,其高程是否准确,轨道是否平直,接头是否平顺,将直接影响路面摊铺质量。模板要能承受从轨道传下来的机组重力,模板横向应有一定刚度。

轨道模板自身的精度和安装精度应符合表4-48和表4-49的技术要求。

轨道及模板的质量指标 表4-48

项　目	纵向变形	局部变形	最大不平整度(3m直尺)	高　　度
轨道	≤5mm	≤3mm	顶面:≤1mm	按机械高度
模板	≤3mm	≤2mm	侧面:≤2mm	与路面厚度相同

将倾卸在基层上或摊铺机箱内的混凝土按摊铺厚度均匀地摊铺在模板范围之内。

螺旋式摊铺机由可以正反方向旋转的螺旋杆(直径均为50cm)将混凝土混合料摊开。螺旋杆后面有刮板,可准确调整高度。这种摊铺机的摊铺能力大,其松铺系数一般在1.15~1.30之间。它与混凝土的配合比、集料粒径和坍落度有关,施工阶段主要取决于坍落度。

轨道及模板安装质量要求 表4-49

纵向线形顺直度	顶面高程	顶面平整度(3m直尺)	相邻轨、板间高差	相对模板间距离误差	垂直度
≤5mm	≤3mm	≤2mm	≤1mm	≤3mm	≤2mm

箱式摊铺机通过卸料机将混凝土混合料卸在钢制箱内,箱体在机械向前行驶时横向移动,同时箱子的下端按松铺厚度刮平混凝土。这种摊铺机将混合料一次全部卸在箱内,虽然重力大,但摊铺均匀、准确,摊铺能力大,故障较少。

刮板式摊铺机本身能在模板上自由地前后移动,在前面的导管上左右移动。并且由于刮板本身也旋转,所以可将卸在基层上的混凝土混合料向任意方向摊铺。这类摊铺机质量小,容易操作,易于掌握,使用较为普遍,但其摊铺能力较小。

混凝土振捣机跟在摊铺机后面,对混凝土进行一次整平和捣实。振捣梁前方设置与铺筑宽度同宽的复平梁,它既能补充摊铺机初平的缺陷,又能使松铺混凝土混合料在全宽范围内达到正确高度。复平梁后是一道全宽的弧面振捣梁,以表面平板式振动把振动力传至全厚度。

弹性振捣梁通过后,混凝土已全部振实,其后部混凝土应控制有 2~5mm 的回弹高度,提出的砂浆,使整平工序能正常进行。

③滑模式摊铺机施工

滑模式摊铺机的施工工艺过程与轨道式摊铺机基本相同。滑模式摊铺机是将各作业装置装在同一机架上,通过位于模板外侧的行走装置随机移动滑动模板,就能按照要求使路面挤压成型,并可实现多种功能的摊铺,如路肩、路牙等。滑模式摊铺机的特点是不需轨模,整个摊铺机的机架支承在液压缸上,可以通过控制系统上下移动以调整上下厚度,一次完成摊铺、振捣、整平等多道工序。

(5)表面修整与拆模

混凝土振实后还应进行整平、精光、纹理制作等工序。

①人工施工

整平可用长 45cm、宽 20cm 的木抹板反复抹平,然后再用相同尺寸的铁抹板至少拖抹三次,再用拖光带沿左右方向轻轻拖拉几次,将表面拉毛,并除去波纹和水迹。

为使混凝土路面具有粗糙抗滑的表面,可在整平后用棕刷沿横坡方向轻轻刷毛,也可用金属梳或尼龙梳梳成深 1~2mm 的横槽。

②机械施工

表面整修有斜向移动和纵向移动两种。斜向表面修整机通过一对与机械行走轴线成 10°~13°的整平梁作相对运动来完成修整,其中一根整平梁为振动整平梁。纵向表面修整机为整平梁在混凝土表面沿纵向往返移动,由于机体前进而将混凝土表面整平。整平中,要随时注意清除因整平梁往复运行而摊到边沿的粗集料,确保整平效果和机械正常行驶。

精光工序是对混凝土表面进行最后的粗细修整,使混凝土表面更加致密、平整、美观,这是混凝土路面外观质量的关键工序。

纹理制作是提高水泥混凝土路面行车安全的重要措施。施工时用纹理制作机对混凝土路面进行拉槽式压槽,在不影响平整度的前提下,具有一定的粗糙度。适宜的纹理制作时间以混凝土表面无波纹水迹比较合适,过早或过晚都会影响纹理的质量。

混凝土达到一定强度可拆除模板,拆模时间视气温而定,一般在浇筑混凝土 60h 以后拆除。

(6)筑做接缝

①胀缝

先浇筑胀缝一侧混凝土,拆去胀缝模板后,再浇筑另一侧混凝土,钢筋支架浇在混凝土内。压缝板条使用前应涂废机油或其他润滑剂,在混凝土振捣后,应先抽动一下,最迟在终凝前将压缝板条抽出。抽压缝板条时为避免两侧混凝土的扰动,应用木板条压住两侧混凝土,然后轻轻抽出压缝板条,再用铁抹板抹平两侧混凝土。留在缝隙下部的嵌缝板是用沥青浸制的软木板或油毛毡等材料制成。缝隙上部应浇灌填缝料。

②横向缩缝(假缝)

(a)切缝法:混凝土捣实整平后,利用振捣梁按缩缝位置振出一条槽,随后放入铁制压缝板,并用原浆修平槽边。当混凝土收浆抹面后,再轻轻取出压缝板,并用专用抹子修整缝缘。切缝法应避免混凝土结构受扰动和接缝边缘出现不平整。

(b)锯缝法:在结硬的混凝土中用锯缝机锯割出要求深度的槽口。这种方法要保证缝槽质量和不扰动混凝土结构,应掌握好锯割时间,太迟会因混凝土过硬会使锯片磨损过大且费工,同时在锯割前混凝土有可能出现收缩裂缝;太早混凝土还未结硬,锯割时槽口边缘容易产生剥落。炎热多风的天气,或者早晚气温有突变时,混凝土板会产生较大的湿度或温度差,使内应力过大而出现裂缝,锯缝应在表面整修完4h后开始。天气较冷或一天内气温变化不大时,锯割时间可晚至12h以上。

(c)纵缝:筑做企口式纵缝,槽板内壁做成凸榫状。拆槽后,混凝土板侧面即形成凹槽。需设置拉杆时,模板在相应位置处要钻成圆孔,以便拉杆穿入。浇筑另一侧混凝土前,应先在凹槽壁上涂抹沥青。

(7)养生与填缝

混凝土一般用下列两种方法养生。

①潮湿养生:混凝土抹面2h后,当表面已有相当硬度,用手指轻压不出现痕迹时即可开始养生。一般采用湿麻袋或草垫,或者20~30mm厚的湿砂覆盖于混凝土表面。每天均匀洒水数次,使其保持潮湿状态,至少连续养生14d。

②塑料薄膜或养护剂养生:当混凝土表面用手指轻压无痕迹时,即均匀喷洒塑料溶液,形成不透水的薄膜黏附于表面,从而阻止混凝土中水分的蒸发,保证混凝土的水化作用。

填缝可在混凝土初步结硬后及时进行。填缝时,缝隙内必须清除干净,必要时应用水冲洗,待其干燥后在侧壁涂一薄层沥青漆,在沥青漆干后再进行填缝。理想的填缝料应能长期保持弹性、韧性,热天缝隙缩窄时不软化挤出,冷天缝隙增宽时能胀大并不脆裂。此外还要耐磨、耐疲劳、不易老化。冬季施工填缝应与混凝土路面齐平,夏季施工可稍许高出路面,但不应溢出或污染边缘。

(8)冬季和夏季施工

混凝土路面的施工温度最高不应超过30℃,以免混凝土中水分蒸发过快,导致混凝土干缩而出现裂缝,必要时可采取下列措施:

①湿混合料在运输途中应进行遮盖;

②工序之间应紧凑衔接,以缩短施工时间;

③可搭设临时性遮光挡风设备。

混凝土路面应尽可能在高于+5℃的气温条件下施工。必须在低温情况下(昼夜平均气温低于+5℃和最低气温低于-3℃时)施工时应采取下列措施:

①采用高强快凝水泥,或掺入早强剂,或增加水泥用量。

②加热水或集料,常用的方法是只将水加热。

混凝土拌制时,应先用温度超过70℃的水和冷集料相拌和,使混合料的拌和温度不超过40℃,摊铺后的温度不低于10(气温为0℃时)~20(气温为-3℃时)。

③混凝土整修完毕后,表面应覆盖蓄热保温材料,必要时还应加盖养生暖棚。

在持续寒冷和昼夜平均气温低于-5℃,或混凝土温度在5℃以下时,应停止施工。

第五章 桥梁与隧道工程质量控制与管理

桥梁结构由基础工程、下部结构、上部结构和调整构造物四大部分组成。桥梁施工涉及面广，上至天文、气象，下至工程地质、水文、地貌、机械、电器、电子、管理等各个领域；同时与人的因素，与地方政府的关系密切。因此，现代的大型桥梁施工质量管理，应由多种行业的技术人员和工人协力控制才能完成。

公路隧道多为山岭隧道。隧道工程施工，是一个复杂的系统工程，其特点除洞口和洞门在露天施工，以及浅置隧道用明挖法施工外，其余各项工程都是地下施工作业。由于洞身空间有限，工作面狭小，光线暗，劳动条件差，所以在整个施工过程中要有严格的质量预控措施和施工观测信息反馈系统，以防止坍塌、涌水、瓦斯等意外质量事故发生。

第一节 桥梁基础施工

桥梁基础施工是桥梁施工的第一步，因此施工前应做好准备工作，它包括现场实地调查和核对文件；确定施工方案；施工测量等。在进行现场实地调查核对，研究了解设计文件，熟悉图纸资料的情况下，组织有关人员讨论、编制施工方案，确定施工方案时应考虑基础所传递的荷载大小；地基的强度；地基的允许沉降量；施工中的经济性、安全性、可靠性等。

我国桥梁通常采用的基础有：明挖基础、桩基础和沉井基础。

一、明挖基础质量控制

明挖基础一般分为刚性扩大基础、单独或联合基础、条形基础、片筏和箱形基础。明挖基础施工内容包括：基坑、围堰、挖基和排水、基底处理和基底检验、回填等。

1. 基坑

（1）基坑大小应满足基础施工的要求，有渗水土质的基坑坑底开挖尺寸，应根据基坑排水设计（包括排水沟、集水坑、排水管网等）和基础模板设计所需基坑大小而定，一般基底应比基础设计平面尺寸各边增宽 50~100cm。

（2）基坑壁坡度，应按地质条件、基坑深度、施工经验和现场的具体情况确定。

①基坑深度在 5m 以内、施工期较短、基坑底在地下水位以上、土的湿度正常（接近最佳含水率）、土层构造均匀时，基坑坑壁坡度可参考表 5-1；

②基坑深度大于 5m 时，应将坑壁坡度适当放缓或加设平台；

③如土的湿度可能引起坑壁坍塌时，坑壁坡度应缓于该湿度下土的天然坡度；

④没有地面水，但地下水位在基坑底以上时，地下水位以上部分可以放坡开挖；地下水位以下部分，若土质易坍塌或水位在基坑底以上较深时，应加固坑壁开挖。

（3）基坑顶面应设置防止地面水流入基坑的措施，基坑顶有动载时，坑顶与动载间至少应留有 1m 宽的护道，如工程地质和水文地质不良或动载过大，宜增宽护道或采取加固措施。

基坑坑壁坡度表 表 5-1

坑壁土类	坑壁坡度		
	基坑顶缘无荷载	基坑顶缘有静载	基坑顶缘有动载
砂类土	1∶1	1∶1.25	1∶1.5
碎、卵石类土	1∶0.75	1∶1	1∶1.25
亚砂土	1∶0.67	1∶0.75	1∶1
亚黏土、黏土	1∶0.33	1∶0.5	1∶0.75
极软岩	1∶0.25	1∶0.33	1∶0.67
软质岩	1∶0	1∶0.1	1∶0.25
硬质岩	1∶0	1∶0	1∶0

(4)基坑壁坡不易稳定并有地下水影响，或放坡开挖场地受到限制，或放坡开挖工程量大、不符合技术经济要求时，可按具体情况，采取以下的加固坑壁措施：如挡板支撑、钢木结合支撑、混凝土护壁（喷射混凝土护壁、现浇混凝土护壁）、钢板桩围堰、钢筋混凝土板桩围堰、锚杆支护及地下连续墙等。

2.围堰

(1)一般规定

①围堰尺寸要求

(a)堰顶高度：宜高出施工期间可能出现的最高水位（包括浪高）50～70cm；

(b)围堰外形：应考虑河流断面被压缩后，流速增大引起水流对围堰、河床的集中冲刷及影响通航、导流等因素；

(c)堰内面积：应满足基础施工的需要；

(d)围堰断面：应满足堰身强度和稳定（防止滑动、倾覆）的要求。

②围堰要求防水严密，尽量减少渗漏，以减轻排水工作。

(2)土围堰

①水深 1.5m 以内、流速 0.5/s 以内、河床土质渗水性较小时，可筑土围堰。

②堰顶宽一般为 1～2m，堰外边坡一般为 1∶2～1∶3，堰内边坡一般为 1∶1～1∶1.5，坡脚与基坑边缘距离根据河床土质及基坑深度而定，但不得小于 1m。

③筑堰的土宜用黏性土或砂夹黏土，填土出水面后应进行夯实。

④在筑堰前应将堰底河床上的树根、石块、杂物等清除；自上游开始填筑至下游合拢。

⑤因筑堰引起流速增大使堰外坡面有受冲刷危险时，可在外坡面用草皮、柴排、片石或草袋等加以防护。

(3)土袋围堰

①水深 3.0m 以内、流速 1.5m/s 以内、河床土质渗水性较小时，可筑土袋围堰。

②堰顶宽一般为 1～2m，有黏土心墙时为 2～2.5m，堰外边坡为 1∶0.5～1∶1，堰内边坡一般为 1∶0.2～1∶0.5，坡脚与基坑边缘的距离同(2)中①条。

③堰底处理及填筑方向同(2)中④条。

④堆码在水中的土袋，其上下层和内外层应相互错缝，尽量堆码整齐；可能时由潜水工配

合堆码,并整理坡脚。

(4)钢板桩围堰

①钢板桩围堰适用于砂类土、黏性土、碎石土及风化岩等河床的深水基础。

②钢板桩机械性能和尺寸应符合要求。经过整修或焊接后的钢板桩,应用同类型钢板桩进行锁口通过试验检查。

③钢板桩堆存、搬运、起吊时,应防止由于自重而引起的变形及锁口损坏。

④钢板桩的接长应以等强度焊缝接长。

⑤当设备许可时,宜在打桩前将2~3块钢板拼为一组,组拼后应用坚固的夹具夹牢。

⑥插打钢板桩时应注意下列事项:

(a)插打前一般应在锁口内涂以黄油、锯末等混合物,组拼桩时用油灰和棉花捻缝,以防漏水;

(b)插打顺序按施工组织设计进行,一般自上游分两头插向下游合拢;

(c)插打钢板桩,一般应先将全部钢板桩逐根或逐组插打到稳定深度,然后依次打入至设计深度;在能保证钢板桩垂直沉入条件下,每根或每组钢板桩也可以一次打到设计深度;

(d)在插打钢板桩时,如起重设备高度不够,允许改变吊点位置,但该点位置不得低于桩顶以下1/3桩的长度;

(e)插打钢板桩必须备有可靠的导向设备,以保证钢板桩的正确位置;

(f)钢板桩可用锤击、振动、射水等方法下沉;但在黏土中不宜使用射水下沉办法;

(g)采用单动汽锤、柴油机锤或坠锤打桩时,应设桩帽,以分布冲击力和保护桩头;

(h)接长的钢板桩,其相邻两钢板的接头位置应上下错开;

(i)开始沉入几根或几组钢板桩后,应随即检查其平面位置是否正确,桩身是否垂直;如发现倾斜(不论是前后倾斜或左右倾斜)应立即纠正或拔起重插;钢板桩倾斜无法纠正时,可打入特制的楔形钢板桩,防止钢板桩继续倾斜,但楔形桩的上下宽度差,不得超过桩长的2%;

(j)在同一围堰内,使用不同类型的钢板桩时,宜将两种不同类型的钢板桩的各半块拼焊成一块异型钢板桩,以便连接;

(k)在潮汐地区或在河流水位涨落较大地区的围堰,应采取适当措施,防止围堰内水位高于堰外。

⑦拔除钢板桩前,宜向围堰内灌水,使堰内外水位相等。在拔桩时应从下游易于拔除的一根或一组钢板桩开始,宜采取射水或锤击等松动措施,并尽可能采用振动拔桩法。

(5)钢筋混凝土板桩围堰

①钢筋混凝土板桩适用于黏性土、砂类土、碎石土河床,除用于基坑挡土防水以外,可不拔除而作为建筑物结构的一部分,或作为水中墩台基础的防护结构物,亦可拔除周转使用。

②钢筋混凝土板桩断面一般可为矩形,宽50~60cm,厚10~30cm;钢筋混凝土板桩桩尖角度视土质的坚硬程度而定。沉入坚实沙层的板桩桩尖,应增设加劲钢筋或钢板,制作宜采用刚度较大的模板以防变形。榫口接缝应顺直、密合。

③钢筋混凝土板桩可采用锤击、加压或同时配合射水(空心桩可利用中心射水,实心桩可桩外射水)下沉,但采用锤击时,板桩桩头和桩尖应有加强措施,并须用桩帽来传递锤击的冲击力。

④为使板桩围堰合拢及企口密封,插打板桩时,应由上游开始按顺序进行,直至下游合拢。在下沉板桩时,应注意观察板桩的竖直度,如发现偏差,应立即纠正或拔出重插。

(6)竹(铅丝)笼围堰

①竹(铅丝)笼围堰适用于流速较大而水深在1.5~4.0m的情况。竹笼围堰体积较大,需用竹子材料甚多,只宜在盛产竹子地区使用。

②竹(铅丝)笼围堰制作应坚固,防止笼内填土袋、石块时被胀坏或被水流冲坏,可使用钢筋串连、螺栓连接、铁丝捆扎等方法加固。

③根据水深、流速、基坑大小及防渗要求,可采用单层(内填土袋)或双层竹(铅丝)笼围堰,在围堰外侧堆土袋或在两层之间防止渗漏。竹(铅丝)笼宽度一般为水深的1.0~1.5倍。

④竹(铅丝)笼可用浮运吊装或滑移就位,填石(土袋)下沉。在堰底外围堆土袋,以防堰底渗漏。

(7)套箱围堰

①套箱围堰适用于埋置不深的水中基础,也可用以修建桩基承台。

②无底套箱用木板、钢板或钢丝网水泥制成,内部设木钢料支撑。根据工地起吊、移运能力和现场实际情况,套箱可制成整体或装配式,必须采取措施,防止套箱接缝渗漏。

③下沉套箱之前,应清除河床表面障碍物,若套箱设置在岩层上时,应整平岩面;如果基岩岩面倾斜,可先用钻探探清倾斜角度或根据潜水员探测资料,将套箱底部做成与岩面相同的倾斜度,以增加套箱的稳定性并减少渗漏。

④用套箱法修建承台时,宜在基桩沉入完毕后,整平河底下沉套箱,清除桩顶覆盖土至要求高度,灌注水下混凝土封底,抽干水,建筑承台。用套箱法修建承台底面在水中的桩基承台时,宜先将套箱固定在基桩、支架或吊船上,再安装套箱底板,填塞桩和预留孔之间的缝隙,然后在套箱内灌注水下混凝土封底,抽干水,建筑承台。

3. 挖基和排水

(1)一般规定

①挖基施工应尽量安排在枯水或少雨季节进行。开工前应安排、计划、准备好劳力、材料、机具,开工后应连续不断地快速施工。

②基础轴线、边线位置及高程,应准确测定,经校核无误后方可挖基。

③在墩台或其他建筑物附近开挖基坑时,应有适当的防护措施。

(2)挖基

①根据施工期限、设备条件、工地环境及地质情况,基坑可以使用机械或人工开挖,但无论采取哪一种方法施工,基底均应避免超挖,已经超挖或松动部分,应将松动部分清除。

②任何土质基坑,挖至高程后不得长时间暴露、扰动或浸泡,而削弱其承载能力。一般土质基坑,挖至接近基底高程时,应保留一层10~20cm厚的土,在基础施工前以人工突击挖除,迅速检验,随即进行基础施工。

③弃土堆置地点不得妨碍开挖基坑及其他作业,或影响坑壁稳定。

④排水挖基有困难或具有水中挖基的设备时,可按照有关规定,采用下列水中挖基的方法:

(a)水力吸泥机:适用于砂类土及砾卵石类土,不受水深限制,其出土效率可随水压、水量的增加而提高。

(b)空气吸泥机:适用于水深5m以上的砂类土或夹有少量碎卵石的基坑,浅水基坑不宜采用;在黏土层使用时,应与射水配合进行,以破坏黏土结构;吸泥时应同时向基坑内注水,使基坑内水位高于河水位约1m,以防止流沙或涌泥。

(c)挖掘机水中挖基:适用于各种土质,但开挖时不要破坏基坑边坡的稳定,可采用反铲挖掘和吊机配抓泥斗挖掘,一般工效较高。

(3)排水

①集水坑与集水沟排水,除粉细砂土质的基坑外均可采用。集水沟沟底应低于基坑底面;集水坑深度应大于吸水龙头的高度,用竹(荆)筐围护,防止龙头堵塞。需要的抽水设备能力,一般应大于总渗水量1.5~2.0倍,水泵宜大小搭配且以电动为佳。抽水机应根据基坑深度及吸程大小分别安装在适当处所。

②井点法排水适用于粉、细砂或地下水位较高、挖基较深、坑壁不易稳定和用普通排水方法难以解决的基坑,可根据土层的渗透系数、要求降低地下水位的深度及工程特点,选择适宜的井点类型和所需设备。各种井点法的适用范围参见表5-2。

各种井点法的适用范围 表5-2

序号	井点法类别	土层渗透系数(m/d)	降低水位深度(m)
1	轻型井点法	0.1~80	≤6~9
2	喷射井点法	0.1~50	8~20
3	射流泵井点法	0.1~50	≤10
4	电渗井点法	0.1~0.002	5~6
5	管井点法	20~200	3~5
6	深井泵法	10~80	>15

井点法排水时应注意下列事项:

(a)降低成层土中地下水位时,应尽可能将滤水管埋设在透水性较好的土层中;

(b)在水位降低的范围内设置水位观测孔,其数量视工程情况而定;

(c)应对整个井点系统加强维护和检查,保证不间断地进行抽水;

(d)应考虑到水位降低区域构筑物受其影响而可能产生地沉降,并应做好沉降观测,必要时应采取防护措施。

4.基底处理

(1)岩层基底:

①在未风化的岩层上建筑基础时,应先将岩面上松碎石块、淤泥、苔藓等清除后洗净岩面;

②若岩层倾斜,应将岩层面凿平或凿成台阶,使承重面与重力线垂直;

③在风化岩层上建筑基础时,应按基础尺寸凿除已风化的表面岩层,在砌筑基础圬工的同时将基坑底填满、封闭;

(2)对于碎石类或砂类土层基底,应将其承重面修理平整。

当坑底渗水不能彻底排干时,应将水引至基础外排水沟;在水稳性较好的土质中,可在基底上铺一层25~30cm厚的片石或碎石,然后在其上砌筑基础。

(3)黏土层基底,应将其低洼处加以铲平,修整妥善后,应于最短时间内砌筑基础,不得暴露或浸水过久。

5.基底检验

(1)基坑开挖并处理完毕,应首先由施工人员自检并报请检验,确认合格后填写地基检验表。经检验签证的地基检验表由施工单位保存作为竣工交验资料;未经签证,不得砌筑基础。

(2)基底检验内容:
①检查基底平面位置、尺寸大小、基底高程;
②检查基底地质情况和承载力是否与设计资料相符;
③检查基底处理和排水情况是否符合规范要求;
④检查施工日志及有关试验资料等。
(3)基底平面位置和高程允许偏差规定如下:
①平面周线位置:　　　　　　+20cm
②基底高程:土质　　　　　　±5cm
　　　　　　石质　　　+5cm　-20cm
(4)按桥涵大小、地基土质复杂(如溶洞、断层、软弱夹层、易溶岩等)情况及结构对地基有无特殊要求,一般采用以下不同检查方法:
①小桥涵的地基检验:一般采用直观或触探方法,必要时可进行土质试验。
②大、中桥和地基土质复杂、结构对地基有特殊要求的地基检验,一般采用触探和钻探(钻深至少 4m)取样作土工试验,或按设计的特殊要求进行荷载试验。

6.回填

当基坑检验符合要求后,即可进行明挖基础砌筑施工或按钢筋混凝土结构施工,养护按规定进行,达到设计强度时,可回填基坑并夯实。

二、桩基础质量控制

(一)沉桩施工

1.一般规定

(1)桩位应根据已测定基础的纵横中心线量出,并标志、固定。测定基桩轴线应填写记录。在陆地或静水区,基桩轴线定位允许偏差:
①每根基桩的纵横轴线位置:2cm;
②单排桩的每根基桩轴线位置:1cm。
在流速较大的深水河流中,基桩轴线定位允许偏差,在设计容许范围内,可适当增大。
(2)桩基轴线的定位点,应设置在不受沉桩影响处。在施工过程中对桩基轴线应做系统的、经常的检查。定位点需要移动时,应先检查其正确性,并作好测量记录。
各桩位置的正确性,应在沉桩过程中随时检查。
(3)沉桩前应处理空中和地面上下障碍物,在打桩机移动的路线上,应进行平整,如地面松软,应进行处理。
(4)沉入桩的施工方法及其适用土类:
①锤击沉桩:一般适用于松散、中密砂土、黏性土。桩锤有坠锤、单动汽锤、双动汽锤、柴油机锤、液压锤等,可根据土质情况选用性能适合的桩锤。
②振动沉桩:一般适用于砂土、硬塑及软塑的黏性土和中密及较松的碎石土。
③射水沉桩:在密实砂土、碎石土的土层中,用锤击法或振动法沉桩有困难时,可用射水法配合进行。
④静力压桩:在标准贯入度 $N<20$ 的软黏性土中,可用特制的液压或机力千斤顶或卷扬机设备等沉入各种类型桩。
⑤钻孔埋置桩:按照钻孔桩施工方法钻孔,然后将预制的钢筋混凝土圆形有底空心桩埋

入,并在桩周压注水泥砂浆固结而成,适用于黏性土、砂土、碎石土中埋置的大直径圆形空心桩。

(5)选择沉桩方法应依据桩重、桩型、设计荷载、地质情况、设备条件及对附近建筑物产生的影响等条件而定。附近有重要建筑物(如铁路干线、高层建筑、堤防工程等)时,不宜用射水沉桩或振动沉桩。在城市附近采用锤击或振动沉桩方法时,应采取减小噪声和振动影响的措施。

(6)沉桩前应具备下列资料:
①桩基处的地质及水文地质钻探资料及有关判断沉桩可能性和分析资料(包括邻近地区已有的沉桩资料),在地质复杂地区,每一墩台位置均应有钻孔资料;
②桩基础及基桩设计资料;
③使用沉桩设备的技术资料;
④试桩资料;
⑤有条件进行静力触探的触探资料;
⑥有利于沉桩工作进行的其他资料。

2.试桩与基桩承载力

(1)除一般的中、小桥沉桩工程,有可靠的依据和实践的经验可不进行试桩外,其他沉桩工程在施工前应先沉试桩,以确定沉桩工艺并检验桩的承载力。

(2)试桩的单桩容许承载力可按下列方法确定:
①承压桩
(a)采用承压静载试验得到的极限荷载除以设计规定的安全系数后,作为单桩容许承压力。若结构上要求限制桩顶沉降值的基桩,可在静载试验曲线中,按设计要求的允许沉降值(应适当考虑长期荷载的效应)取其对应的荷载作为单桩容许承压力。
(b)采用可靠的动力振动波方法估算单桩容许承载力。
(c)根据锤击沉桩的贯入度,选用适当的动力公式计算单桩容许承压力。
②承拔桩和承推桩
采用静拔试验和承推试验确定单桩容许承拔力和承推力。

(3)特大桥和地质复杂的大、中桥,应采用静载试验方法确定单桩容许承载力;一般的大、中桥的试桩,原则上宜采用静载试验法,在条件适合时,可采用可靠的动力振动波方法;锤击沉入的中、小桥试桩,在缺乏(2)条①(a)和①(b)的试验条件时,可结合具体情况,选用适当的动力公式计算单桩容许承载力。确定的单桩容许承载力如不能满足设计要求时,应报有关部门研究处理。

(4)施工中如对基桩桩身质量或承载力发生疑问时,应选用可靠的无破损检验(动力振动波)方法进行检验。

3.桩的制作

(1)钢筋混凝土桩和预应力混凝土桩的制作
①制作钢筋混凝土桩和预应力混凝土桩模板的技术要求应符合有关规定。空心桩的内模可采用充气胶囊、钢管、钢丝网管、硬橡胶管或活动木芯模等,其技术要求也应符合有关规定。
②制作钢筋混凝土桩和预应力混凝土桩的钢筋或预应力钢材的技术要求,除符合规范的一般要求外,还应注意以下事项:
(a)钢筋混凝土桩内的纵向主钢筋如需接头时,应采用对焊;

(b)螺旋筋或箍筋必须箍紧纵钢筋,与纵钢筋交接处应用点焊焊接或用铁丝扎结牢固;

(c)预应力混凝土桩的纵向主筋采用冷拉钢筋,需要焊接时应在冷拉前采用闪光接触对焊焊接。

(d)使用法兰盘连接的混凝土桩,法兰盘应对准位置焊接在钢筋或预应力钢筋上;先张法预应力混凝土桩的法兰盘应先焊接在预应力钢筋上,然后进行张拉;

(e)桩的钢筋骨架(包括预应力钢筋骨架)允许偏差应符合规范规定。

③预应力混凝土桩的预应力钢筋冷拉加工和张拉技术要求,除应符合一般规范规定,还应注意下列事项:

(a)采用粗钢筋作预应力钢筋时,应先进行冷拉加工,冷拉率应由试验确定,当试验冷拉率小于规定的下限值时,采用下限值,同时控制冷拉率不得大于规定的上限值;采用双控方法时,其冷拉率不应超过规定限值;

(b)冷拉后的钢筋应按延伸率大小分组堆放、分别编号;

(c)张拉台座上的预应力钢筋骨架,如不能及时浇筑混凝土时,应将已张拉好的预应力钢筋放松到张拉力的70%,待能浇筑混凝土前,再张拉到100%的张拉力。

④桩的混凝土材料、拌制和浇筑,除应按照有关规定处理,还应注意以下事项:

(a)每根或每节桩的混凝土应连续浇筑,不得中断,不得留施工缝;对整桩或底节桩浇筑方向宜自桩上端向桩尖进行;桩身外露部分应在水泥初凝前整平;

(b)现场用重叠法浇筑混凝土桩时,应按照有关规定处理;

(c)浇筑混凝土时,混凝土试件的要求应符合有关规定;

(d)桩的混凝土浇筑完毕后,应在桩上标明编号、灌制日期和吊点位置,并填写制桩记录。

⑤钢筋混凝土管桩和钻孔埋置式钢筋混凝土圆形空心桩的制作技术要求可参照规范有关规定处理。

⑥预制桩的混凝土强度应满足设计要求。预制桩的制作应符合规范规定的允许偏差外,还应符合下列要求:

(a)桩的表面应平整、无蜂窝,若特殊情况出现表面蜂窝时,蜂窝深度不得超过15mm,每面蜂窝面积不得超过该面总面积的1%;

(b)有棱角的桩,棱角碰损深度应在10mm以内,其总长不得大于50cm;

(c)桩顶与桩尖均不得有蜂窝和碰损,桩身不得有钢筋露出;

(d)桩身收缩裂缝宽度不得大于0.2mm;横向裂缝长度,方桩不得超过边长1/2,管桩及多角形桩不得超过直径或对角线的1/2;纵向裂缝长度,方桩不得超过边长的2倍,管桩或多角形桩不得超过直径或对角线的2倍;预应力混凝土桩不得有裂缝;

(e)采用法兰盘接头的桩,法兰盘的制造精度及与混凝土桩的连接质量要求均应参照规范有关规定处理;

(f)预制桩出场前应进行检验,出场时应具备出场合格检验记录。

⑦桩的移动、堆放的技术要求应符合规范有关规定。

(2)钢管桩制作

①制作钢管桩所用的材料和工艺技术要求,除应按规范有关规定执行外,还应符合以下各条规定。

(a)钢板放样下料时,应根据工艺要求预留切割、磨削、刨边和焊接收缩等加工余量;

(b)钢板卷制前宜进行刨边,所制管节其外形尺寸允许偏差应符合规范规定;

(c)工厂拼接管节,应在专门台架上进行;台架应平整、稳定,管节对口应保持在同一轴线上;多管节拼接应尽量减少积累误差;

(d)管节对口拼接时,相邻管节的管径差应符合规范规定;

(e)管节对口拼接时,如管端椭圆度较大,可采用辅助工具(如夹具、楔子等)校正,相邻管节对口的板边高差 Δ 应符合下列规定:

板厚 $\delta \leqslant 10mm$ 时,Δ 不超过 1mm;

$10 < \delta \leqslant 200mm$ 时,Δ 不超过 2mm;

$\delta > 200mm$ 时,Δ 不超过 $\delta/10$,且不大于 3mm。

(f)钢管桩一般在工厂整根制作或分节制作后在现场焊接,钢管桩分节长度应根据施工具体条件而定,一般不宜大于 15m;

(g)钢管桩成品的纵轴线弯曲失高的允许偏差不应大于桩长的0.1%,并不得大于30mm。

②卷管及拼接。

③焊接:除应符合规范中钢桥焊接有关规定外,还应注意下列事项:

(a)管节对口拼接检查合格后,应进行定位点焊,点焊时所用的焊接材料和工艺均应与正式施焊的相同;点焊处如有缺陷应及时铲除。不得将其留在正式焊缝中;

(b)焊接前,应将焊缝上下 30mm 范围内铁锈、油污、水气和杂物清除干净;

(c)管节拼接所用的辅助工具(如夹具等)不应妨碍管节焊接时的自由伸缩;

(d)焊接定位点和施焊应对称进行;

(e)钢管桩应采用多层焊,焊完每层焊缝后应及时清除焊渣,并作外观检查;每层焊缝接头应错开;

(f)钢管桩露天焊接时应考虑由于阳光辐射所造成的桩身弯曲,必要时可采用搭棚遮阳等措施;

(g)工作地点温度在 +5~-10℃ 间焊接时,应将焊缝上下或两侧各 10cm 处预热;当气温低于 -10℃ 时不宜焊接;预热温度的控制宜按照规范有关规定处理;

(h)焊缝处外观允许偏差应符合规范的规定。

④防腐蚀

钢管必须进行防腐蚀处理。防腐蚀措施一般采用在外壁涂抹防腐蚀材料(如油漆等)或其他防腐蚀覆盖层;增加管壁厚度以抵消腐蚀对管壁的削弱或选用耐腐蚀钢种等。

防腐蚀措施的选择,应根据桥梁的重要性、使用年限、当地腐蚀环境、结构部位、施工可能性、防腐蚀效果及防腐蚀材料来源等,会同有关单位研究确定。

⑤当采用涂抹防腐蚀材料时,应注意以下事项:

(a)钢管桩的内腔与外界空间密封隔绝时,内壁的防腐蚀可不考虑;

(b)防腐涂刷范围,一般从河床局部冲刷线以下 1.5m 起至基桩承台底面高程以上 5~10cm 范围内,其他情况可根据具体条件研究确定;

(c)涂漆施工应尽可能在工场内进行;涂刷层数、油漆种类应按照设计要求处理,涂刷前应按照规范有关规定进行除锈处理;

(d)现场拼桩的焊缝两侧各 10cm 范围内,在焊接前不涂刷,待焊接后再进行补涂;

(e)施工场地应具有干燥和良好的通风条件,并避免烈日直接暴晒;在低温和阴雨条件下施工,应采取必要的措施,确保涂刷质量;当桩身表面潮湿时,不得进行涂刷;

(f)在起吊、运输过程中,涂漆有破损时,应及时用原涂漆材料补涂;

(g)对已沉定的钢管桩进行涂漆修补前,应作好除锈、干燥等工作,并铲除已松动的旧涂漆,修补所用的涂料应具有厚浆及快干的特点;

(h)涂漆防腐效力有一定年限,暴露在空气和水面以上部分的涂漆应定期养护、补涂。

⑥钢管桩应按不同的规格分别堆存,堆放形式和层数应安全可靠,避免产生纵向变形和局部压曲变形。长期堆存时,应采取防腐蚀等保护措施。

⑦钢管桩在起吊、运输和堆存过程中,应尽量避免由于碰撞、摩擦等原因造成涂层破损、管身变形和损伤。

⑧钢管桩出厂应具备合格证明书。

4. 沉桩

预制沉桩是相对于就地灌注桩而言的。它以预制的钢筋混凝土桩,预应力混凝土桩、钢桩、木桩作为桩基。

预制桩的沉桩方法是通过外力的作用将预制桩挤入土层中,是桩基础的传统施工法,它有如下特点:

①由预制场预制,故桩基础的质量可靠;

②施工方法简单,施工进展快,施工质量的可靠性大;

③造价比就地钻孔灌注桩低;

④多数情况下施工的噪声,振动对环境影响大;

⑤因受制造、运输、施工条件等限制,使得预制桩的桩径和桩长比就地灌注桩小,也正是预制桩的这一主要不足,不能适应现代桥梁基础大桩径和长桩的要求,使之在桥梁基础中应用较少。

预制桩根据土质、水文条件以及桩径和桩长分别采用以下几种沉桩施工方法。

(1)锤击法

锤击法是以桩锤的撞击力撞击预制桩的桩头将桩打入地下土层中的施工方法。该法的特点是:桩在冲击力下沉的同时使桩周围的土向外推挤,周围的土被挤实,增加了桩与土之间的摩擦力;由于打桩时产生较大的噪声和振动,因此在居民密集地区的桩基础不宜采用。不同的桩锤的施工效果受地质、地层、桩重、桩长等条件的限制,因此应比较后选用。桩锤的类型很多,常用落锤、蒸汽锤、液压气垫锤、柴油锤等。

①落锤

落锤又称吊锤或坠锤,是用铸铁块制作的桩锤从桩顶1m左右的高度自由下落,撞击桩头将桩打入土层中的施工方法。选用桩锤时质量应比桩的质量大,并配备卷扬机提升和自重下落的简单打桩架。落锤打桩法的特点是:因不使用复杂机械,所以故障少,保养维修费用低;施工作业的空间较少;噪声相对其他类型的桩锤小;打进能力小,不适合大断面桩或长桩的打入法施工。

②蒸汽桩锤

蒸汽桩锤是利用蒸汽或压缩空气打桩的施工方法。蒸汽桩锤有三种:

单动式:夯锤提升行程中使用动力,下落打桩时为自由下落的蒸汽锤。

双动式:提升和下落行程中均用动力的蒸汽锤。锤的下落不仅靠自重,而且有蒸汽动力的蒸汽或压缩空气作用。

差动式:下落行程中利用了提升行程的排气动力的蒸汽锤。

蒸汽桩锤的特点为:无论是倾斜度大的桩,还是水平或仰角桩都可以用双动蒸汽锤打进;

双动锤也可用于水下打桩;地基软硬都能适用;无导向架亦可吊打;尽管动力源与锤击机构分离,但是打桩效率并不低,需要锅炉、压缩机等动力设备。

③液压汽垫锤

液压汽垫锤是20世纪90年代荷兰发展起来的一种打桩设备,它利用动力设备送出的液压压力使落锤上升。当落锤上升至预定位置后便强迫其下降的施工方法。其特点为:施工噪声小;无油烟飞散;能自由地调整落锤的下落高度,从而使振动控制在一定的范围内;即使是软土地基也可连续打进;液压锤打桩在密闭情况下进行,故能适合于水下打桩。液压锤在国外修建码头、桥梁、房屋的基础工程中得到广泛应用。它是我国打桩施工的发展方向。

④柴油锤

柴油锤的工作原理与柴油机相同,它是利用柴油桩锤将预制桩打入土层中的施工方法。亦是当前使用最广的一种施工方法。它既是桩锤又是动力发生器。不需另配锅炉、空压机、液压系统等笨重设备,同时它本身也较轻,只有1.2t左右,易于搬运,打桩架结构简单。柴油锤的特点为:无需电力,因而打桩费用较省;在硬地基中打桩时,桩锤下落高度自然加大,加大了打进力;施工时噪声和振动较大;通过软土地基时,由于燃料在桩贯入时不能很好地压缩,因而多数情况下不发生起爆;倾斜度大的桩施工困难,最大施工斜度为30°。

⑤防音罩

从能准确地获得桩的承载力看,锤击法是一种较为优越的施工方法,但因噪声高故在市内难以采用,防音罩是为了防止噪声用它将整个柴油锤包裹起来,从而达到防止噪声扩散和油烟发散的目的。

预制桩施工锤击法最为普遍,它最适用于软塑或可塑性黏土层,打桩时宜用重锤轻击的方式,这样易将桩打入土中,桩头也不致被打碎,如果采用轻锤重打。虽然锤击功能很大,但一部分被桩身吸收,而且桩头容易损坏。故锤重与桩重的比值不宜小于表5-3的数据;在土中打桩时桩头以下1/3桩长左右,常因桩的振动使桩身受拉产生水平裂缝,即所谓锤击拉应力问题。严重时导致混凝土疲劳、掉块甚至脆裂,产生断桩事故。影响锤击拉应力的因素很多:主要取决于锤重、落距、土质及桩垫材料等。试验证明锤击动能越大,锤击拉应力也越大。在锤击动能不变的情况下,重锤低速比轻锤高速时锤击拉应力要小得多。桩垫材料比较软时,拉应力较少,但消耗动能较多;反之桩垫较硬时,则拉应力大,但消耗动能较小。所以在保证顺利沉桩的前提下,降低锤速,增厚桩垫时,可以减小锤击拉应力。

锤重与桩重比值表 表5-3

锤 类	单动式蒸汽锤		双动式蒸汽锤		柴油锤		落 锤	
土质状态	硬土	软土	硬土	软土	硬土	软土	硬土	软土
钢筋混凝土桩	1.4	0.4	1.8	0.6	1.5	1.0	1.5	0.35
木桩	3.0	2.0	2.5	1.5	3.5	2.5	4.0	2.0
钢桩	2.0	0.7	2.5	1.5	2.5	2.0	2.0	1.0

(2)振动法

振动法是用振动打桩机(振动桩锤)将桩打入土中的施工方法。其原理是由振动打桩机使桩产生上下方向的振动,在清除桩与周围土层间摩擦力的同时使桩尖地基松动,从而使桩贯入或拔出。

振动法施工不仅可有效地用于打桩,也可用以拔桩;虽然振动下沉,但噪声较小;在砂性土中最有效,硬地基中难以打进;施工速度快;不会损坏桩头;不用导向架也能打进;移动操作方便;需要的电源功率大。

振动锤的重力(或振动力)与桩打进能力的关系是:桩的断面大和桩身长者,桩锤重力应大;随地基的硬度加大,桩锤的重力也应增大;振动力大则桩的贯入速度快。

(3)射水法

射水法是利用小孔喷嘴以 30~50 N/cm² 的压力喷射水,使桩尖和桩周围土松动的同时,桩身自重作用而下沉的方法。它极少单独使用,常与锤击和振动法联合使用。当射水沉桩到距设计高程尚差 1~1.5m 时,停止射水,用锤击或振动恢复其承载力。这种施工方法对黏性土、砂性土都适用,在细砂土层中特别有效。

射水沉桩的特点是:对较小尺寸的桩不会损坏;施工时噪声和振动极小。

(4)压入法

在软土地基中,用液压千斤顶或桩头加重物以施加顶进力将桩压入土层中的施工方法。其特点为:施工时产生的噪声和振动较小;桩头不易损坏;桩在贯入时相当于给桩做静载试验,故可准确知道桩的承载力;压入法不仅可施工直桩,而且可施工斜桩和水平桩;机械的拼装,移动等均需要较多的时间。

(二)钻孔桩施工

就地钻孔灌注桩,是在现场用钻孔机械将地基挖钻成预定孔径和深度的孔后,将预先焊接成型的钢筋笼插入孔内,然后在孔内灌注流动性混凝土而形成的桩基础。

就地钻孔灌注桩的特点为:与锤击法相比,施工噪声和振动要小得多;钻孔机械能量大,它能修建比预制桩直径大、桩身长的大型桩基础;施工时随现场地基情况调节桩长,材料浪费小;能够避免因施工条件限制使预制桩不能在现场预制或难以运进现场;施工过程中能观察开挖处地基土质,因而能准确地确定承载层的位置;不同地基的土中条件均能施工;施工中不仅不能加固地基,反而造成孔周围的地基松动变软;施工质量好坏直接关系到桩的承载力,因此应特别细致地注意坍孔、流沙、淤泥等事故的处理;因混凝土在泥浆中灌注,竣工后钢筋质量有偏差,施工时应注意;施工进度比预制桩锤击法慢。

1.钻孔桩施工准备

(1)钻孔的准备项目

钻孔桩的准备项目主要有:桩位测量放样;平整场地;铺设便道便桥;供电供水系统;制作并埋设护筒;制作钻架;泥浆备料和调置;设置水头和准备钻孔机具等。此外,还应编制施工计划。

(2)钻孔桩施工工艺流程

钻孔桩施工工序繁多,因成孔方法不同和现场情况的差异,施工工艺流程也不完全相同。故钻孔桩施工前应在做好各项施工准备的同时,安排好施工计划,并编制具体的施工工艺流程图,作为工序安排和调节、控制施工进度的依据。根据各地现场钻孔桩施工的经验,钻孔桩施工工艺流程如图 5-1 所示。

2.成孔方法

钻孔灌注桩的成孔方法较多,最常用的有人工挖孔、机械旋转造孔、冲抓成孔及冲击钻孔和全套管的机械开挖法等多种形式。

(1)旋转成孔

目前旋转成孔采用两种方式:正循环钻和反循环钻。正循环方式:钻进时用泥浆护壁排渣,泥浆由泥浆泵输进钻杆内腔后,经钻头的出浆口排出,连同钻渣由钻孔上升到孔口,溢进泥浆流槽,返回泥浆池后净化,再供使用,因泥浆在泥浆泵、钻杆、钻孔和泥浆池之间反复循环运行,所以叫正循环。反循环方式:钻进时开动真空泵抽除管路中的空气,由孔口流进的泥浆与钻渣混合,在真空泵吸力下混合物进入钻头的进渣口,由钻杆排泄到泥浆池中净化,再供使用,这种方式的泥浆运行方向同正循环相反,故叫反循环。以上两种方式适用于黏土、软土、粉砂到粗砂,及砂砾、卵石。在软岩或风代岩石中正循环钻亦可应用。

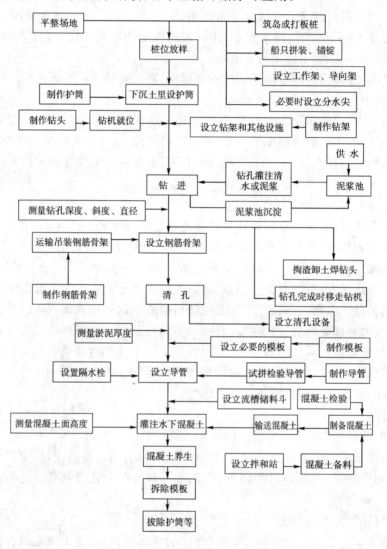

图 5-1 钻孔桩施工工艺流程

① 钻孔机具

无论是正循环钻机或是反循环钻机都分为有钻杆钻机和潜水钻机两类。有钻杆钻机是将旋转的动力安放在地面上,以钻杆传递扭矩使钻头旋转。它又可分为转盘式和动力头式两种形式。

② 事故的预防和处理

旋转钻孔施工时由于水文地质条件的影响或施工操作不当,会造成钻孔事故。有些事故不但造成经济上的损失,而且直接影响施工进度和安全,必须引起足够的重视。

人为事故一般是由于施工操作人员没有严格执行操作规程或事先没有做好准备工作,技术措施不够妥善而造成的。为了消除人为事故,在钻孔前,施工操作人员应根据施工方法、水文地质研究制订必要的技术措施,并向全体操作人员进行详细的技术交底。在钻孔过程中要求他们严格遵守操作规程,注意钻进时每一环节的细小变化,一旦发生事故,要认真、全面、细致地进行分析,弄清事故的原因和具体情况后决定正确的处理方法。常见的事故有:坍孔、钻孔偏斜、孔内漏水和钻具断落等,分述如下。

(a)坍孔

坍孔的征兆:当孔内水位突然下降,孔口常冒细密的水泡。钻进时钻具接触坍陷物时,就会出现长时间不进尺或进尺慢,而钻机的负荷却明显增加,发生异响,甚至钻头被埋住而无法运转。这些征兆都说明孔内已有坍塌。

坍孔的原因:泥浆密度不够,护壁不可靠,正、反循环钻常用泥浆护壁,往往由于操作人员忽视对泥浆的质量要求,特别在较松软或复杂的土层中,没有因地制宜地采用适当密度的泥浆,因而削弱了护壁的效果,导致坍孔、水头高度不够、孔内静水压力降低,在透水性较强的粉砂、砂等松散土中钻孔,如果水头高度不够,孔内静水压力降低,则孔壁四周的水将夹带土粒流向孔内,时间一长就会引起局部坍孔,局部坍孔达到一定程度,上方土层失去支承,就会出现大的坍孔。在汛期施工,由于河水上涨,事先缺少提高水头的准备,因而相对地降低了孔内的水头,引起坍孔;护筒埋深不够、孔口坍塌,护筒埋置太浅,孔口附近地面又受水浸湿泡软,加上钻机运转时的振动力等原因,使孔口发生坍塌,扩成较大的孔;在提住钻头钻进的情况下,钻头转速过快或空转时间过久,都会引起钻孔下部坍塌。

预防坍孔办法为:在松散的粉砂土或流沙中钻孔,预防坍孔的有效措施是选用适合该土层的高质量泥浆;流沙层在有地下水流动时,流沙中不夹杂其他较好土质时,流沙较厚时稳定性比较差,对于以上情况宜选用较大密度和黏度的高质量泥浆;流动的地下水不但冲松土层,还会降低泥浆的比重和质量,所以当遇到地下水活动较强的地方,在不影响钻孔操作的前提下,要尽可能增大泥浆的比重;保持足够的水头高度是预防坍孔的一项重要措施,水头高度应根据水文地质条件和施工方法等因素决定,在河水上涨季节或在潮汐地区施工,要提高护筒,增加水头高度,按照埋置护筒的要求,将护筒埋好;终孔后应保持一定的水头高度并及时灌注水下混凝土;供水时不得将出水管直接冲射孔壁,孔口附近地面应保持干燥。

坍孔处理方法:孔口发生坍塌时,应立即拆除护筒并回填钻孔,重新埋设护筒后再钻进;孔内发生坍塌时,可用测探锤丈量孔深,若与钻进深度不符时,说明已坍孔。应组织有经验的人员,根据地质情况,分析判断坍孔的位置。然后用砂和黏土混合物回填钻孔到超出坍方位置以上为止,并暂停一段时间使回填土沉积密实,水位稳定后,方可继续钻进。如坍孔严重,应将钻孔全部回填,照上述暂停一段时间后再钻。

(b)钻孔偏斜

在钻进过程中,往往会产生一定程度的偏斜。沿孔深有不同的偏斜就形成弯孔。若偏斜较大,继续施工会发生困难,还会改变桩的受力状态,甚至钻孔不能使用,所以施工中应避免钻孔偏斜。产生偏斜主要有地质条件、技术措施和操作方法等三方面的原因。钻孔中有较大的石头,使钻孔偏向一方;在倾斜度的软硬地层交界处钻进时,或在粒径大小悬殊较大的砂卵石层中钻进时,受到阻力不均的钻头向较软或粒径较小的一方偏斜;在流沙层钻进时,由于流沙易流动,故扩孔较大,使得孔壁不能约束钻头,钻头摆动偏向一方,导致偏斜;开孔时,钻架安装不平,立轴和钻杆不在同一铅垂线上,使钻杆和钻头沿一定偏斜方向钻进,机架底座支承不均也会引起钻孔偏斜;施工时对钻杆加压使钻杆产生过大的弯曲,或钻具连接后不铅垂,都会发生钻孔偏斜。

斜孔的预防办法：安装钻机时,应使转盘顶面完全水平,立轴中心必须在同一铅垂线上；开钻时,转动的方钻杆不能过长,以免钻杆上部摆动大,影响钻孔垂直度,钻进过程中,应注意经常检查钻机转速,泵量和钻杆加压都要适当；钻孔前,应逐节检查钻杆,弯曲和有缺陷的均不得使用；遇到有倾斜度软硬变化的地层,特别是由软变硬地段,应吊住钻杆控制进尺,如果使用变速钻机,可用低速挡钻进；加强技术管理,钻进时必须经常检查钻孔情况,发现偏斜及时纠正。发现钻孔偏斜后,先弄清偏斜的位置和偏斜程度,然后进行处理。目前处理钻孔偏斜多采用扫孔方法：将钻头提到发生偏斜的位置,吊住钻头缓缓回转扫孔,并上下反复进行,使钻头逐渐正位；另一种方法是向钻孔回填黏土加卵石到偏斜位置以上,待沉积密实后,提住钻头缓缓钻进。

(c)钻孔漏水

漏水的原因：在透水性强的砂砾或流沙中,特别是在地下水流动的地层中钻进时,过稀的泥浆向孔壁外漏失很大；埋设护筒时,回填土夯实不够,或埋设太浅,护筒脚漏水；护筒制作不合质量要求,接缝不密合或焊接有砂眼等,造成漏水。

发现流水时,首先应集中力量加水或泥浆,保持必要的水头。然后根据漏水原因决定处理办法。属于护筒漏水的,可用黏土在护筒周围加固,如果漏水严重,应挖出护筒,修理完善后重新埋设；如果是地层透水强而漏水,则加入较稠的泥浆,经过一段时间循环流动,地层漏水可逐渐减少。

(d)钻杆折断

钻杆折断的处理虽不困难,但不及时处理,使钻头或钻杆在孔底停留时间过长,会产生埋钻头或钻杆等更大的事故。钻杆折断的原因：由于钻杆转速选用不当,使钻杆受到扭矩或弯曲等应力增大,因而折断；钻具使用过久,连接处磨损严重,使得连接不牢固,发生折断；在坚硬地层中,钻杆进尺过快,使钻杆超负荷操作而折断。

防止钻杆折断的办法有：不使用弯曲的钻杆,要求接长的钻杆连接后必须在同一铅垂线；不使用接头处磨损过甚的钻杆；钻进过程中,应控制进尺,遇到复杂地层时,应由有经验的施工人员操作钻机；钻进过程中要经常检查钻具各部分磨损情况和接头,不合要求者及时更换。

(2)冲抓成孔

冲抓成孔是用具有冲击动能并有锥瓣直接抓取土石的冲抓锥来钻进成孔的。它的冲击作用在于使锥瓣切入土石中,而不以击碎土石为主要目的。这种成孔方法中使用的泥浆只是护壁不浮渣。按操纵锥瓣开合方法的不同,冲抓锥分双绳和单绳两种形式。

冲抓锥成孔是用于砂质黏土、黏土、黄土、较松的砂砾、卵石和卵石夹小漂石。它的钻进速度因锥重、孔深不同而有差异,重2.0t的冲抓锥在砂土中钻直径1.2~1.6m的孔,深度在20m以内时,每台班进度为4~8m；深度为20~40m时,每台班进度为2~4m；在黏土夹姜石中的速度为每台班0.2~1.5m。当砂卵石紧密或夹有黏土时,冲抓锥的进度很慢,常用射水、冲击等方式松土后再抓取。当土石很坚硬时,它的锥瓣容易磨损和变形,影响工程效益。冲抓锥不适于在大漂石和基岩钻孔。

①机具

冲抓成孔时使用的机具有：卷扬机、钻孔架、锥瓣和出渣车。

②双绳形式冲抓成孔方法为：

(a)黏土层：对一般黏土层,若土质较松软,则不宜用较高的冲程,以免锥头冲入过深而被土吸住,致使提锥困难。应拽住钢丝绳进行低冲,或不松离合器,让锥落至孔底,便合拢锥瓣抓土。若土质较为密实时,可按一般冲程再加大冲程2~3m。冲抓黏土层,一般可不投泥浆,仅保证水头高度便能达到护壁要求。但若黏土的含砂量大而又较疏松时,应采用泥浆,相对密度为 1.2 左右。

(b)砂土层:砂土层钻进的主要问题是容易坍孔。应采取低冲(冲程 0.5～1.0m)或不松离合器进行冲击,并应拽住钢丝绳使锥瓣刀片不全切入土中。同时每冲抓一次都要投黏土和加水,使护筒内经常保持一定的水头高度和一定的泥浆密度,这样可使冲抓顺利进行。

(c)砂卵石层:对砂卵石层锥瓣的刀口要厚钝和耐磨。若砂卵石比较密实,可加大冲程,松离合器落锥要猛,对这样地层的泥浆相对密度一般为 1.1 左右。

(d)冲抓漂石:冲抓漂石时冲程太大容易损坏锥瓣,以连续低冲为好,经过反复进行把漂石旁的土石抓出并将漂石松动后,再将漂石整个地抓出来。

对单绳形式冲抓方法:遇到较密实的地层时,可将落锥连续冲击,待土层松动后,然后再落锥冲抓。

③事故的预防和处理

采用双绳形式,起落锥头时,钢丝绳如有缠扭应及时展开,以免损坏,采用单绳形式,钻架上的人员要挂稳钩后才指挥卷扬机操作,以免出事故;冲抓锥掉进卵石层,最好在锥瓣上外套护罩,防止孔壁掉石子使锥瓣不能开合。冲抓锥掉进孔底后,应迅速进行打捞,以免被泥浆吸住或被孔壁坍落的土埋住。坍孔原因及处理方法与旋转成孔相同。

(3)冲击成孔

用冲击式钻机或卷扬机带动冲击钻头(简称冲锥)上下往复冲击,将钻孔中的土层石头等劈裂破碎或挤入钻孔壁中叫做冲击成孔。所用泥浆只浮起钻渣,用取渣筒在钻孔中取渣并提出钻孔外卸弃。

冲击成孔方法在黏土、砂性土和沙砾等多种土中都可用,它在卵石,漂石和基岩中比其他成孔方法优越,是克服坚硬地层和多种交错地层中行之有效的方法。

①机具设备

(a)冲击机械:冲击钻机有厂家特制和现场自制两种。特制国产冲击钻机有 CZ 型:CZ-30、CZ-28、CZ-20、CZ-20-2,还有 YKC 型:YKC-33、YKC-31、YKC-30、YKC-22 和 YKC-20 等规格。自制钻机一般在工地用万能杆件拼钻架,然后用卷扬机带动钻头冲击成孔,简单易行。

(b)冲锥:目前施工中使用的冲锥较多采用带圆弧的十字形冲锥,钻头重 3～5t,直径为 0.8～1.3m。

(c)取渣筒:冲击钻进一定深度后,孔底钻渣逐渐增加,孔内泥浆变稠,钻进速度减慢,应适时停钻,用取渣筒将钻渣掏出。

②事故的预防和处理

(a)梅花孔:冲成的孔不圆叫梅花孔和十字槽,这件事故从冲锥上下冲击时转动灵活与否可以感觉出来。

(i)原因:锥顶未设转向装置和转向装置失灵,以致锥不转动,总在一个方向上冲击;泥浆太稠,对冲锥的阻力太大,妨碍冲锥转动;冲程太小,冲锥刚提起又放下,得不到转动的充分时间,很少转动。

(ii)处理:出现梅花孔后,可用片石、卵石混合黏土回填钻孔重新冲击。

(iii)预防的方法:锥顶应设转行装置并经常检查其灵活性;泥浆的稠度和密度要适当;用低冲程时,每隔一段时间应换高冲程,让冲锥有转动的时间。

(b)钻孔偏斜:由于遇到探头石,地质软硬不均、岩面倾斜和钻架移位等原因,冲成的孔不直,形成偏孔。出现超出允许范围的偏孔,应回填重钻。

预防偏孔的办法有：发现探头石后，回填片、卵石，用冲锥冲击打掉探头石，将钻架稍向探头石一侧移动，用冲锥高锤猛击，斩断探头石，再将钻架复位继续钻进；用小型钻机对探头石打眼爆破；在倾斜的岩面上回填30~50cm的片、卵石，然后冲击成孔；向钻孔中灌注贫混凝土至与倾斜岩面上缘相平的高度，待混凝土达到一定强度后再冲击成孔。

(c)坍孔：坍孔大部分原因与旋转钻进相同，属于冲击成孔的特殊原因有：冲锥倾倒，撞击孔壁；采用孔中爆破时，炸药量未严格控制，发生过大的震动所致。为了防止坍孔应对冲锥的高程和炸药量掌握适当，还应避免冲锥撞击孔壁。

(d)卡锥：冲锥卡在孔内提不起来叫卡锥。卡在孔底叫下卡，卡在钻孔中叫上卡。

(i)原因：钻孔出现梅花形，冲锥被狭窄部位卡住；未及时焊补冲锥，钻孔直径逐渐变小，而焊补后的冲锥变大，又使高冲程猛击，极易发生下卡；伸入孔内不大的探头石未被打碎，卡住冲锥；孔口掉下石块或其他构件，卡住冲锥；在黏土层中冲程太高，泥浆太稠，造成冲锥被吸住；吊绳松放太多，冲锥倾倒，顶住孔壁而被卡住。

(ii)处理方法：处理卡锥时应先弄清情况，针对卡锥原因进行处理，宜待冲锥松动后方可用力上提，不可盲动，以免造成越卡越紧。梅花孔卡锥时，如果冲锥向下有活动余地，可松绳落锥再提，则冲锥转一个角度，可能顺梅花孔提上来；用由下向上顶撞的办法，轻打卡点的石头；用较粗的钢丝绳带打捞钩放进孔内，将冲锥钩住后，与吊绳同时提动。或交替提动，并多次上下左右摆动试探，可能将冲锥提出；用其他工具如小冲锥、小取渣筒等下到孔内冲击，将卡锥的石块挤进孔壁，或将冲锥碰活动脱离卡点，再将冲锥提出，注意稳定吊绳以免冲锥突然下落；用滑轮组或千斤顶强提，为了避免拉断吊绳，应另备钢丝绳下入孔内套住冲锥，并注意孔口垫木加长，以免孔口受力过大而坍塌；用压缩空气管或高压水管下入孔内，对准卡锥的一侧或吸锥处适当冲射一段时间，使卡点松动后强行提出。

(e)掉锥：

(i)原因：吊绳与转向装置连接处被磨断，或靠近转向装置处被扭断，或绳卡松脱；转向装置与冲锥连接处脱开；冲锥本身在薄弱截面折断。

(ii)打捞方法：打捞活套打捞：提住直杆和钢丝绳将绑在直杆上的打捞活套轻轻放入孔内，当打捞活套套进冲锥顶部时，收紧钢丝绳，活套将冲锥套住，提升吊绳，即可捞出掉锥；打捞钩打捞：将钩放入孔内探索，当钩住冲锥上预设的打捞环或锥身突出部分时，就可将掉锥打捞上来；用冲抓锥抓取掉落的冲锥。

(f)流沙：在松沙地层冲击钻进时，由于冲锥的上下起落引起孔内水位波动，会发生孔壁向孔内涌流的情况。因此在此种地层钻进时，应多投黏土并掺和一些片、卵石，低锤稳进，同时护筒内应保证较高的水头，加大泥浆黏度，流沙现象就能够被制止。

3.清孔与下放钢筋笼

随着桩基施工工艺的发展，大直径钻孔桩的采用日趋增多，在施工过程中如何清除孔底沉渣，充分发挥桩底原土层的支承力已成为提高大直径钻孔桩垂直承载力的一个重要问题。此外做好清孔工作，减小沉渣厚度，对保证灌注混凝土的质量，避免发生断桩事故也是有利的。

(1)清孔方法

清孔方法应根据成孔方法、设计对清孔的要求、机具设备条件和孔壁土质情况而定。目前常用的清孔方法有：

①抽浆清孔

用空气吸泥机由风管将压缩空气输进排泥管，使泥浆形成密度较小的泥浆、空气混合物，在水柱压力下沿排泥管向外排出泥浆和孔底沉渣,同时水泵向孔内注水,保持水位不变直至喷射出清水或沉淀厚度达到设计要求为止,该方法适用于孔壁不易坍塌,各种钻孔方法的柱桩和摩擦桩。

②掏渣清孔

用掏渣筒或大锅锥清掏孔底粗粒钻渣,适用于冲抓、冲击、简便旋转成孔的各类土质的摩擦桩,掏渣后孔内泥浆相对密度不得大于1.3。

③孔壁易坍的钻孔清孔方法

当孔壁为易坍的钻孔时,可在灌注水下混凝土的导管内放入空气吸泥管进行抽浆清孔,如为柱桩可在混凝土导管底端两侧安装射水管或压缩空气管冲起剩余沉渣,然后立即灌注水下混凝土。

④换浆清孔

正循环旋转钻机可在钻孔完成后不进尺,继续循环换浆清孔,直至达到清孔设计要求,该方法适用于各类土层的摩擦桩。

(2)清孔时注意事项

①应保持孔内的水头高度,如发现供水不够,水头降低,应把吸泥机提高一点,提取的高度以吸泥机不出浓浆为原则,否则会堵塞出口,同时向孔内供水;

②风压要适当,以免坍孔;

③抽水机的出水管若直接放在孔中,则其出水口应在护筒中部,以免碰坏孔壁;

④经常移动吸泥机的清底位置,但移动时严防碰撞孔壁;

⑤若遇到大石块卡住风管,或浓浆堵住出口时,应将石块或泥浆清除后再继续清孔。切不可任意加大风压引起胶管爆裂伤人事故。

(3)下放钢筋笼

钻孔桩的钢筋应预先焊成骨架,整体或分段就位吊入孔内。钢筋骨架制作时要求位置正确,绑扎焊接牢固。具有足够的强度和使骨架运输、起吊时不致弯曲变形的刚度。

钢筋笼施工步骤为:吊放钢筋笼前应检查孔底深度是否符合设计要求,孔壁有无妨碍骨架吊放和正确就位的情况;利用钻杆或另立扒杆吊装钢筋笼,吊放时应避免骨架碰撞孔壁并保证混凝土保护层厚度;骨架下至设计高程后,应将骨架牢固地定位于孔口,立即灌注水下混凝土。

4.灌注水下混凝土及拔护筒

采用垂直导管法灌注水下混凝土。灌注水下混凝土注意随时测量混凝土面高程,灌注前应准确地测量钻孔深度和孔底沉淀层厚度,灌注过程中随时测量钻孔内混凝土面高程。灌注前应储备足够的混凝土初存量,使导管有足够的埋入深度,方能保证混凝土的质量,灌注不仅应连续进行而且速度要快。经常检查混凝土的坍落度。

当采用整体式钢护筒时,在结束灌注并拆除漏斗、导管后,将提升钢丝绳系于护筒两边的吊环,开动卷扬机将护筒拔除。拔除时卷扬机可提一下停一下,经几次拔动若已拔松,即可一次拔出。若几次均未拔出,则不可强拔。可用两个起重量较大的手摇千斤顶顶置于护筒两侧,将穿过护筒吊环的一根横木顶起、顶松后再起吊拔出。

当使用两半式钢护筒或木护筒时,可待混凝土终凝后拆除护筒。

(三)挖孔桩施工

1.挖孔

(1)挖孔灌注桩适用于无水或少水且较密实的土或岩石地层。若孔内产生的空气污染物超过《环境空气质量标准》(GB 3095—1996)规定任何一次检查的三级标准时,不得采用人工挖孔施工。挖孔平面尺寸大小,以便于施工为宜,但不得小于桩的设计断面尺寸,灌筑在混凝土内不能拆除的临时支护,应扣除不计。孔深不宜大于15m。挖孔斜桩适用于地下水位低于孔底高程的黏性土。

(2)挖孔施工场地的准备工作,应按规范办理。

(3)挖孔施工应选择合适的孔壁支护类型,一般可安装木框架、竹篱、柳条、荆笆、预制混凝土井圈或钢井圈支护,也可采用现浇或喷射混凝土护壁。

(4)摩擦桩的非永久性支护,应在灌筑混凝土时逐步拆除。无法拆除的非永久性支护,不得用于摩擦桩。

(5)以混凝土护壁作为桩身的一部分时,只能用于桩身截面不出现拉力的桩(摩擦桩和柱桩),其混凝土强度等级不得低于桩身混凝土强度等级。

(6)挖孔时如有水渗入,应及时加强孔壁支护,防止水在井壁浸流造成坍孔。渗水应予排除或用井点法降低地下水位。同一墩台数孔同时开挖,渗水量大的一孔应超前开挖,用于集中排水,以降低其他桩孔的水位。

(7)挖孔时,应注意施工安全,挖孔工人必须配有安全帽、安全绳,必要时应搭设掩体。提取土渣的吊桶、吊钩、钢丝绳、卷扬机等机具,必须经常检查。开口围护应高出地面20~30cm,防止土、石、杂物滚入孔内伤人。挖孔工作暂停时,孔口必须罩盖。挖孔时,还应经常检查孔内的二氧化碳含量,如超过0.3%或孔深超过10m时,应采用机械通风。

(8)孔内岩石须爆破时,应采用浅眼爆破法,严格控制炸药用量,并在炮眼附近加强支护,防止震塌孔壁。桩孔较深时,应采用电引爆。当桩底进入斜岩层时,应凿成水平或台阶。

(9)孔内爆破后,应先通风排烟,经检查无毒气后,施工人员方可下井继续作业。

(10)在多年冻土地区,当季节融化层处于冻结状态且不受土层和水位地质的影响时,可采用挖孔桩施工,由于孔底热融,可提高挖掘工效。在夏季融化的季节融化层地区,一般不宜采用挖孔桩施工。

(11)挖孔斜桩挖掘时,容易坍孔,宜采用预制钢筋混凝土护筒分节下沉护壁。当斜率较平稳时,护筒斜侧下面应先挖导孔,用预制混凝土垫块敷设滑道,以固定斜桩位置并减小护筒下面的摩阻力。滑道长度约为桩总长度的一半。

(12)挖孔达到设计深度以后,应进行孔底处理,必须做到无松渣、淤泥、沉淀等扰动过的软层;如地质复杂,应钎探了解孔底以下地质情况是否能满足设计要求,否则应与有关单位研究处理措施。

2.灌注混凝土

(1)挖孔斜桩吊放钢筋骨架的技术要求应按规范的有关规定处理。

(2)从孔底及孔壁渗入的地下水上升速度较小(参考值小于6mm/min)时,可采用在空气中灌注混凝土桩的方法,其技术要求除符合规范的有关规定外,还应注意以下事项:

①混凝土坍落度,当孔内无钢筋骨架时,宜小于6.5cm;当孔内设置钢筋骨架时,宜为7~9cm。如用导管灌注混凝土,可在导管中自由坠落,导管对准中心。开始灌注时,孔底积水深不宜超过5cm,灌注的速度应尽可能加快,使混凝土对孔壁的压力尽快地大于渗水压力,以防止渗入孔内。

②桩顶或承台、连系梁底部2m以下灌注的混凝土,可依靠自由坠落捣实,不必再用人工捣实;在此线以上灌注的混凝土应以捣实器捣实。

③孔内的混凝土应尽可能一次连续灌注完毕,若施工接缝不可避免时,应按规范关于施工缝的处理规定处理,并一律设置上下层的锚固钢筋。锚固钢筋的截面积应根据施工缝的位置确定,无资料时可按桩截面积的1%配筋。施工接缝处若设有钢筋骨架,则骨架钢筋截面积可在1%配筋面积内扣除;若骨架钢筋总截面积超过桩截面的1%,则可不设锚固钢筋。

④混凝土灌注至桩顶以后,应即将表面已离析的混合物和水泥浮浆等清除干净。

(3)当孔底渗入的地下水上升速度较大时(参考值大于6mm/min),应视为有水桩,按规范有关规定用导管法在水中灌注混凝土。灌注混凝土之前,孔内的水位至少应与孔外稳定地下水位同样高度;若孔壁土质易坍塌,应使孔内水位高于地下水位1~1.5m。

(4)空气中灌注的桩如为摩擦桩,且土质较好,短时期无支护不致引起孔壁坍塌时,可在灌注过程中逐步由下至上拆除支护。需在水中灌注摩擦桩使,应先向孔中灌水,至少与地下水位相平。随着灌注的混凝土升高,孔内水位上升时,逐层拆除支护,利用水头维护孔壁。

(5)无论空气中或水中灌注混凝土桩,若地质条件许可拆除支护,而且是钢护筒或干净混凝土护筒需要拆除时,则在灌注混凝土和逐步拆除护筒过程中,应始终维持混凝土顶面比护筒底端最小高出1.5~2.0m。

三、沉井基础质量控制

1. 沉井类型

沉井是以井内挖土,依靠自重并克服井壁摩阻力下沉至设计高程的井筒状结构。它的刚度一般比桩基础大得多,该结构经过混凝土封底并填塞井孔后,使其成为桥梁墩台的基础,沉井基础的施工特点为:①埋深大、整体性强、稳定性好、能承受较大的竖向荷载和水平荷载;②沉井井壁既作为基础的一部分,施工时又可作为挡土和挡水的围堰结构;③沉井施工工艺不复杂,然而沉井顶盖板还可作为墩施工平台;④沉井施工工期较长,对细砂和粉砂井内抽水易发生流沙现象,造成沉井的倾斜,沉井在下沉过程中如遇到大孤石、沉船、树干或井底岩石层面倾斜度较大时均会给施工带来一定的困难。

桥梁墩台基础应依据使用上的要求,经济上合理和施工上可行综合考虑沉井基础,下列情况一般采用沉井基础。

第一种情况:地基土层基本承载力较低,做扩大基础开挖基坑土方量很大而且支撑困难,沉井基础与桩基础比较,经济上较为合理。

第二种情况:在山区河流中,虽然土质较好,但冲刷大,或河中有较大的卵石不便桩基施工,亦可考虑沉井基础。

第三种情况:岩层表面覆盖层薄,河水又深,采用扩大基础施工围堰困难,可采用浮运沉井基础。

沉井基础的施工方法,主要取决于墩台基础位置和地质情况,施工机具设备材料供应条件。根据沉井基础的施工方法,沉井可分为筑岛沉井、浮运沉井、泥浆套沉井和空气幕沉井。

2. 沉井施工质量控制

(1)筑岛沉井施工

在岸滩或浅水中修筑沉井时,一般采用筑岛法施工。即在墩台位置就地制造沉井,挖土下沉,然后在井内封底、填塞,最后浇注顶板而成。

①筑岛

在岸上或旱地上下沉沉井不需要筑岛,只需平整场地。为了防止沉井浇注后产生过大或不均匀沉降,一般在整平的场地上夯铺0.5m厚的砂卵石层,使其强度不小于0.1MPa的承载力。

在浅水中下沉沉井时,为了制造底节沉井应先在水中填筑人工岛。根据水的深浅,筑岛可用木板或钢板桩围堰和无围堰两种。筑捣材料选用透水性能好,易于压实的粗砂夹小卵石分层夯实,岛面承载能力应满足设计要求。

②铺垫木制造底节沉井

岛面筑好后应沿沉井刃脚铺设垫木,垫木方向与刃脚垂直,一部分埋入土中,间隙应填砂夯实,垫木数量和长度以底面压应力不小于0.1MPa求算。垫木铺好后,就可以在其上面立模浇筑底节沉井混凝土。

③抽垫

当沉井混凝土达到设计强度后就可以抽掉垫木,抽垫是下沉前的关键工序,应严格按操作工艺和设计位置抽垫。抽垫时应分区、依次、对称、同步进行。垫木抽出后应立即用砂或碎石分层回填捣实其留下的空穴。随着垫木逐渐抽出,刃脚下支点也逐渐减少,底节沉井由于自重产生的纵向弯曲应力也随之增大,预先计算好的固定支承点位置的垫木不得提前抽出,否则拉应力太大将产生纵向裂缝,因此抽垫的原则应以固定垫木为中心,由远到近,先短边后长边,最后抽固定垫木,有时固定垫木来不及抽就被刃脚切断。

④挖土下沉

垫木抽完后,沉井刃脚将切土下沉,同时在井孔内挖土使沉井缓慢下沉,根据水文和土质条件分排水挖土下沉和不排水挖土下沉。当沉井下沉所穿过的土层透水性较差,土质稳定,排水不会发生流沙现象时,尽可能采用排水挖土下沉。该方法挖土可均匀进行,沉井下沉也较均匀,如发生倾斜,纠偏也较容易,土层中的下沉障碍物也易清除,下沉到设计高程后能够直接检验地基,施工质量易保证,设备也较简单。排水挖土下沉常用抓泥斗配合人工挖土,或采用水力机械施工,用高压水枪冲散泥土,然后用吸泥机将泥浆排出井外。沉井内渗水量较大,不易排干,常用不排水法施工,用抓泥斗或空气吸泥机在水下挖土,施工时应注意向井内灌水,防止引起流沙现象。

⑤接筑沉井和井顶围堰

当底节沉井顶面下沉至岛面较近时,其上可接筑第二节沉井,接筑时应使两节沉井保持竖直,否则将产生两节沉井中心轴不在一条直线上,继续下沉时将会倾斜。第二节下沉至离岛面较近时再接筑第三节沉井,直至下沉到设计高程为止。

沉井接高时应注意:各节沉井的竖向中轴线应与第一节的重合,外壁应竖直平滑;要保证各节混凝土间紧密接合;立接高沉井模板时,不宜直接支撑于地面上,以免沉井因自重增加而下沉,造成新浇筑的混凝土产生拉应力而发生裂缝。

沉井顶部往往需要埋入土层或水面以下,此时应在井顶再筑一个临时围堰,以便沉井下沉至设计高程。围堰可用砖围堰、木板桩围堰和钢围堰。井顶埋入土层以下很浅时还可用混凝土围板代替围堰。

⑥封底、井孔填充和修筑井顶盖板

沉井下沉到设计高程时,先清理地基,使其地基地质情况和承载力均符合设计要求,然后在井底浇筑封底混凝土。对不排水施工的沉井应灌注水下封底混凝土,抽干水后再在井孔内填充圬工材料,填充圬工材料的目的是为了增加沉井的稳定性,减小基底合力偏心距,从而增加沉井的自重。有时为了减小基底应力,也可以不填充圬工,做成空心沉井,最后在井顶修筑钢筋混凝土钢盖板。

(2)浮运沉井施工

在深水中施工沉井基础时,人工筑岛施工困难,常采用浮运法下沉沉井。其施工方法是在岸边把沉井做成薄壁空体结构,或加临时性井底,使其能在水中漂浮,然后用拖船浮运至墩位,向井壁灌水或混凝土,使其徐徐下沉,并在悬浮状态下逐节接高,直至沉入河床,以后可按一般沉井施工。薄壁空体结构的浮运沉井常用钢丝网水泥薄壁沉井和双壁钢沉井两种形式。

①钢丝网水泥薄壁沉井

此沉井由钢筋网、钢丝网和水泥砂浆组成,通常将若干层钢丝网铺设在钢筋网的两侧,外面抹水泥砂浆,使之充满钢筋网和钢丝网之间的空隙,且以1~3mm作为保护层。当钢丝网和钢筋网达到一定含量时,钢丝网水泥就具有一种匀质材料的力学性能,即具有很大的弹性和抗裂性。因为钢丝网均匀分布在砂浆中,增加了水泥砂浆的内聚力和黏结力,钢丝网的网眼既分散了砂浆的收缩力,又限制了砂浆裂纹产生和开展,所以提高了水泥砂浆的坚韧性,能抵抗一定强度的冲击,大幅度地提高水泥砂浆的抗拉强度,对抗压强度影响甚微。

由于钢丝网水泥具有上述特性,故用来制造薄壁浮运沉井非常适宜,而且构造简单,无需模板和其他特殊设备,可以节省钢材和木材。

②双壁钢沉井

双壁钢沉井也叫钢壁围堰,是我国20世纪70年代修建九江长江大桥时在深水基础中首创的一种基础形式。双壁钢围堰是一个双壁圆钢壳结构,它可以承受围堰内外很大的水头差,围堰内抽水和围堰渡洪均不受水深限制,能够长年施工,不必等到枯水季节施工,因而能够缩短工期,使施工工序简单化,开创了长江深水中一年时间修建一个深水基础的新水平,改变了以往一个深水基础需要两个枯水季节完成的状况。

双壁钢围堰施工工序流程如下:

(a)在岸上先按设计分块预制围堰(沉井)钢壳,然后运至岸边,用导向船(二艘800t铁驳组成)上的吊机在拼装船上组拼底节沉井。

(b)用拖轮将拼装船和导向船拖至墩位处并用定位船抛锚定位。

(c)用导向船上两个各100t起吊能力的起吊架将重190t高12m的底节沉井吊起,然后将拼装船抽出,再将底节沉井徐徐放入水中浮起,并用导向船和缆绳将其在流水中定位。

(d)在空壁中注水压重下沉,并逐层接高钢壳,沉入河床后再继续在空壁中灌水及填充水下混凝土压重,同时吸泥下沉,直至刃脚下至岩层为止。

(e)沉井钢壳下至岩层后,确认一点已接触岩层时,就不可继续下沉,由潜水员下去用工字钢等支垫将刃脚与岩层的裂缝填紧,此时沉井仍处于悬浮状态,再向井壁内灌水压重,并将刃脚其他空隙用水泥浆填塞,使沉井稳妥地支承在岩面上,最后清底。

(f)沉井顶部安装施工平台,然后安装钻孔钢筒。钢筒直径3.0m,下端支于岩层,上端装有固定架用以定住钢筒位置,筒顶距封底混凝土顶0.5~1.0m。

(g)先灌注水下封底混凝土再拆固定架,然后可用冲击钻或旋转钻钻岩。

(h)在钻孔内放钢筋笼并灌注水下混凝土成桩。

(i)在沉井围堰内抽水,然后修建承台和墩身出水。

(j)拆除上部沉井钢壳,在水下切割位置应在最低水位以下一定深度,并将拆除后的钢壳吊走,以便下一个基础施工时重复使用。

以上施工方法实际是将浮运钢壳沉井当作深水围堰修筑桩基础或扩大基础,它作为一种施工手段,很好地解决了深水基础施工,是深水施工的一种有效方法,后来重庆长江大桥和常德沅江大桥的深水基础均采用双壁围堰施工。

(3)泥浆套与空气幕沉井施工

沉井下沉过程中是依靠自重克服摩擦阻力下沉至设计高程。为了减少井壁外侧对土体的摩擦阻力,使沉井轻型化,并加快沉井下沉速度,采用井壁外侧压送泥浆或压送空气的办法制成泥浆套沉井和空气幕沉井。

①泥浆套沉井

当沉井下沉深度较大时,为了减少井壁摩阻力采用泥浆润滑套的施工方法,即将沉井刃脚以上适当高度做成台阶形。台阶处井壁缩进10~20cm,以便在下沉过程中在井壁台阶以上的空隙中压入触变性黏土泥浆,形成10~20cm厚的一个泥浆润滑套。

触变性黏土泥浆一般用黏土35%~45%(质量比),水55%~65%加碳酸钠0.4~0.6%(按泥浆总重计)配合充分拌和而成。当沉井下沉时,泥浆与土体间发生滑移,泥浆受到扰动由凝胶状态变成溶胶状态,大大减少对井壁的摩擦力。

泥浆润滑套的构造:主要包括射口挡板、地表围圈、压浆管和泥浆。

(a)射口挡板

为了防止泥浆管射出的泥浆直冲土壁局部坍落堵塞出浆口,可在射口处用角钢或钢板制一个射口挡板,固定在井壁台阶上,这样对喷射的泥浆起缓冲作用。

(b)地表围圈

它是埋设在沉井外围保护泥浆的围壁,其作用是确保沉井下沉时泥浆套的宽度,防止表层土坍落在泥浆中,储存泥浆,保证在沉井下沉过程中泥浆补充到新造成的空隙中,泥浆在围圈内可以流动,调整各压浆管出浆的不均衡。地表围圈宽度等于沉井台阶的宽度,其高度一般在1.5~2.0m,顶面高出地面(岛面)约0.5m,上加顶盖以防止石头落入。

在薄壁沉井中宜采用外管法,即压浆管布置在井壁的外侧,如预留在井壁的压浆管堵塞时,亦可用外管法补救。

(c)选用的泥浆除按上述要求拌和外,还必须具有良好的固壁性、触变性和稳定性。

根据施工经验,泥浆套沉井施工应注意的问题为:

(i)勤补浆,要随时依据下沉量计算补浆的数量,边沉边补,使泥浆面保持在地表围圈顶面以下0.3~1.0m。

(ii)勤观测,在挖土过程中要经常测量孔内土面高度。特别是靠近刃脚的土面,保证刃脚始终埋入土层0.5~1.0m,避免翻砂和漏失泥浆。还应随时观测井顶斜度,以免倾斜度过大挤坏泥浆套和地表围圈。

(iii)勤补水,在吸泥过程中由于排水量大,井内水位迅速降落,因此必须向井内补水保持井内水位,避免翻砂和泥浆流失。

泥浆套沉井的优点为:下沉稳、位移小、容易纠偏,下沉速度快,特别在细粉砂中效果更好,可减少沉井自重,采用薄壁轻型沉井,节省混凝土。以上述实例采用泥浆套比不采用下沉速度提高3倍以上,节省混凝土35%左右。它的缺点是不适合于深水基础只适用于岸滩或旱地施工,下沉完后土体对井壁的固着力不易恢复,对基础长期使用不利,因泥浆润滑套的存在使刃脚对地基压力过大,容易产生在清底的同时引起基础下沉的情况。

②空气幕沉井

用空气幕下沉沉井是减少土对井壁摩擦力的另一种有效方法。它所采取的措施和作用的原理是:向预理在井壁四周的气管中压入高压空气流,气流由喷气孔喷出,沿沉井外壁上升、形成一圈压气层也称为空气幕,使周围土松动或液化,从而减小土与井壁之间的摩擦力,使沉井顺利下沉,此法又称空气喷射法或壁后压气法。

空气幕下沉沉井在国外早已采用。1975年我国在九江长江大桥上首次采用此法,效果很好,以后不少沉井基础采用了此法。

空气幕沉井在一般构造中增加了一套压气系统,该系统由气龛、气管、孔压机、贮气筒及输气管路组成。

(a)气龛

气龛是由沉井井壁外侧面上凹槽及槽中心的喷气孔组成。凹槽的作用是保护喷气孔和喷气孔喷出的高压气流有一扩散空间,然后较均匀地沿孔壁上升,形成空气幕。

气龛的形状多采用棱锥形,喷气孔为$\phi 1mm$的圆孔、气龛布置在每层水平环形气管上,制造沉井时就将气龛位置留出。待沉井混凝土模板拆除后,在气龛凹槽处水平环形气管上用电钻钻上1mm气孔。

气龛的数量主要取决于每个气龛所分担的摩擦面积。一般等距布置,上下层交错排列,根据施工经验下部按$1.2m^2/$个,上部按$1.6 m^2/$个计算。气龛是空气幕沉井的关键结构,制造时必须保证质量,不得堵塞,在沉井下沉前应压气检查各气龛的喷气情况,气路畅通才能下沉。

(b)井壁气管

压气管有两种:一种是水平环形喷气管,连接各层气龛,采有$\phi 25mm$硬质聚乙烯管,将其在沉井壁外缘埋设,分层分区布置,每层水平环形管按四角分为四个区,以便分别压气,调整沉井下沉倾斜。第一层设在距刃脚底面以上3m左右高度,保持下部沉井与土层之间有足够的接触面积,防止刃脚下的挖空过多,压气时会出现井内涌砂现象,下部各层水平环形管间距为1.0~1.5m。上部间距为2.0m;另一种是竖管,竖管可用塑料管或钢管,每根竖管与两根环形管相连,并伸出井顶与输气管相连。

(c)空压机和供气系统

空气压缩机的选用主要由气压和气量决定,气压取静水压力的2.5倍。贮气筒(风包)的作用主要防止压气时压力骤然降低影响压气效果,起稳压作用。

空气幕沉井下沉时应先吸泥同时向井内补水,当井孔内土面低于刃脚底面0.5~1.0m时,应停止吸泥,然后压气下沉,压顺序先上层后下层,由上而下逐层开启气阀,下沉停止后,先关气再补水吸泥,循环进行。

空气幕沉井的优点是:由于压气减小了井壁摩擦力,因而可减轻沉井自重,使其轻型化,比普通沉井节省混凝土30%~50%;设备简单,吸泥和压气下沉可共用一套压气设备;下沉速度快,与普通沉井比可提高20%~60%;下沉量容易控制,下沉完后土对井壁摩阻力可基本恢复,克服了泥浆套沉井外壁摩阻力不易恢复的缺点。可以在深水中施工,为深水基础采用薄壁沉井找到了一种新的途径。它的不足之处,仅在于适用于地下水位较高的细粉砂土和黏土层,对其他土层收效不大。

第二节 桥梁墩台施工

桥梁墩台是桥梁结构的重要组成部分,它主要由墩台帽、墩台身和基础三部分组成。按照施工工艺可将桥梁墩台分为整体式墩台和装配式墩台两种类型。桥梁墩台施工时应使其位置、尺寸外形、强度、刚度、稳定性和耐久性等多方面符合设计要求。为此在施工过程中首先应精确测定墩台位置,正确地选用和安装模板,并选用试验合格的建筑材料,严格执行施工规范和操作规程,确保墩台施工质量。

一、承台施工

1. 围堰及开挖方式的选择

(1)当承台位置处于干处时,一般直接采用明挖基坑,并根据基坑状况采取一定措施后,在其上安装模板,浇筑承台混凝土。

(2)当承台位置位于水中时,一般先设围堰(钢板桩围堰或套箱围堰)将群桩围在堰内,然后在堰内河底灌注水下混凝土封底,凝结后,将水抽干,使各桩处于干地,再安装承台模板,在干处灌注承台混凝土。

(3)对于承台底高程位于河床以上的水中,采用有底套箱或其他方法在水中将承台模板支撑和固定。如利用桩基,或临时支撑直接设置,承台模板安装完毕后抽水,堵漏,即可在干处灌注承台混凝土。

(4)承台模板支撑方式的选择应根据水深、承台的类型、现有的条件等因素综合考虑。

2. 围堰

围堰的形式根据地质情况、水深、流速、设备条件等因素综合考虑。

3. 开挖基坑

(1)基坑开挖一般采用机械开挖,并辅以人工清底找平,基坑的开挖尺寸要求根据承台的尺寸、支模及操作的要求、设置排水沟及集水坑的需要等因素进行确定。

(2)基坑的开挖坡度以保证边坡的稳定为原则,根据地质条件,开挖深度,现场的具体情况确定,当基坑壁坡不易稳定或放坡开挖受场地限制,或放坡开挖工作量大不经济时,可按具体情况加固坑壁措施,如挡板支撑、混凝土护壁、钢板桩、锚杆支护、地下连续墙等。

(3)基坑顶面应设置防止地面水流入基坑的措施,如截水沟等。

(4)当基坑地下水采用普遍排水方法难以解决时,可采用井点法降水,井点类型根据其土层的渗透系数、降水的深度及工程的特点进行确定。

(5)承台底的处理。

低桩承台:当承台底层土质有足够的承载力,又无地下水或能排干时,可按天然地基上修筑基础的施工方法进行施工。当承台底层土质为松软土,且能排干水施工时,可挖除松软土,换填10~30cm厚砂砾土垫层,使其符合基底的设计高程并整平,即立模灌筑承台混凝土。如不能排干水时,用静水挖泥法换填水稳性材料,立模灌筑水下混凝土封底后,再抽干水灌筑承台混凝土。

高桩承台:当承台底以下河床为松软土时,可在板桩围堰内填入砂砾至承台底面高程。填砂时视情况决定,可抽干水填入或静水填入,要求能承受灌注封底混凝土的重力。当底层土承载力小于$0.15H\text{kg/cm}^2$(H为水中封底混凝土厚度,m),而围堰内水不易排干,填砂砾尚不能支撑封底混凝土的重力时,则应考虑提请监理和设计单位进行变更设计或降低承台到能承受封底混凝土重力的土层中,或提高承台采用吊箱围堰施工。

4. 模板及钢筋

(1)在设置模板前应按前述做好承台底的处理,破除桩头,调整桩顶钢筋,作好喇叭口。模板一般采用组合钢模,纵、横楞木采用型钢,在施工前必须进行详细的模板设计,以保证使模板有足够的强度、刚度和稳定性,能可靠的承受施工过程中可能产生的各项荷载,保证结构各部位形状、尺寸的准确。模板要求平整,接缝严密,拆装容易,操作方便。一般先拼成若干大块,再由吊车或浮吊(水中)安装就位,支撑牢固。

(2)钢筋的制作严格按技术规范及设计图纸的要求进行,墩身的预埋钢筋位置要准确、牢固。

5.混凝土的浇筑

(1)混凝土的配制要满足技术规范及设计图纸的要求外,还要满足施工的要求。如泵送对坍落度的要求。为改善混凝土的性能,根据具体情况掺加合适的混凝土外加剂。如减水剂、缓凝剂、防冻剂等。

(2)混凝土的拌和采用拌和站集中拌和,混凝土罐车通过便桥或船只运输到浇筑位置。采用流槽、漏斗或泵车浇筑,也可由混凝土地泵直接从岸上泵入。

(3)混凝土浇筑时要分层,分层厚度要根据振动器的功率确定,要满足技术规范的要求。

(4)大体积混凝土的浇筑:随着桥梁跨度越来越大,承台的体积变得很大,越来越多的承台混凝土的施工必须按照大体积混凝土的方法进行。大体积混凝土的施工除遵照一般混凝土的要求外,施工时还应注意以下几点。

①水泥:选用水化热低,初凝时间长的矿山水泥,并控制水泥用量。

②砂、石:砂选用中、粗砂,石子选用 0.5~3.2cm 的碎石和卵石。夏季砂、石料堆可设简易遮阳棚,必要时可向集料喷水降温。

③外加剂:可选用复合型外加剂和粉煤灰以减少绝对用水量和水泥用量,延缓凝结时间。

④按设计要求敷设冷却水管,冷却水管应固定好。

⑤如承台厚度较厚,宜分层浇筑混凝土。分层厚度以 1.5m 左右为宜,层间间隔时间 5~14 天之间,上层浇筑前,应清除下层水泥薄膜和松动石子以及软弱混凝土面层,并进行润湿、清洗。

6.混凝土养生和拆模

混凝土浇筑后要适当进行养生,尤其是体积较大,气温较高时要注意,防止混凝土开裂。混凝土强度达到拆模要求后再进行拆模。

二、墩、台身施工

1.钢筋混凝土墩、台身

(1)在承台顶面准确放出墩台中线和边线,考虑混凝土保护层后,标出主钢筋就位位置。

(2)将加工好的钢筋运至工地现场绑扎,在配置第一层垂直筋时,应使其有不同的长度,以符合同一断面筋接头的有关规定。随着绑扎高度的增加,用圆钢管搭设绑扎脚手架,作好钢筋网片的支撑并系好保护层垫块。

(3)条件许可时,可事先加工成钢筋网片或骨架,整体吊装焊接就位。

(4)将标准钢模组合成分块模板片,板片高度及宽度视墩台身尺寸和吊装能力确定。

(5)用夹具将工字钢立柱和板片竖向连接,横向用销钉和槽钢横肋,将整个模板连成整体,安装就位,用临时支撑支牢,待另一面模板吊装就位后,用圆钢拉杆外套塑料管并加设锥形垫,外加垫块螺帽,内加横内撑,将两面模板横向连成整体,校正定位。

(6)端头模板要和墙面模板牢固连接,认真采取支撑、加固措施,防止跑模、漏浆。

(7)为保证模板的使用性能和吊装时不变形,模板必须有足够的强度、刚度和稳定性,事先进行认真的设计。

(8)施工脚手架用螺栓连接在立柱上,立柱下部设置可调斜撑,以确保模板位置的正确。

(9)安装直坡式墩台模板,为便于提升,宜有0.5%～1%模板高度的锥度,在制作模板时,可根据锥度要求加工一定数量的梯形模板,为适应于空心墩台,还须制作收坡式模板。

(10)使用拼装式模板修筑圆形、方形墩时,可视吊装能力,分节组拼成整体模板,以加快进度,保证质量及安全。

(11)统筹安排混凝土拌和站的位置,拌和站的拌和能力必须满足施工需要,原材料质量、混凝土施工配合比、坍落度等必须符合设计要求。

(12)混凝土浇筑前应将模板内杂物、已浇混凝土面上泥土清理干净,模板、钢筋检查合格后,方可进行混凝土的浇筑。

(13)混凝土的水平运输视运距远近和方量大小可选用手推车、轻便轨道活底斗车、自卸汽车或混凝土拌和车。混凝土垂直运输常用各种吊机、扒杆、吊架、混凝土泵、混凝土泵车及皮带输送机等进行高墩台的混凝土浇筑。

(14)墩台身高度不大时,可搭设木板坡道,中间钉设防滑木条,用手推车运输混凝土浇筑。当墩台身高度较大,混凝土下落高度超过2m时,要使用漏斗、串筒。

(15)拼装式模板用于高墩台时,应分层支撑、分层浇筑,在浇筑第一层混凝土时,于墩台身内预埋支承螺栓,以支承第二层模板的安装和混凝土的浇筑。

(16)浇筑墩台混凝土通常搭设普通外脚手架,浇筑高墩台混凝土时,须采用简易活动脚手或滑动脚手。浇筑空心高墩台混凝土宜搭设内脚手,并兼作提升吊架。

(17)混凝土应分层、整体、连续浇筑,逐层振动密实,轻型墩台需设置沉降缝时,缝内要填塞沥青麻絮或其他弹性防水材料,并和基础沉降缝保持顺直贯通。

(18)混凝土浇筑时要随时检查模板、支撑是否松动变形,预留孔、预埋支座钢板是否移位,发现问题要及时采取补救措施。

(19)混凝土浇筑完成后适时覆盖洒水养生,预松模板拉杆透水养生,拆模后也可采用喷洒养生剂、圈套塑料养生。

(20)浇筑轻型薄壁墩台,为防止出现混凝土裂缝,施工时应认真进行混凝土配合比设计,严格计量投料,精心施工,重视养生。为保持其墙体的稳定,混凝土浇筑后,要抓紧安排支撑梁混凝土的施工,以及上部构件的吊装,使整个构造物早日形成受力框架。

(21)高大的后仰桥台,为平衡偏心,应在浇筑台身混凝土之后,及时填筑台后路堤土方,防止桥台后倾或前滑。未经填土的台身露出地面的高度不得超过4m,以防止因偏心造成基底的不均匀沉陷。

2.滑动模板施工工艺

活动模板用于修筑长区间连续隧道、地下铁道、防坡堤、隔音墙、桥墩、烟囱、电视塔等工程。这种模板机械化程度高,能保证工程质量,加快施工进度,它的结构形式较多,一般分为拱架式模板、滑动模板、跳跃式模板。在桥梁施工中最广泛应用的是滑动模板,下面只介绍滑模施工方法。

(1)滑模组装

滑动模板的构造主要由工作平台,内外模板工作吊篮和提升设备组成。滑动模板在结构上应有足够的强度、刚度和稳定性,每段模板高度一般为1～1.2m,滑升模板的支承及提升设备应能保证模板竖直均衡上升。滑升模板组装时,应使各部尺寸的精度符合设计要求,组装完毕须经全面检查试验后,才能进行浇筑。

(2)灌注混凝土

滑模的混凝土灌注,须连续浇灌,一般是昼夜连续施工,浇灌的混凝土采用低流动性,并掺速凝剂以便尽早脱模加快施工速度。浇注混凝土时应分层分片对称灌注,其高度在50~70cm时,试提升2~5cm,并检查各部位运转是否正常,模板是否与混凝土粘着。模板提升高度及速度,应根据混凝土脱模的强度和它的供应情况而定,要保持混凝土顶面在模板上口以下10~15cm。

(3)提升与收坡

提升设备由千斤顶来完成,通过顶升工作平台的辐射梁使整个滑模提升。工作吊篮悬挂在工作平台的辐射梁上,它随滑动模板提升而向上移动,供施工人员对刚脱模的混凝土进行表面修饰和养护等操作使用。材料升送和施工人员的升降可由中心塔架的起重臂担负,与模板上升完全无关。

(4)接长顶杆,绑扎钢筋

(5)混凝土停工后的处理

施工时如出现意外故障,致使混凝土工作停止较长时间,应每隔半小时稍提升一次模板,以免黏结,停工时在混凝土表面插入短钢筋,加强新旧混凝土的连续,复工时混凝土表面凿毛并清除残渣。

3.砖石混凝土预制块砌筑

(1)准确测出墩台纵横向中线,放出实样、挂线砌浇。

(2)在砌筑墩台身的底层块时,如基底为岩石或混凝土时,应将其表面清洗干净,坐浆砌筑。如基底为土质时,则不必坐浆,但应夯实。

(3)墩台身须分段分层砌筑,两相邻工作段的砌筑高差不宜超过1.2m,分段位置应在沉降缝或伸缩缝处。

(4)砌筑用的石料应经过精细加工,分层分块编号,对号入座,砌筑时,较大石料用于下部,坐满砂浆后再依次砌筑上层,砌筑上层时,不得振动下层石料。

(5)砌筑斜面墩台时,斜面要逐层收坡,保证规定坡度。

(6)混凝土预制块砌筑顺序先从角石开始,竖缝用厚度比灰缝略小的铁片控制,缝内坐满砂浆,安砌后立即用扁铲捣实。

(7)砌块用砂浆黏结,不得直接接触,要使砌缝均匀整齐。

(8)随着砌体的升高,适时搭设脚手架,用以堆放材料及砂浆,施工脚手架有轻型固定式、梯子式、滑动升高式、简易活动式等数种,可根据具体情况选用。

(9)砌筑材料及砂浆的提升方法,在砌体不高时,可用简单马凳、跳板直接运送;砌体较高时,可用各种吊机、扒杆等小型起重设备运送。

(10)砌体达到设计高程时,及时勾缝。

三、装配式墩台施工

装配式墩台适用于山谷架桥、跨越平缓无漂流物的河流、河滩等的桥梁,特别是在工地干扰多、施工场地狭窄,缺水与砂石供应困难地区,其效果更为显著。装配式墩台的优点是:结构形式轻便、建桥速度快、圬工省、预制构件质量保证等。目前经常采用的有砌块式、柱式和管节式或环圈式墩台等。

1.砌块式墩台施工

砌块式墩台的施工大体上与石砌墩台相同,只是预制砌块的形式因墩台的形状不同而有很多变化。

2. 柱式墩施工

装配式柱式墩系将桥墩分解成若干轻型部件,在工厂工地集中预制,再运送到现场装配桥梁。其形式有双柱式、排架式、板凳式和刚架式等。施工工序为预制构件、安装连接与混凝土填缝养护等。其中拼装接头是关键工序,既要牢固、安全,又要结构简单便于施工。常用的拼装接头有:

(1)承插式接头:将预制构件插入相应的预留孔内,插入长度一般为1.2~1.5倍的构件宽度,底部铺设2cm砂浆,四周以半干硬性混凝土填充。常用于柱与基础的接头连接。

(2)钢筋锚固接头:构件上预留钢筋或型钢,插入另一构件的预留槽内,或将钢筋相互焊接,再灌注半干硬性混凝土。多用于立柱与顶帽处的连接。

(3)焊接接头:将预埋在构件种的铁件与另一构件的预埋铁件用电焊连接,外部再用混凝土封闭。这种接头易于调整误差,多用于水平连接杆与主柱的连接。

(4)扣环式接头:相互连接的构件按预定位置预埋环式钢筋,安装时柱脚先座落在承台的柱芯上,上下环式钢筋互相错接,扣环间插入U形短钢筋焊牢,四周再绑扎钢筋一圈,立模浇注外围接头混凝土,要求上下扣环预埋位置正确,施工较为复杂。

(5)法兰盘接头:在相连接构件两端安装法兰盘,通过法兰盘连接,要求法兰盘预埋位置必须与构件垂直,接头处可不用混凝土封闭。

装配式柱式墩台施工应注意以下几点:

(1)墩台柱构件与基础顶面预留杯形基础应编号,并检查各个墩、台高度和基座高程是否符合设计要求;基杯口四周与柱边的空隙不得小于2cm。

(2)墩台柱吊入基杯内就位时,应在纵横方向测量,使柱身竖直度或倾斜度以及平面位置均符合设计要求;对重大、细长的墩柱,需用风缆或撑木固定,方可摘除吊钩。

(3)在墩台柱顶安装盖梁前,应先检查盖梁口预留槽眼位置是否符合设计要求,否则应先修凿。

(4)柱身与盖梁(顶帽)安装完毕并检查符合要求后,可在基杯空隙与盖梁槽眼处灌注稀砂浆,待其硬化后,撤除楔子、支承或风缆,再在楔子孔中灌填砂浆。

3. 预应力混凝土装配式墩施工

装配式预应力钢筋混凝土墩分为基础、实体墩身和装配墩身三大部分。装配墩身由基本构件、隔板、顶板及顶帽四种不同形状的构件组成,并由高强钢丝穿入预留上下贯通的孔道内,张拉锚固而成。

施工工艺流程,分施工准备、构件预制及墩身装配三道工序。全过程贯穿着质量检查工作。实体墩身灌注时要按装配构件孔道的相对位置,预留张拉孔道及工作孔。构件装配的水平拼装缝采用35号水泥砂浆,砂浆厚度为15mm,便于调整构件水平高程,不使误差积累。

此外,当在基础或承台上安装预制混凝土管节、环圈作墩、台或索塔的外模时,应注意下列事项:

(1)为使混凝土基础与墩、台联系牢固,应由混凝土基础或承台中伸出钢筋插入管节,环圈中间的现浇混凝土内,插入钢筋的数量和锚固长度应按设计规定或通过计算决定。

(2)管节或环圈安装时,应严格控制轴线的设计位置,不得出现倾斜或上下错位现象。

(3)应使用砂浆将管节或环圈处的接缝填塞抹平。

(4)管节或环圈内的钢筋绑扎和混凝土浇筑,应按《公路桥涵施工技术规范》(JTJ 041—2000)有关规定实行。

第三节 梁(拱)桥上部浇筑与砌筑施工

一、支架、拱架与模板

1.支架、拱架与模板的设计
(1)支架、拱架与模板的设计和施工要求
①具有必需的强度、刚度和稳定性,能可靠地承受施工过程中可能产生的各项荷载,保证结构物各部形状、尺寸准确;
②尽可能采用组合钢模板或大模板,以节约木材,提高模板的适应性和周转率;
③模板板面平整,按接缝严密不漏浆;
④拆装容易,施工时操作方便,保证安全。
(2)支架、拱架和模板设计内容
①绘制支架、拱架和模板总装图、细部构造图;
②在计算荷载作用下,对支架、拱架和模板结构受力程序分别验算其强度、刚度及稳定性;
③制订支架、拱架和模板结构的安装、使用、拆卸保养等有关技术安全措施和注意事项;
④编制支架、拱架和模板材料数量表;
⑤编制支架、拱架和模板设计说明书。
计算支架、拱架和模板时,应考虑下列荷载并按表5-4进行荷载组合。

计算支架、拱架和模板的荷载组合 表5-4

项次	模板构件名称	荷载组合	
		计算强度用	验算刚度用
1	梁、板和拱的底模板以及支承板、拱架、支架等	①+②+③+④+⑦	①+②+⑦
2	缘石、人行道、栏杆、柱、梁、板、拱的侧模板	④+⑤	⑤
3	基础、墩台等厚大建筑物的侧模板	⑤+⑥	⑤

(3)支架、拱架和模板荷载内容
①支架、拱架和模板自重;
②新浇筑混凝土、钢筋混凝土或新砌砖、石砌体的重力;
③施工人员和施工料、具等行走运输或堆放的荷载;
④振捣混凝土时产生的荷载;
⑤新浇筑混凝土对侧面模板的压力;
⑥倾倒混凝土时产生的水平荷载;
⑦其他可能产生的荷载,如雪荷载、冬季保温设施荷载等。
计算支架、拱架和模板的强度和稳定性时,应考虑作用在支架、拱架和模板上的风力,风力可参照《公路桥涵设计通用规范》(JTG D60—2004)有关规定进行计算。设于水中的支架,尚应考虑水流压力、流冰压力和船只漂流物等冲击力荷载。验算倾覆的稳定系数不得小于1.3。双曲拱、组合箱型拱,如系就地浇筑,其支架和拱架的设计荷载可只考虑承受拱肋重力及施工操作时的附加荷载。钢木模板、拱架及支架的设计,可参照交通部标准《公路桥涵钢结构及木

结构设计规范》(JTJ 025—1986)的有关规定。

验算模板、拱架及支架的刚度时，其变形值不得超过下列数值：

①结构表面外露的模板，挠度为模板构件跨度的 1/400；

②结构表面隐蔽的模板，挠度为模板构件跨度的 1/250；

③拱架、支架受载后挠曲的杆件（盖梁、纵梁），其弹性挠度为相应结构跨度的 1/400；

④钢模板的钢棱、柱箍变形为 3.0mm。

模板与混凝土的黏结力可参照规范的有关数值选定。

2. 支架、拱架和模板的制作与安装

(1)模板的制作与安装

钢模板宜采用标准化、系列化和通用化的组合模板，组合钢模板的设计和施工应符合《组合钢模板技术规范》(GB 50214—2001)的规定。钢模板及其配件应按批准的加工图加工，成品经检验合格后方准使用。木模可在工厂或施工现场制作，木模与混凝土接触的表面应平整、光滑，多次重复使用的木模应在内侧加钉薄铁皮。木模的接缝可做成平缝、搭接缝或企口缝，当采用平缝时，应采取措施防止漏浆；木模的转角处应加嵌条或做成斜角。重复使用的模板应始终保持其表面平整、形状准确，不漏浆，有足够的强度、刚度等。窄墙或墩柱下部的模板不可钉死，以便清除模板内的杂物。

浇筑混凝土之前，模板应涂刷脱模剂，外露面混凝土模板的脱模剂应采用同一种品种，不得使用易粘在混凝土上或使混凝土变色的油料。模板与钢筋安装工作应配合进行，妨碍绑扎钢筋的模板应待钢筋安装完毕后安设。模板不得与脚手架发生联系（模板与脚手架整体设计时除外），以免在脚手架上运存材料和工人操作时引起模板变形。

安装侧模板时，应考虑防止模板移位和凸出。基础侧模可在模板外设立支撑固定，墩、台、梁的侧模可设拉杆固定。浇筑在混凝土种的拉杆，应按拉杆拔出或不拔出的要求，采取相应的措施。对小型结构物，可使用金属线代替拉杆。

模板安装完毕后，应保持位置正确。浇筑时，发现模板有超过允许偏差变形值的可能时，应及时纠正。当结构自重和汽车荷载（不计冲击力）产生的向下挠度超过跨径的 1/1600 时，钢筋混凝土梁、板的底模板应设预拱度，预拱度值应等于结构自重和 1/2 汽车荷载（不计冲击力）所产生的挠度。纵向预拱度可做成抛物线或圆曲线。

固定在模板上的预埋件和预留孔洞须安装牢固、位置准确。模板安装完毕后，应对其平面位置、顶部高程、节点联系及纵横向稳定性进行检查，会签后方能浇筑混凝土。

充气胶囊作空心构件内芯模时，应遵守以下规定：

①胶囊在使用前应经过检查，不得漏气，使用中应有专人检查钢丝头，钢丝头应弯向内侧；每次使用后，应将其表面的水泥浆清洗干净，妥善保存，防止日晒，不得接触油、酸、碱等有害物质；

②从开始浇筑混凝土到胶囊放气时止，其充气压力应保持稳定；

③浇筑混凝土时，为防止胶囊上浮和偏位，应用定位箍筋与外模联系加以固定，并应对称平衡地进行浇筑；

④胶囊的放气时间应经试验确定，以混凝土强度达到能保持构件不变形为宜。

当内心芯模采用钢管、硬胶管或活动芯模时，其施工要求可参考有关资料。

滑升模板适用于较高的墩台和吊桥、斜拉桥的索塔施工。采用滑升模板时，应遵守下列规定：

(a)滑升模板在结构上应有足够的强度、刚度和稳定性,每段模板高度一般为1~1.2m,滑升模板的支承及提升设备应能保证模板竖直均衡上升。为使模板不致发生倾斜和扭转,宜采用油压千斤顶同步提升,提升速度宜为10~30cm/h。如使用其他提升设备,应采取相应措施。

(b)滑升模板组装时,应使各部尺寸的精度符合设计要求,组装完毕必须经全面检查试验后,才能进行浇筑。

(c)滑升模板施工应连续进行,如因故中断,在中断前应将混凝土浇筑齐平。中断期间模板仍应继续缓慢地提升,直到混凝土与模板不致粘住为止。

(2)拱架、支架的制作与安装

拱架和支架应根据设计图进行制造和安装,应尽可能采用标准化、系列化、通用化的构件拼装。无论使用何种材料的拱架和支架,均应进行施工图设计,并验算其强度和稳定性。

为保证结构竣工后尺寸准确,拱架和支架应预留施工拱度,在确定施工拱度值时,应考虑下列因素:

①拱架和支架承受施工荷载引起的弹性变形;
②超静定结构由混凝土收缩、徐变及温度变化而引起的挠度;
③承受推力的墩台,由于墩台的水平位移所引起的拱圈挠度;
④由结构重力引起梁或拱圈的弹性挠度,以及1/2汽车荷载(不计冲击力)引起梁或拱圈的弹性挠度;
⑤受荷后由于杆件接头的挤压和卸落设备压缩而产生的非弹性变形;
⑥支架基础在受荷后的非弹性沉陷。

制作木拱架、木支架时,长杆件接头应尽量减少,两相邻立柱的连接接头应尽量分设在不同的水平面上。主要压力杆的纵向连接,应使用对接法并用木夹板或铁夹板夹紧;次要构件的连接可用搭接法。木拱架、木支架节点处的连接,应力求简单。

安装拱架前,对拱架立柱和拱架支承面应详细检查,准确调整拱架支承面和顶部高程,并复测跨度,确认无误后方可进行安装。各片拱架在同一节点处的高程应尽量一致,以便于拼装平联杆件。在风力较大的地区,应设置风缆。

拱架和支架应稳定、坚固,应能抵抗在施工过程中有可能发生的偶然冲撞和振动。安装时应注意以下几点:

(a)支架立柱必须安装在有足够承载力的地基上,立柱底端应设垫木来分布和传递压力,并保证浇筑混凝土后不发生超过允许的沉降量。

(b)施工用的脚手架和便桥,不应与构造物的模板支架相连接,以免施工振动时影响浇筑混凝土质量。

(c)船只或汽车通行孔的两边支架应加设护桩,夜间应用灯光标明行驶方向。施工中易受漂流物冲撞的河中支架应设坚固防护设备。

为便于拱架和支架的拆卸,应根据结构形式、承受的荷载大小及需要的卸落量,在拱架和支架适当部位设置相应的木楔、木马、砂筒或千斤顶等落模设备。

拱架或支架安装完毕后,应对其平面位置、顶部高程、节点联系及纵、横向稳定性进行全面检查,符合要求后,方可进行下一工序。

3.支架、拱架及模板的拆卸

模板、拱架和支架的拆除期限应根据结构物特点、模板部位和混凝土所达到的强度来决定。

(1)非承重侧模板应在混凝土强度能保证其表面及棱角不致因拆模而受损坏时方可拆除，一般应在混凝土抗压强度达到 2.5MPa 时方可拆除侧模板。

(2)芯模和预留孔道内模，应在混凝土强度能保证其表面不发生塌陷和裂缝现象时，方可拔除，拔除时间可按规范有关规定确定。

(3)钢筋混凝土结构的承重模板、拱架和支架，应在混凝土强度能承受其自重力及其他可能的迭加荷载时，方可拆除，一般跨径等于及小于 3m 的板和拱达到设计强度的 50%，跨径大于 3m 的板、梁、拱达到设计强度的 70%。如设计上对拆除承重模板、拱架、支架另有规定，应按照设计规定执行。

混凝土达到 2.5MPa 及 50%、70%、100% 设计强度所需时间，可参考《公路桥涵施工技术规范》(JTJ 041—2000)附录数值。但对重要构件，混凝土达到所需强度的时间必须通过试验决定。

砖、石拱桥的拱架卸落时间，应符合下列要求：

①浆砌砖、石拱桥，须待砂浆强度达到设计要求，如设计无要求则无须达到砂浆强度 70%；

②跨径小于 10m 的小拱桥，宜在拱上建筑全部完成后卸架；中等跨径实腹式拱，宜在护拱砌完后卸架；大跨径空腹式拱，宜在拱上小拱横墙砌好(未砌小拱圈)时卸架；

③当需要进行裸拱卸架时，应对裸拱进行截面强度及稳定性验算，并采取必要的稳定措施；

卸落拱架和支架的程序，应按详细拟定的卸落程序进行，分几个循环卸完，卸落量开始宜小，以后逐渐增大。在纵向应对称均衡卸落，在横向应同时一起卸落。在拟定卸落程序时应注意以下几点：

①在卸落前应在卸架设备上划好每次卸落量的标记；

②满布式拱架卸落时，一般可从拱顶向拱脚依次循环卸落；拱式拱架可在两支座处同时均匀卸落；

③简支梁、连续梁宜从跨中向支座依次循环卸落；悬臂梁应先卸挂梁及悬臂的支架，再卸无铰跨内的支架；

④多孔拱桥卸架时，若桥墩允许承受单孔施工荷载，可单孔卸落，否则应多孔同时卸落，或各连续孔分阶段卸落；

⑤卸落拱架时，应设专人用仪器观测拱圈挠度和墩台变化情况，并详细记录。

墩、台模板宜在其上部结构施工前拆除。拆除模板、卸落拱架和支架时，不允许用猛烈地敲打和强扭等粗暴的方法进行。模板、拱架和支架拆除后，应将表面灰浆、污垢清除干净，并应维修整理，分类妥善存放，防止变形开裂。

二、梁式桥现浇施工

1. 施工准备工作

就地浇筑施工梁式桥的混凝土之前应做好周密的准备和严格的检查工作。其准备与检查项目可从以下方面进行：支架模板是否符合图纸要求；接头、卸架设备等是否准确、可靠；钢筋、钢索位置是否按图纸规定的要求布置；混凝土的生产质量是否符合规定额要求。总之在混凝土浇筑前，应会同监理部门对支架、模板、钢筋、预留管道和预埋构件详细检查合格后，方可浇筑混凝土。混凝土浇筑时为了保证其整体性，防止上层浇筑时破坏下层，对混凝土层次之间的浇筑速度应加以限制。其浇筑速度可按下式计算：

$$v \geq \frac{s}{t}$$

式中：v——浇筑时混凝土上升面速度的最小值(m/s)；

　　　s——浇混凝土时扰动深度，无规定值时取 $s=0.25\sim0.5$m；

　　　t——混凝土实际初凝时间(s)。

无论哪一种形式的梁桥，在考虑主梁混凝土浇筑程序时，不应使模板、支架产生有害的下沉，为了使混凝土振捣密实，应采用相应的分层浇筑，当在斜面或曲面上浇筑时，一般从低处开始。

2. 混凝土浇筑程序

(1) 简支梁桥混凝土浇筑程序

当跨径不大的简支梁桥，可沿一跨全长范围内分层浇筑，分层厚度由振捣类型决定：机械振捣时为 15～30cm；人工振捣时取 15～20cm。且要求浇筑混凝土速度尽量快当跨径较大时采用从主梁两端斜层向跨中浇筑，也可先浇筑纵、横梁，再沿桥全宽浇桥面混凝土。若桥面较宽且混凝土数量较大时，可分成若干纵向单元对支架受力对称均衡分别浇筑。因为就地浇筑施工在简支梁上使用较少，下面主要介绍支架现浇悬臂梁、连续梁桥的施工程序。

(2) 悬臂梁、连续梁桥混凝土浇筑程序

悬臂梁和连续梁桥上部在支架上现浇时，因桥墩台为刚性支点，桥跨下的支架为弹性支承，浇筑时支架会产生不均匀沉降，浇筑混凝土时应从跨中向两岸墩台进行。桥墩处设置接缝，待支架沉降稳定后，再浇墩顶接缝处的混凝土。大跨连续梁桥，除墩处设接缝外，还可在支架的硬支点附近设置，接缝一般宽为 0.8～1.0m，两端用横板间隔，并预留加强钢筋的孔洞。

小跨径预应力混凝土连续梁桥，一般从一段向另一端分层、分段浇筑施工。施工时本分两层浇筑，并在墩顶处预留合拢段。当两跨的混凝土浇筑完成后，再浇中间墩顶的合拢段，照此程序完成 5 孔一联板桥的浇筑工作。每一联的工期约 70 天，其中搭支架 15 天，安装模板、扎筋布索等约 30 天，浇筑并养护为 15 天，脱模、拆支架约 10 天。

大跨径预应力混凝土连续梁桥常采用箱形截面，施工时要分多段进行。一种是水平分层方法，先浇筑底板，待达到一定强度后进行腹板施工，最后浇筑顶板。当工程量较大时，各部位还可分数次完成浇筑。另一种施工方法是分段施工法，根据施工能力，每隔 20～45m 设置连接缝，该连接缝一般设在梁的弯矩较小的区域，连接缝宽 1m，待各段混凝土浇筑完成后，最后在接缝处施工合拢。为使接缝处结合紧密，通常在梁腹板上作成齿形或留企口缝。分段施工法，大部分混凝土重力在梁合拢之前已作用，这样可使支架早期变形，而不致引起梁的开裂，可以保证施工质量。此桥完成一联的工期为 180 天，其中浇混凝土及养护为 45 天。

3. 悬臂浇筑施工

悬臂浇筑是在桥墩两侧逐段对称就地浇筑混凝土，待混凝土达到一定强度后张拉预应力索筋，移动机具模板(挂篮)继续浇筑下一节段。节段长度与梁段混凝土重、挂篮重和平衡配重以及施工荷载产生的内力密切相关。故每隔节段长度一般为 3～4m，特大桥也不超过 6m。悬臂浇筑施工中的主要设备是挂篮，因桥墩根部 0 号块垮工体积大，产生重力也大，且为了拼装和支承挂篮的起步长度，常先采用托架浇筑起步长度。采用此法建造混凝土悬臂梁桥和连续梁桥时，使墩梁临时固结满足悬臂施工的必要条件，待合拢后再恢复原结构状态。

(1) 施工托架

依据墩身高度，承台形式和地形条件，分别利用墩身、承台或地面设立支承托架。托架可采用万能杆件拼制，它的高度和长度应视挂篮施工的需要和现浇段长度而定，横桥向的宽度一般比箱梁底宽出1.5~2.0m，便于立箱梁边肋的外侧模板。托架顶面与箱梁底面在桥纵向的线形应保持一致。常用的施工托架有两种：一是斜撑式；二是斜拉式。

为了消除托架在浇筑梁段混凝土产生的变形，常用千斤顶法、水箱法对托架预加变形。

(2) 施工挂篮

托架上施工头几段达到挂篮起步长度后，拼装挂篮将其承重结构连接起来，待悬浇到一定长度后，再将它承重梁分开，分别向墩的两侧逐段推进，新浇梁段达到设计强度后张拉预应力束筋与前一梁段连为一体。挂篮是一个能沿轨道行走的空中活动脚手架，悬挂在已经张拉的箱梁节段上，待浇段的模板安装，钢筋绑扎，管道安装，预应力操作，压浆封端等所有工序均在挂篮上进行，完成一个梁段后，挂篮可前移一个节段，循环悬臂浇完所有梁段。

挂篮的功能是：支承梁段模板，调整梁段位置，吊运材料、机具，浇筑混凝土，装、拆模板和张拉预应力束筋。故它既是空中施工场地，又是施工梁段的承重结构。因此，挂篮要求：强度安全可靠，自重轻，刚度大，变形小，稳定性好，装、拆、移动迅速方便等。

挂篮的种类很多，其构造也随之各有差异，例如重庆长江大桥施工采用的斜拉式挂篮，其承重结构由箱形截面钢梁和钢带拉杆组成，行走系统用聚四氟乙烯滑板。这种挂篮结构用钢量比前面叙述万能杆件的节省1/3，使用也方便。

挂篮的构造一般由以下几部分组成。主桁：一般由两片纵梁组成，也可做斜拉结构，主桁由万能杆件和型钢组拼。悬吊系统：一般由两端钻有销孔的钢带或两端车丝扣的圆钢组成，其作用是将底模架和张拉平台自重及其上荷载传递到主桁上。平衡重及锚固系统：位于主桁的后部，主要作用是平衡挂篮前移和浇筑混凝土时产生的倾覆力矩，确保高空作业安全。行走系统：支承主桁，使挂篮沿梁体纵向前移，一般由车轮或聚四氟乙烯滑板组成。张拉平台：位于梁体前方，作为纵向预应力束筋张拉脚手架。底模架：挂篮就位后，用它立模板、绑扎钢筋、浇混凝土并进行养护等。

(3) 悬臂施工工艺流程

混凝土桥采用悬浇施工时，其主梁一般为箱形截面。每一梁段的混凝土通常分两次浇筑，先浇底板，后浇腹板和顶板。如果所浇混凝土数量不大，可以全截面一次浇筑。当箱梁腹板较高时，可将腹板内模改为滑模施工。重庆长江大桥首创了内滑模提升工艺，为解决壁薄、截面高的箱梁施工寻找到了简便易行的施工方法。施工时将内模悬挂在一组承力吊杆上，承力杆可用液压穿心千斤顶提升，从而带动内模向上滑升。此时腹板与底模混凝土既可同时浇筑，也可将腹板预制后进行安装，再浇筑底板和顶板，减少现场施工工作量，并减轻挂篮承受的一部分施工荷载，但应注意混凝土龄期差异产生的收缩、徐变内力。

挂篮悬浇施工时，浇混凝土过程中要随时观测挂篮受荷载后产生的变形，防止新旧接缝处混凝土开裂。尤其在浇筑施工中，第二次浇筑时，第一次浇筑的底板混凝土已经凝结，由于挂篮的第二次变形，底板和腹板接缝新旧混凝土处开裂。为了避免这种现象发生，对挂篮采取预加变形来部分或全部消除裂缝。悬臂梁段施工周期一般为6~10天，依节段混凝土数量和结构复杂程度而异。在悬臂施工中如何提高混凝土早期强度对有效缩短施工周期关系很大，这也是现浇施工共同性的问题。

(4) 悬臂梁和连续梁桥悬臂施工技术保证措施

采用悬臂施工的预应力混凝土悬臂梁和连续梁桥时，需要采取措施使墩顶0号块与桥墩临时固结，承受施工过程中可能出现不平衡力矩。根据我国悬臂施工经验，有以下几种固结方法：桥不高，水不深且易搭设临时支架时选用支架固结，此法的不平衡力矩完全依靠梁的自重来保持稳定;利用临时立杆和预应力筋锚固上下部结构,预应力筋下端锚固在基础承台内,上端在箱梁底板内张拉并锚固,立柱在施工中始终受压,以维持施工中的稳定;在桥高水深,采用三角撑架敷设墩身上部临时支承梁段,并使用沙筒作施工完后体系转换的卸架设备。也可采用硫磺砂浆内包裹电阻丝立在永久支座的外侧,使砂浆块、墩顶及梁段临时固结为一体,悬臂施工完毕后电阻丝通电熔化砂浆,从而适应施工与结构之间的体系转换。

4. 冬期施工技术措施

(1) 一般规定

根据当地多年气温资料,自室外日平均气温连续5天低于5℃的时间起,至次年最后一阶段室外日平均气温连续5天低于5℃的期间进行混凝土、钢筋混凝土、预应力混凝土及砌体等工程施工时,其用料及施工工艺等应按规范的有关规定执行。为防止气温突然下降,使工程遭受冻害,在冬期施工前后的时间,应注意天气变化,及时采取防冻措施。

冬期施工的工程,应预先做好冬期施工各项准备工作,对各项设施和材料应提前采取防雪、防冻等措施,对钢筋的冷拉和张拉,还应专门制订安全措施。冬期施工期间,对于用硅酸盐水泥或普通水泥配制的混凝土,在其抗压强度达到设计强度等级的40%及5MPa前,对于用矿渣水泥配制的混凝土,在其抗压强度达到设计强度等级的50%前,不得使其受冻;对于未采取抗冻措施的浆砌砌体,在砂浆抗压强度达到70%前,不得使其受冻。基础的地基(永冻区除外),在工程施工时和完工后,均不得使其受冻。冬期铺设防水层时,应先将建筑物表面加温至一定温度,并应按防水层冬期施工的有关规定执行。冬期施工时,应特别注意加强防火、防冻、防煤气中毒等安全措施及气温观测工作。

(2) 钢筋的焊接、冷拉及张拉

焊接钢筋一般宜在室内进行,不得已在室外进行时,最低温度不宜低于−20℃,并应采取措施,减小焊件温度的梯度和防止焊接后的接头立刻接触冰雪。冷拉钢筋时的温度不宜低于−15℃,当采取可靠安全措施时可不低于−20℃;当采用控制应力和冷拉率双控方法冷拉时,冷拉控制应力宜较常温时酌予提高,提高值应经试验确定,但不得超过30MPa;当采用单控方法冷拉时,其冷拉率可与常温时相同。张拉预应力钢材时的温度不宜低于−15℃。

钢筋的冷拉设备、预应力钢材张拉设备以及仪表工作油液,应根据实际使用的环境温度选用,并应在使用时的环境温度条件下进行配套校验。

(3) 混凝土的配制

配制混凝土时,宜优先选用硅酸盐水泥、普通水泥,水泥强度不宜低于32.5MPa,水灰比不宜大于0.6,水泥用量一般不宜少于300kg/m³。采用蒸汽养护时,宜优先选用矿渣水泥;用加热法养护的混凝土,不得使用高铝(矾土)水泥。使用其他品种水泥时,应注意其掺和材料对混凝土强度、抗冻、抗渗等性能的影响。

浇筑的混凝土宜掺用引气型减水剂等外加剂,以提高混凝土的抗冻性。混凝土的含气量宜为3%~5%。预应力混凝土不得掺用引气剂或引气型减水剂。混凝土中掺用氯盐早强剂时,其掺量应符合规范的有关规定,不宜采用蒸汽养护。

(4) 混凝土的运输及浇筑

混凝土运输时间应尽可能缩短,运输工具应有保温措施。混凝土在浇筑成型、开始养护时的温度,用蓄热法养护时不得低于10℃(外界气温不低于−20℃时);用蒸汽法养护时不得低于5℃,细薄结构不得低于8℃。在已硬化的混凝土上接续浇筑混凝土时,已硬化混凝土的接合面应有5℃以上的温度,必要时应用蒸汽等加热法提高温度。接续浇筑完成后,应采取措施使混凝土接合面继续保持正温,直至新浇筑混凝土获得规定的抗冻强度。浇筑预应力混凝土构件的湿接缝时,宜采用热混凝土或热水泥砂浆,并应适当降低水灰比;浇筑完成后应加热或连续保温养护,直至接缝混凝土或水泥砂浆抗压强度达到设计强度等级的70%。

(5)混凝土的养护

混凝土的养护方法,应根据技术经济比较和热工计算确定,宜优先采用蓄热法。当气温较低、结构表面系数较大、蓄热法不能适应强度增长速度的要求时,可根据具体情况,选用蒸汽加热、暖棚加热或电加热等方法。

用蓄热法养护混凝土时,应符合下列规定:

①蓄热方法应根据热工计算结果进行选择,一般可采用加厚模板、双层模板、覆盖草帘、覆盖锯末等法;

②为加速混凝土的硬化和降低混凝土的冻结温度,可采用高强度等级水泥、水化热高的水泥或掺用早强、引气等类外加剂;

③混凝土应采用较小的水灰比;

④对容易冷却的部位,应特别加强保温;

⑤不应往混凝土和覆盖物上洒水。

用蒸汽加热法养护混凝土时,除按规范有关规定执行外,还应符合下列规定:

①升温速度,当表面系数小于6时,不得超过10℃/h;

②混凝土的降温速度,当表面系数等于或大于6时,不得超过5℃/h。

用暖棚法加热养护混凝土时,应符合下列规定:

①暖棚应坚固、不透风,靠内墙宜采用非易燃性材料;

②在暖棚中用明火加热时,须特别加强防火措施;

③暖棚内气温,一般宜保持在10℃左右,不得低于5℃;

④暖棚内宜保持一定的湿度,湿度不足时,应向混凝土面及模板上洒水。

用电热法养护混凝土时,一般采用电极法,并应符合下列规定:

①须用交流电,对于钢筋混凝土结构,一般应将电压降至50~110V的范围内;

②升降温速度同蒸汽加热法;

③混凝土的最高温度不得超过施工规范的规定;

④加热时,混凝土的外露面(无模板覆盖的面)应加以覆盖;

⑤在加热过程中,应观察混凝土表面的湿度,出现干燥现象时应停电,并用温水润湿表面;

⑥掺用减水剂时,应预先用试件检查电热对混凝土强度的影响,证明无损失时,方可掺用;

⑦只加热到混凝土设计强度等级的50%。

模板的拆除,应符合下列规定:

①根据与结构同条件养护试件的试验,证明混凝土已达到要求的抗冻强度及规范规定的拆模强度后,模板方可拆除;

②加热养护结构的模板和保温层,在混凝土冷却至5℃以后,方可拆除;当混凝土与外界气温相差大于20℃时,拆除模板后的混凝土表面应加以覆盖,使其缓慢冷却。

三、拱桥浇筑和砌筑施工

拱桥采用支架施工时,拱圈及拱上建筑可采用支架就地浇筑上、中、下承式的钢筋混凝土拱桥,也可采用拱架上砌筑圬工拱桥,在浇筑和砌筑过程中,无论是支架还是拱架将随荷载的增大而不断变形。有可能使已浇筑或砌筑的混凝土或圬工产生裂缝。为了使拱圈和拱上建筑施工中,支架拱架的受力均匀,变形小,使其质量符合设计和施工规范要求,必须选择适当的浇砌筑程序和方法。一般根据拱跨结构形式及跨径大小,分别采用不同程序的浇砌方法。

1. 混凝土及钢筋混凝土拱桥现浇

(1) 上承式混凝土拱桥现浇施工

在支架上现场浇筑拱桥分为3个阶段:第1阶段浇拱圈或拱肋混凝土;第2阶段浇筑立柱、横梁及横系梁等;第3阶段浇筑桥面系。前一阶段混凝土强度达到设计强度时才允许浇后一阶段,支架应在拱圈(肋)混凝土强度超过设计强度的70%且第2阶段或第3阶段开始施工前拆除,而且对拆除后的拱圈或拱肋进行稳定性验算。

现浇拱桥中,立柱的底座应与拱圈或拱肋同时浇筑,钢筋混凝土应预埋与立柱联系的钢筋。其施工难度较大,施工方法直接影响到拱桥的质量,一般根据跨径大小选用连续浇筑、分段浇筑、分段分环浇筑法。

① 连续浇筑

跨径 $l<16m$,主拱高度较小,全桥混凝土数量也小时,从两拱脚对称向拱顶浇筑拱圈或拱肋,一般两拱脚处不留空缝,如果预计混凝土数量不能在限定的时间内浇完时,为了防止拱圈或拱肋施工中开裂,则需在两拱脚处留空缝,最后浇筑成无铰拱。

② 分段浇筑

跨径 $l≥16m$,由两拱脚向拱顶分段浇筑,段与段之间留间隔槽,防止先浇混凝土因支架下沉开裂并减小混凝土的收缩力,使各段之间有相对活动的余地,从而避免拱圈或拱肋开裂。划分拱段时应使拱顶两侧对称、均匀,一般可取6~15m作为一个拱段。间隔槽宽0.5~1.0m,宜在支架受力的反弯点、节点、拱顶和拱脚处设置。若槽内采用钢筋接头,其宽度应满足接头要求。

拱圈或拱肋各段混凝土浇筑并且强度超过设计强度的70%后,可以两拱脚对称向拱顶浇筑间隔槽混凝土。一般接近当地年平均气温或选在5~15℃作为拱顶间隔槽的合拢温度。为了加快施工进度,间隔槽混凝土可采用比拱段高一级的半干半硬性混凝土。

③ 分段、分环浇筑

大跨径的拱桥,一般采用分段灌筑或分环与分段结合的灌筑方法。分段灌筑可使拱架变形比较均匀,并可避免拱圈的反复变形。分段的位置与拱架的受力和结构形式有关,一般应设置在拱架挠曲线有转折及拱圈弯矩比较大的地方,如拱顶、拱脚及拱架的节点处。分段间应预留30~40mm的空缝或木支承,待拱圈浇筑后再用砂浆灌缝。当拱圈或拱肋厚度较大时,可分环浇筑,按分段浇筑好的一环合拢成拱,混凝土达到设计强度后,再浇上面的一环。可见分环浇筑的时间较长,但下环混凝土达到设计强度与拱架共同承担上环浇筑的混凝土重力,此时拱架荷载可按主拱重力的60%~75%计算,可大大地节省拱架。由于各环混凝土龄期不同,混凝土收缩和温度影响将在环面上产生剪力和附加应力,易造成环间裂缝。故浇筑程序、养护条件和各环的结合必须由计算确定。

大跨径钢筋混凝土的拱圈或拱肋不得采用通长钢筋,以免气温变化和支架下沉产生附加内力或隆起变形,所以钢筋应在适当的间隔槽内设置接头。立柱宜从两拱脚向拱顶一次浇筑。立柱与横梁不能一起浇筑时,立柱上端的工作缝应设置在横梁承托的底面上。桥面板也应在两相邻伸缩缝间一次浇完。

(2) 中、下承式拱桥现浇施工

中、下承式混凝土肋拱桥可按拱肋、桥面系及吊杆3阶段浇筑混凝土。先安装吊杆钢筋或钢束,并与拱肋的钢筋骨架连为整体后浇筑拱肋混凝土。拱肋浇完拆除拱架,安装桥面系支架,浇桥面系混凝土。当桥面混凝土达到承载要求后,拆除桥面系支架,利用吊杆钢筋或钢束对称浇筑吊杆混凝土。

系杆拱的浇筑程序按设计要求进行,一般先在支架上浇筑系杆、桥面系和拱的端节点混凝土,达到强度后,再在其上设置拱架,安装吊杆钢筋,浇拱肋混凝土,达到强度后,最后卸落拱架,浇筑吊杆混凝土。

2. 圬工拱桥砌筑施工

(1)当跨径 $l<16m$ 采用立柱式或撑架式拱架施工时,可按拱的全宽等厚,两拱脚不留空缝同时对称向拱顶砌筑,拱顶处合龙。

(2)当跨径 $l<10m$ 采用拱式拱架时,应在砌筑两拱脚时预压拱顶及拱跨 1/4 部位,防止拱圈产生不正常变形和开裂。两拱脚可不留空缝,但力争加快施工速度,使整个拱圈迅速合龙。砌筑拱圈时,常在拱顶留一龙口,最后选择适宜的温度,无设计规定时取 10~15℃在拱顶合龙。

(3)当跨径 $16m \leqslant l \leqslant 25m$ 的立柱式或撑架式拱架或跨径 $10m \leqslant l \leqslant 25m$ 拱式拱架时,可采用分段浇筑。两拱脚和各段之间可留空缝,空缝宽 3~4cm,在空缝处砌石要规则,待各段拱石砌完后填塞空缝,可对称进行各空缝同时填或从两拱脚依次向拱顶填,小跨径时采用砂浆填;大跨径用铁条或预制水泥块件填。当采用砂浆填时应注意填塞空缝的合龙温度。

(4)较大跨径的圬工拱桥,拱圈较厚,由 3 层以上拱石组成时,将拱圈分成几环砌筑,砌完一环合拢一环。当下环砌完并养护数日后,砌缝达到设计强度时再砌筑上环。上下环间的拱石应犬牙交错排列,每环可分段砌筑,当跨径 $l>25m$,每段长度一般不超过 8m,段间设置空缝。当分环砌筑拱圈分段较多时,为使拱架受力均衡、对称,可在拱跨的两个 1/4 部位或更多部位同时砌筑合龙。

(5)多跨连拱的拱圈砌筑时,除施工孔受力对称、均衡外,还要充分考虑相对孔施工的对称、均衡,防止桥墩承受过大的单向推力。故采用拱式拱架时应合理安排各孔的砌筑顺序;采用立柱式或撑架式拱架时应安排好各孔拱架的卸落程序。

第四节　梁(拱)桥装配施工

梁、拱桥的装配施工是在架设安装地点以外的施工场地或架设地点附近的预制场制作钢筋混凝土或预应力混凝土梁体(或梁块)后,使用运输设备将其运到架设安装地点,利用架设安装机械起吊就位。它适用于装配式混凝土、钢筋混凝土和预应力混凝土桥梁(简称装配式桥)构件的移运、堆放和安装施工。

一、装配式构件预制

1. 预制构件的形式

(1)横向分块与连接

按桥横截面方向划分构件的方法是板、梁桥常用的方法。装配式梁桥在横截面方向上由若干个构件组成,在桥的纵向则是整片的。这时构件之间需有纵向接缝。缝内用小石子混凝土填充,也可用横向伸出钢筋互相联结后,再填铰内及铺张层混凝土来加强。

无中间横隔板 T 形梁的横向连接,一般采用翼缘边之间的钢板焊接和桥面铺装层内的钢筋来形成铰缝。具有中间隔板的T形梁桥,横隔板连接采用钢板焊接,并用水泥砂浆填嵌接缝,操作时需专门吊篮。

装配式箱梁桥的预制构件,按跨径和构件重力限制采用不同的划分方案。

(2)纵向分段与接头

纵向分段是钢筋混凝土拱桥的主拱常采用的分段方法。为避免拱顶接头,分段为奇数,分段处设支架施工,既解决了拱肋分段过大受吊装能力限制,又可以保证施工其间通航要求。

梁桥沿桥纵向分段,1967年铁道部曾在成昆铁路海河大桥进行了试点。为了减少铺轨架梁的时间,改变预制梁体的长途运输状况,将标准跨度23.8m简支T形梁,分成17段预制块,每段重为30kN左右,由桥位附近的预制场用汽车将预制块运到桥头,梁分段间涂环氧树脂混合物(厚度0.3mm左右),再用钢丝索将梁体串联起来,按设计要求进行张拉,采用YC—60双作用千斤顶及JM12—SA型锚具。这种形式的梁被称为串联梁。全线共生产40孔梁,串联梁采用装拆式架桥机架设,装拆式架桥机拆除后可用汽车运到另一工地。

2. 构件预制工艺

(1)钢筋混凝土构件预制工艺

①预制方法分类

(a)立式预制与卧式预制

构件的预制方法按构件预制时所处的状态分立式预制和卧式预制两种。等高度的T梁和箱梁在预制时采用立式预制。这样构件在预制后即可直接运输和吊装,无需进行翻转作业。对于变高度的梁,宜采用卧式预制,这时可在预制平台上放样布置底模,侧模高度由梁宽决定,便于绑扎钢筋和浇筑混凝土,构件尺寸和混凝土质量也易得到保证。卧制的构件需在预制后翻身竖起。一般构件在起吊之后进行翻身的操作。

卧式预制可分为单片预制和多片叠浇。单片预制就是在每一个构件预制的底座上先预制一片构件,待其出坑后再预制第二个同规格的构件。叠浇则是同一底座上预制数片,在前一片之上涂脱模剂后再浇筑后一片,以前一片作后一片的底模,如钢筋混凝土方桩的预制等。

(b)固定式预制与活动台车预制

构件预制方法按作业线布置不同分固定式预制和活动台车上预制两种。固定式预制是构件在整个预制过程中一直在一个固定底座上,立模、扎筋、浇筑和养护混凝土等各个作业依次在同一地点进行,直至构件最后制成被吊离底座。一般规模桥梁工程的构件预制多采用此法。在活动车上预制构件时,台车上具有活动模板(一般为钢模板),能快速地装拆,当台车沿着轨道从一个地点移动到另一个地点时,作业也就按顺序一个接一个地进行。预制场布置成一个流水作业线,构件分批地进入蒸养室养护。用这种方法预制构件,可采用强有力的底模振捣和快速有效的养护,使构件的预制质量和速度大为提高。这种方法适于大批地或永久地制造构件的预制厂采用。

②预制基本作业

构件是在预制场(或厂)内预制的,预制场地和各种车间的布置必须合理。预制场(厂)内布置的原则是使各工序能密切配合,便于流水作业,缩短运输距离和占地面积尽量少。

下面介绍与构件预制有关的模板工作、钢筋工作和混凝土工作这几个基本作业的要点。

(a)模板工作

根据工程规模和预制工作量大小,模板可采用钢制、木制或钢木结合的。在较小的工程中,截面较小的构件的制作,也可采用砖模或土木结合模。

制作 T 梁的模板,包括底模、侧模和端模。底模支承在底座上。底座有木底座和混凝土底座两种。制作空心板构件,尚需用芯模。制作箱梁节段,则另需内模。

(b)钢筋工作

钢筋工作包括钢筋整直、切断、除锈、弯钩、焊接和帮扎成型等工作。工作的要求和内容与就地浇筑施工的钢筋混凝土桥梁基本相同。但对预制装配式桥梁来说,在构件预制时还需设置各种预埋件,包括构件的接缝和接头部位的预埋角钢、预埋钢板、预埋钢筋(伸出钢筋)等和吊点的吊环、预埋零件等。预埋件须与钢筋骨架牢固地连接。

(c)混凝土工作

混凝土工作包括混凝土的拌制、运输、浇筑、振捣和养护等工序。要求和方法也与就地施工的桥梁基本相同。然而由于预制场或预制工厂的设备和技术条件比现场好,混凝土工作就有可能组织的更为合理有效,达到更高的质量要求。

(2)预应力构件预制工艺

预应力构件按预制工艺不同分为先张法和后张法生产两种。先张法需张拉台座,所以一般在预制场进行,在台座上绑扎钢筋,布置预应力束(筋),并利用张拉台座张拉预应力并锚固,再浇筑梁体混凝土,待混凝土强度达到规定要求后在梁体外切割预应力束(筋)。后张法采用在浇筑梁体混凝土前,在梁体内按设计要求预留预应力束(筋)孔道,待梁体混凝土打点滴规定强度时,再在预留孔道内穿预应力束(筋),并进行张拉、锚固,最后在管道内进行压浆。所以后张法预应力构件可在现场进行制造。桥位现浇箱梁均采用后张法工艺。铁道部为了将梁体制造定型化、机械化,后张 T 形梁均在工厂预制,采用特种台车运输梁体。

①先张法预制工艺

先张法生产可采用台座法或流水机组法。采用台座法时,构件施工的各道工序全部在固定台座上进行。采用流水机组法时,构件在移动式的钢模中生产,钢模按流水方式通过张拉、浇筑、养护等各个固定机组完成每道工序。流水机组法可加快生产速度,但需要大量钢模和较高的机械化程度,且需配合蒸汽养护,因此适用于工厂内预制定型构件。

台座法预制:台座是先张法生产中的主要设备之一,要求有足够的强度和稳定性。台座按构造形式不同,可分为墩式和槽式两类。

(a)墩式台座

墩式台座是靠自重和土压力来平衡张拉力所产生的倾覆力矩,并靠土壤的反力和摩擦力抵抗力水平位移。在地质良好、台座张拉线较长的情况下,采用墩式台座可节约大量混凝土。

(b)槽式台座

当现场地质条件较差、台座又不很长时,可采用槽式台座。槽式台座与墩式台座不同之处在于预应力筋张拉力是由承力而得到平衡。此承力框架可以是钢筋混凝土的,或是由横梁和压杆组成的钢结构。

②预应力筋的制备

先张法预应力混凝土梁可用冷拉 III、IV 级螺纹粗钢筋、高强钢丝、钢绞线和冷拔低碳钢丝作为预应力筋。粗钢筋(直径为 12~28mm)的制备工作,包括下料、对焊、冷拉、时效、墩粗和轧丝等工序。

冷拉就是对钢筋施加一个大于屈服强度而小于抗拉强度的拉力,使钢材屈服并产生塑性变形,从而提高钢材的屈服强度。

为了钢筋端的张拉和锚固,除了采用焊接螺丝端杆的方法外,也可采用墩头锚具或轧制螺纹锚具(或称轧丝锚具),以简化锚固方法和节约优质钢材。

③预应力筋的张拉和放松

先张法梁的预应力筋,是在底模整理好后在台座上进行张拉的。对于长线台座,预应力筋需要先用连接器串联后才能张拉。先张法通常采用一端张拉,另一端在张拉前要设置好固定装置或安放好预应力筋的放松装置。但也有采用两端张拉的方法。

先张法张拉钢筋,可以单根分别张拉或多根整批张拉的。单根张拉设备比较简单,吨位要求小,但张拉速度慢。张拉的顺序应不致使台座承受过大的偏心力。多根同时张拉一般需有两个大吨位拉伸机,张拉速度快。

数根钢筋张拉时,必须使它们的初始长度一致,以便使每根钢筋张拉后的应力均匀。

放松预应力钢筋的办法有用千斤顶先拉后松、砂箱放松、滑楔放松和螺杆放松等方法。

(3)后张法预制工艺

后张法工序较先张法复杂,需要预留孔道、穿筋、灌浆等工序,以及耗用大量的锚具和埋设件等,增加了用钢量和投资成本。但后张法不需要强大的张拉台座,便于在现场施工,而且又适宜于配置曲线形预应力束(筋)的大型和重型构件制作,因此目前在铁路、公路桥梁上得到广泛的应用。

后张法预应力混凝土桥梁常用高强碳素钢丝束、钢绞线和冷拉 Ⅲ、Ⅳ 级粗钢筋作为预应力筋。对于跨径较小的 T 梁桥,也可采用冷拔碳钢丝作为预应力筋。

①高强钢丝束的制备

钢丝束的制作包括下料和编束工作。高强碳素钢丝都是盘圆,若盘径小于 1.5m,则下料前应先在钢丝调直机上调直。对于在厂内先经矫直回火处理且盘径为 1.7m 的高强钢丝,则一般不必整直就可下料。如发现局部存在波弯现象,可先在木制台座上用木锤整直后下料。下料前除应抽样试验钢丝的力学性能外,还要测量钢丝的圆度,对于直径为 5mm 的钢丝,其正负容许偏差为 +8mm 和 -0.4mm。

②钢绞线的制备

低松弛是对普通松弛钢绞线而言。经专门的松弛试验机上测定,在破坏荷载 70% 的荷载作用下,温度为 20 ± 2℃,1000h 后普通松弛钢绞线应力松弛值为 8%,而松弛钢绞线为大于 2.5%。

钢绞线从原料到成品生产工艺流程如下:

原料→原料检验→酸洗→涂润滑层→中和→烘干→拉丝打轴→半成品检验→绞线捻制→稳定化处理→重卷→成品检验→包装入库。

钢绞线运到现场后,下料长度由孔道和工作长度决定。钢绞线切割宜采用机械切割法,不应用电(气)焊切割。

③孔道形成

后张法施工的预应力梁,在浇筑混凝土前,需在预应力筋的设计位置预先安放制孔器,以便梁体制成后在梁内形成孔道,将预应力筋穿入孔道,然后进行张拉和锚固。

孔道形成包括制孔器的选择、安装和抽拔以及通孔检查等工作。

(a)制孔器的种类:制孔器分为埋置式和抽拔式两类。埋置式制孔器主要有铁皮管和铝合金波纹管。埋置式制孔器在梁体制成后将留在梁内,形成的孔道壁对预应力筋的摩阻力小,但加工成本高,使用后也不能回收,金属材料耗用量大。铁皮管用薄铁皮制作,安放时分段连接。

这种制孔器制作时费人工,速度慢,在接缝和接头处容易漏浆,造成以后穿束和张拉的困难。波纹管由铝合金片材用制管机卷制而成,横向刚度大,不易变形,不会漏浆,纵向也便于弯成各种线形,与构件混凝土的黏结也较好,故比较适用。

抽拔式制孔,是利用制孔器预先安放在预应力束的设计位置上,待混凝土终凝后将它拔出,构件内即具有孔道。这种方法制孔的最大特点是制孔器能够周转使用,省钢而经济,应用较广。常用的抽拔式制孔器(俗称抽拔管)有以下三种:i)橡胶管制孔器;ii)金属伸缩管制孔器;iii)钢管制孔器。

无论采用何种制孔器,都应按设计规定或施工需要预留排气排水和灌浆用的孔眼。

(b)制孔器的抽拔:制孔器可由人工逐根地或用机械(电动卷扬机或手摇绞车)分批地进行抽拔。抽拔时先抽芯棒,后拔胶管;先拔下层胶管,后拔上层胶管。

混凝土浇筑后合适的抽拔时间,是能否顺利抽拔和保证成孔质量的关键。如抽拔过早,混凝土容易塌陷而堵塞孔道;如抽拔时间过迟,则可能拔断胶管。因此,制孔器的抽拔要在混凝土初凝之后与终凝之前,待其抗压强度达 4~8MPa 时方为合宜。根据经验,制孔器的抽拔时间可按下式估计:

$$t=\frac{100}{T}$$

式中:t——混凝土灌注完毕至抽拔制孔器的时间(h);

T——预制构件所处的环境温度(℃)。

由于确定抽拔时间的幅度较大,施工中也可通过试验来掌握其规律。

④穿钢丝束

当梁体混凝土的强度达到设计强度的 70% 以上时,才可进行穿束张拉。穿束前,可用空压机吹风等方法清理孔道内的污物和积水,以确保孔道畅通。穿束工作一般采用人工直接穿束,工地上也有借助一根 ϕ5 长钢丝作为引线,用卷扬机牵引较长的束筋进行穿束。穿束时钢丝束从一端穿入孔道。钢丝束在孔道两头伸出的长度要大致相等。

目前新的穿钢绞线束的方法是专门的穿束机,将钢绞线从盘架上拉出后从孔道的一端快速地(速度为 3~5m/s)推送入孔道,当戴有护头的束前端穿出孔道另一端时按规定伸出长度截断(用电动切线轮)。再将新的端头戴上护头穿第二根,直穿到达到一束规定的根数。

⑤预应力锚具

常用后张法预应力锚具有钢质锥形锚具、螺丝端杆锚具、JM12 型锚具、墩头锚具、星形锚具、群锚体系(OVM 锚具、YM 锚具)。

⑥锚垫板

锚垫板是后张法体系中的一个部件,其作用是将锚具传来的集中力分布到较大的混凝土承压面积上去。

为便于加工和安装,锚垫板一般为矩形。通常情况下,一块锚垫板上锚固一根钢丝束。当预应力锚固相距很近时,亦可将多根钢束锚固于同一块锚板上。

锚固垫板的厚度应不小于 12mm,不宜太薄。太薄则受压后锚垫板将变形成锅底形,影响应力扩散,使混凝土局部挤压剧增,可能发生混凝土劈裂事故。锚固垫板的后方,应进行局部加强。加强的办法是设置螺旋式钢筋或附加横向钢筋网。

施工应严格控制使锚垫板与管道中心线垂直,否则,张拉时垫板将对混凝土产生侧向分力,也易使锚下混凝土劈裂。若发生锚垫板与管道中心线不垂直时,应衬垫楔形板校正。通常是将锚板浇筑在混凝土预制块件上。安装时事先将锚板用半眼螺丝固定在端头模板上,待混凝土浇筑完成后卸下与模板相连的螺丝,再脱去模板,此时锚垫板就固定在设计图所指定的位置。必须注意因锚板后方带有螺旋筋或防爆裂钢筋网,浇筑混凝土时必须对锚板后的部分充分捣固,以避免发生蜂窝。

⑦张拉设备

张拉设备包括张拉千斤顶、高压油泵和压力表,其中张拉千斤顶有 GJZY-60(YC-60)型千斤顶和 YC-170 型三作用千斤顶。

⑧张拉工艺

张拉前需做好千斤顶和压力表的校验,与张拉吨位相应的油压表读数和钢丝伸长量的计算、张拉顺序的确定和清孔、穿束等工作。应对千斤顶和油泵进行仔细检查,以保证各部分不漏油并能正常工作。应画出油压表读数和实际拉力的标定曲线,确定预应力筋(束)中应力值和油压表读数间的直接关系。

后张式构件,长度等于或大于 25m 时及曲线预应力束宜用两端同时张拉的工艺。只有短的构件可用单端张拉,非张拉端用死锚头。

张拉程序随预应力筋(束)种类和锚具形式不同而不同。各钢丝束的张拉顺序,应对称于构件截面的竖直轴线,同时考虑不使构件的上下缘混凝土超过容许值。

张拉时钢筋或钢丝应力用油压表读数来控制,同时量伸长量作校核。根据应力伸长的比例关系,实测的伸长量与计算的伸长量相差不应大于 5%。为使油压表读数正确反映千斤顶拉力,应规定千斤顶、油压表标定制度,例如千斤顶每月或张拉超过 100 次或多次出现断丝现象时要进行校验。换油压表后也要重新标定。

⑨孔道压浆和封锚

压浆的目的是防护构件内的预应力筋(束)免于锈蚀,并使它们与构件相粘结而形成整体。

压浆是用压浆机(拌和机加水泵)将水泥浆压入孔道,务使孔道从一端到另一端充满水泥浆,并且不使水泥浆在凝结前漏掉。为此,需在两端锚头上或锚头附近的构件上设置连接带阀压浆嘴的接口和排气孔。

水泥浆内往往使用塑化剂(或掺铝粉),以增加水泥浆的流动性。使用铝粉能使水泥浆凝固时的膨胀稍大于体积收缩,因而使孔道能充分填满。

压浆前先压水冲洗孔道,然后从压浆嘴慢慢压入水泥浆,这时另一端的排气孔有空气排出,直至有水泥浆流出为止,关闭压浆和出浆扣的阀门。

施锚后压浆前需将预应力筋(束)露出锚头外的部分(张拉时的工作长度)截除。压浆后将所有锚头用混凝土封闭,最后完成梁的预制工作。

二、装配式梁桥的安装

1. 出坑与运输

(1) 出坑

预制构件从预制场的底座上移出来,称为"出坑"。钢筋混凝土构件在混凝土强度达到设计强度 70% 以上,预应力混凝土构件在预应力张拉以后才可出坑。

构件出坑方法,一般采用龙门吊机将预制梁起吊出坑后移到存梁处或转运至现场,如简易预制场无龙门吊机时,可采用吊机起吊出坑,也可用横向滚移出坑。

（2）运输

预制梁从预制场至施工现场的运输称为场外运输，常用大型平板车、驳船或火车运至桥位现场。

预制梁在施工现场内运输称为场内运输，常用龙门吊轨道运输、平车轨道运输、平板车运输，也可采用纵向滚移法运输。

2. 预制梁的安装

（1）联合架桥机法

本法系以联合架桥机并配备若干滑车、千斤顶、绞车等辅助设备架设安装预制梁。

联合架桥机主要由龙门吊机、导梁和蝴蝶架组成。龙门架由工字形钢梁组成，其上安放有两台吊车，架的接头处和上、下缘用钢板加固，主柱为拐脚式，横梁的高程由两根预制梁的叠高加上平板车的高度和起吊设备的高度决定。蝴蝶架是专供拖运龙门吊机在轨道上移走的支架，它形如蝴蝶，用角钢拼成，上设有供升降用的千斤顶。导梁用钢桁梁拼成，以横向框架连接，其上铺钢轨供运梁行走。

架梁时，先设导梁和轨道，用绞车将导梁拖移就位后，把蝴蝶架用平板小车推上轨道，将龙门吊机拖运至墩上，再用千斤顶将吊机降落在墩顶，并用螺栓固定在墩的支承垫块上，用平车将梁运到两墩之间，由吊机起吊、横移、下落就位。待全跨梁就位后，向前铺设轨道，用蝴蝶架把吊机移至下一跨架梁。

其优点是可完全不设桥下支架，不受洪水威胁，架设过程中不影响桥下通车、通航。预制梁的纵移、起吊、横移、就位都比较便利。缺点是架设设备用钢材较多（可周转使用），较适用于多孔 30m 以下孔径的装配式桥。

（2）用双导梁安装法（穿巷式架桥机）

用贝雷梁或万能构件组装的钢桁架导梁，其梁长大于两倍桥梁跨径，前方为引导部分，由前端钢支架与前方墩上的预埋螺栓连接，中段是承重部分，后段为平衡部分。横向由两组导梁构成，导梁顶面铺设下平车轨道，预制梁由平车在导梁上运至桥孔，由设在两根横梁上的卷扬机吊起，下落在两个桥墩上，之后在滑道垫板上进行横移就位。

（3）扒杆吊装法

在桥跨两墩上各设一套扒杆，预制梁的两端系在扒杆的起吊钢束上，后端设制动索以控制速度，使预制梁平稳地进入安装桥孔就位，此法宜用于起吊高度不大和水平移动范围较小的中、小跨径的桥梁。

（4）用跨墩龙门吊机安装

跨墩龙门吊机安装适用于岸上和浅水滩以及不通航浅水区域安装预制梁。

两台跨墩龙门吊机分别设于待安装孔的前、后墩位置，预制梁运至安装孔的一侧后，移动跨墩龙门吊机上的吊梁平车，对准梁的吊点放下吊架，将梁吊起。当梁底超过桥墩顶面后，停止提升，用卷扬机牵引吊梁平车慢慢横移，使梁对准桥墩上的支座，然后落梁就位，接着准备架设下一根梁。

对水深不超过 5m、水流平缓、不通航的中小河流上的小桥孔，也可采用跨墩龙门吊机架梁。这时必须在水上桥墩的两侧架设龙门吊机轨道便桥，便桥基础可用木桩或钢筋混凝土桩。

在水浅流缓而无冲刷的河上，也可用木笼或草袋筑岛来做便桥的基础。便桥的梁可用贝雷梁组拼。

（5）自行式吊车安装

陆地桥梁、城市高架桥预制梁安装常采用自行吊车安装。一般先将梁运到桥位处，采用一台或两台自行式汽车吊机或履带吊机直接将梁片吊起就位，方法便捷，履带吊机的最大起吊能力达 3MN。

(6) 浮吊架设法

在通航河道或水深河道上架桥，可采用浮吊安装预制梁。当预制梁分片预制安装时，浮船宜逆流而上，先远后近安装。

用浮吊安装预制梁，施工速度快，高空作业较少，吊装能力强，是大跨多孔河道桥梁的有效施工方法。采用浮吊架设要配置运输驳船，岸边设置临时码头，同时在浮吊架设时应有牢固锚碇，要注意施工安全。

3. 悬臂拼装

悬臂拼装是将预制好的节段，用支承在完成的悬臂上由专门拼装吊机逐段拼装。一个节段张拉锚固后，再拼装下一个节段，直到拼完悬臂所有节段为止。节段长度主要取决于吊机的起重能力，一般为 2～5m。悬拼的基本工序是：预制梁段、移位、堆放、运输、起吊拼装和施加预应力。

(1) 预制梁段

悬拼箱梁块件通常采用长线浇筑或短线浇筑的预制方法。长线预制是在工厂或施工现场按梁底曲线制作固定台座，在台座上安装底模进行节段预制工作。底座可用多种方法制作：利用地形筑土胎，夯铺密实后其上做混凝土底模；石料丰富地区可石砌成梁底形状；地质条件差时打短桩基础后搭设排架形成梁底曲线。短线预制利用可调整外侧和内部模板的台车与端模架来完成。其设备可周转使用，主要用于工厂节段预制。

(2) 节段间的接头方式

悬拼施工时 0 号块梁高最大，质量最大，用悬浇相同的施工方法即托架上现浇，国外也有在墩上预制装配施工的。梁段的接缝可采用 3 种方式：湿接缝：宽 0.1～0.2m，因第一节段的施工精度直接影响到以后各节段的相对位置，所以它常在 0 号块与 1 号块之间使用；胶接缝：用环氧树脂加水泥在节段接缝面上涂一厚为 0.8mm 的薄层，它在施工中起润滑作用，使接缝面密贴，完工后可提高结构的抗剪能力、整体刚度和不透水性，常在中间节段接缝中使用；干接缝：即接缝间可无任何填充材料，以往很少采用，主要担心接缝不密贴从而导致钢筋锈蚀，但是使用干接缝给施工带来很多方便。

(3) 拼装方法

预制节段的拼装方法可根据施工现场条件和设备情况采用不同的施工方案。当靠近岸边桥不高且陆地或便桥上可施工时，常采用自行式吊车、龙门架拼装；对河中或通航的桥孔可采用水上浮吊拼装。如果桥墩很高且水深流急，又不便在陆地上、水上施工时，就可以用各种吊机进行高空悬臂施工。吊机的种类很多，有移动式吊车、桁式吊、缆索吊、挂篮等。移动式吊车外形似挂篮。和挂篮悬浇施工一样，0 号块在墩顶托架上现浇，然后用一台吊机对称同时吊装墩两侧的 1 号、2 号块，在允许布置两台移动式吊车后，开始独立对称吊装。节段由桥下经水上运至桥位，用移动式吊车吊装就位。依据梁的长度可分为两类：第一类桁梁长度大于最大跨径，桁梁支承在已拼完的梁段上和待拼的墩顶上，由吊车在桁梁上移动逐段悬拼。第二类桁梁长度大于桥跨径的 2 倍，桁梁支点均支承在桥墩上，这样不仅梁段的施工荷载不增加，而且前方墩上的 0 号块与悬拼同时进行，加快施工进度。无论采用哪一类移动桁式吊拼装，节段质量为 98.07～127.4t。

4. 悬拼施工挠度控制与调整

悬拼施工产生挠度的主要因素有：节段重力和施加预应力；徐变；墩柱挠曲变形以及重力在接缝处引起的弹性和非弹性变形，还有节段拼装的几何误差等。在悬臂节段施工中应按组合挠度的计算加以控制，防止上翘和下挠变形过大，最关键的是1号块定位和各节段胶接缝处的施工。1号块定位不准，则后续悬拼的块件将偏离预计的位置，其偏离值与该节段距梁根部的距离成正比。胶接缝涂环氧树脂太厚，对接缝加压不均，势必引起悬臂上翘，为了控制过大上翘现象，可采取下列措施：按计算的悬臂挠度来定位1号块的位置以及需设的预拱度仔细地、准确地进行定位；其他节段接缝的涂层厚度尽量减薄，且在临时均匀的压力下固化；施工发现挠度过大时，要认真分析原因，及时采用措施加以处理。按上翘的程度不同相应的处理措施有：

(1)将胶接缝做成上厚下薄的胶接层，来调整上翘度。

(2)增大接缝上缘的厚度，如接缝上缘胶层加钢板。

(3)将节段端面按上、下变化的方法凿去一层混凝土，使端面倾斜后，再涂胶拼接。

(4)改胶接缝或干接缝为湿接缝，利用增加的湿接缝将节段调整到要求的位置。

5. 顶推安装

顶推施工的基本构思源于钢桥普遍采用的纵向拖拉法。因为混凝土结构自重大，滑道设备庞大，而且施工内力不断变化使得预应力索筋配置复杂，所以此法未能早期实现。随着预应力混凝土施工技术的发展，高强低摩阻聚四氟乙烯塑料等滑道材料的问世，该法于1959年首次应用于奥地利的阿格尔桥上，该桥为4孔一联的预应力混凝土连续梁，桥全长280m，最大跨径为85m。

我国1974年在狭家河铁路桥上首次应用顶推法施工，该桥为4×40m预应力混凝土连续梁。公路上1977年首次建造了广东东莞县的$(40+54+40)$m撑架式双箱连续梁桥和湖南望城$(4\times33+2\times38)$m沩水河连续梁桥。为我国顶推施工积累了宝贵的经验，近年来又有多座连续梁桥采用顶推施工，如1982年建成的包头黄河公路桥，1988年通车的广东九江大桥的引桥，内蒙古乌海市黄河大桥等。

(1)顶推施工程序

顶推施工是沿桥纵轴方向桥台后面设置预制场地，梁分节段预制，通过纵向预应力筋把预制节段与施工完的梁体连为整体，再用水平千斤顶施力，将梁体沿桥纵向顶出预制场后，继续在预制场进行下一节段预制，直到施工完成为止。此法施工的基本工序为：桥台后面的引道上或刚性好的临时支架上设预制场；分段预制，等高度箱梁分段长度一般取10～30m，各节段可现浇也可预制装配；水平千斤顶等顶推设备将支承在聚四氟乙烯滑板与不锈钢滑道上箱梁向前推进，它们之间的滑动摩擦系数为0.02～0.05，对重达1万吨的梁体，也只需500t以内的力即可推出；推出一段接长一段，不断随内力变化调整预应力筋，使其满足恒载荷活载内力的需要；这样周期性反复操作直到最终位置后，将滑道支承更换为永久支座，完成全部施工作业。

(2)顶推法施工验算

由于连续梁桥在顶推过程中内力控制截面的位置不断发生变化，使得施工阶段的内力与运营状态不符，虽然施工中的荷载仅为梁自重和施工荷重，其最大值比运营状态小，但是每一截面的内力交替出现正、负弯矩峰值，以后各孔正、负弯矩值比较稳定，最后一孔的弯矩值较小。故采用顶推法施工的连续梁桥，需进行以下内容的施工验算：

①各截面施工内力计算与强度验算

施工内力计算时的外载有：梁的自重、机具设备重、预加力、顶推力和地震力等，还要考虑对梁预加的上顶力，顶推过程中梁底不平以及临时墩的弹性压缩对梁产生的内力。如果梁前端连接有钢导梁，应按变刚度梁计算。此时可不考虑混凝土收缩、徐变二次力、温度内力等。计算时把每孔梁划分为10～15个等分单元，按有限元平面杆系电算程序计算梁体各截面在不同施工状态时所产生的内力。兼顾运营与施工阶段的内力配置预应力索筋后，依据规范要求进行强度验算。在强度验算时，规范规定混凝土和钢的强度与容许应力均可提高，但考虑到梁段预制质量、混凝土龄期短、部分钢索尚未压浆等原因，可以不予提高。

②钢索的张拉计算

各施工阶段预应力钢索均采用控制张拉应力和张拉伸长量的"双控"张拉。需计算钢索张拉后的伸长量，以便控制它的张拉应力。

③顶推过程中的稳定验算

顶推施工过程中可能产生两种失稳现象：倾覆失稳和滑动失稳，因此应相应地进行两种稳定性验算。主梁顶推时倾覆失稳的最不利状态发生在顶推初期，导梁或箱梁尚未进入前方的桥墩呈最大悬臂状态时，此时应进行倾覆稳定性验算，要求安全系数不小于1.2。当安全度不能保证时，应采取加大锚固长度和跨间增加临时墩等措施，这样做不仅满足稳定上不倾覆要求，而且减少施工阶段的最大内力。主梁顶推初期，由于顶推滑动装置的摩擦系数很小，抗滑能力较弱，当梁受到不太大的水平力顶推时，特别是地震地区修建的桥梁或具有较大纵坡的桥梁，很可能发生滑动失稳，应验算施工各阶段的滑动稳定，安全系数也不小于1.2。

④顶推临时设施的设计与计算

采用顶推施工时，常在梁的前端设钢导梁，桥墩之间搭设临时墩，或预制台座、拉索等其他临时设施。这些临时设施均应确定结构形式、材料规格、材料数量和连接方式，并进行结构设计和内力计算。对于重复周转使用的临时设施，其容许应力和强度验算不予提高。

⑤顶推力的计算

根据施工阶段的内力计算顶推力，计算时应考虑实际摩擦系数、桥梁纵坡和施工条件，一般按下式计算顶推力：

$$P = W(\mu \pm i)K_1 \tag{5-1}$$

式中：P——顶推力；

μ——滑动摩擦系数；

i——顶推坡度，下坡顶推时取负号；

K_1——安全系数，一般 $K_1=1.2$。

千斤顶的顶推能力计算式为：

$$P_f = \frac{P}{n}K_2 \tag{5-2}$$

式中：P_f——千斤顶的顶推力；

n——千斤顶台数；

K_2——千斤顶的安全系数，一般 $K_2=1.2\sim1.25$。

当顶推过程中需要用竖向千斤顶顶升主梁时，每个竖向千斤顶的起顶力计算式为：

$$P_v = VK/2 \tag{5-3}$$

式中：P_v——每个竖向千斤顶的起顶力；

V——顶推时的最大反力；

K——安全系数,一般 $K=1.4$。

根据计算所需的顶推力,选用机具,设备和滑道设计并确定顶推的支承。

⑥顶推时桥墩台施工验算

顶推施工时桥梁墩台和基础承受的荷载与运营阶段不同,故桥墩台的静力计算模式也不一样,需要计算各施工阶段墩台所承受的水平力。此时水平力的计算与桥梁上部结构的重力、顶推的坡度、滑动摩擦系数都有关系。

(a)上坡桥顶推时,水平力的计算

当桥梁上坡顶推时,作用在桥墩上的总水平力的计算式为:

$$H=W\tan(\theta+\varphi) \tag{5-4}$$

式中:H——墩台总水平力;

　　　W——上部结构所有竖向分力之和;

　　　θ——上部结构与水平面的夹角;

　　　φ——滑动支承的摩擦角。

若 θ、φ 很小时,取 $\gamma=\tan\theta$,$\rho=\tan\varphi$,则 $H=W(\gamma+\rho)$。

(b)下坡桥顶推时,水平力的计算

此时,$H=W\tan(\theta-\varphi)$,同样 θ、φ 很小时,故 $H=W(\gamma-\rho)$ 同时要计算制动千斤顶的力,控制桥梁移动速度,制动力按下式计算:

$$F=N(\gamma-\rho) \tag{5-5}$$

式中:N——垂直于主梁方向的上部结构分力之和。为了安全常取 $F=N\gamma$。

由于 ρ 值随环境条件而变,所以设计顶推设备和桥墩受力按下式计算:

$$H=W\gamma$$

当采用多点顶推时,桥墩的受力应考虑水平千斤顶对桥墩的反作用力,故多点顶推桥墩的水平力可减少。

⑦顶推中梁的挠度计算

由于桥梁顶推法施工其结构图式不断变化,所以应计算各施工阶段的挠度,以便校核施工精度和调整施工中梁的高程,其挠度计算依据不同的结构图式分别进行,确保施工顺利完成。

(3)单点顶推与多点顶推施工

顶推是顶推施工的关键工序,其核心问题是如何应用有限的顶推力将梁体就位。顶推的施工方法种类繁多,根据顶推时施力的方法可分为单点顶推和多点顶推施工。

①单点顶推

采用单点顶推时全桥纵向仅设一组或一个顶推装置,国外称为 TL 顶推法。其装置常集中在预制场附近的桥台或桥墩上,前方墩各支点上设滑动支承。顶推装置的构造有两种:一种由水平千斤顶沿箱梁两侧的牵动钢杆给预制梁施加顶推力;另一种是经水平与竖直千斤顶联合作用,将预制梁顶推前移。它的施工工序为预制、推移、落梁和退回水平千斤顶和活塞,重复作业直到施工完成。顶推是常在梁的两侧间隔一定距离设导向装置,以便控制顶推时梁的偏移。也可在导向装置上设水平千斤顶进行顶推中的纠偏。

滑移支承设在桥墩顶的混凝土垫块上,垫块上设有不锈钢板或镀铬钢板的光滑滑道,由氟板表层和含有钼板夹层的橡胶组成结合的聚四氟乙烯滑块在不锈钢板上滑动,由滑道后方不断喂入,并从前方滑出,推动梁体前移。滑块的外形尺寸有 420mm×420mm,200mm×400mm,500mm×200mm,厚度也有 40mm,31mm,20mm 等数种规格。

② 多点顶推

采用多点顶推是在单点顶推施工的基础上加以改进的一种施工方法。在每个桥墩台顶均设一对顶推力为 400~800kN 的小吨位千斤顶，将集中顶推力分散到个支点上，并在各墩及临时墩上均设滑道支承。通过中心控制室控制所有千斤顶的出力等级，保证同时启动，同步前进，一起停止和转向。减少传力时间差引起的桥墩纵向摆动，悬臂梁的上、下振动等对施工产生的不利影响。

由于利用了水平千斤顶传给墩顶的反力来平衡梁体滑移时在桥墩上产生的摩阻力，从而使桥墩在顶推过程中承受很小的水平力，因此可以在柔性墩上进行多点顶推施工。如湖南浉水河桥就是采用多点顶推施工的柔性墩预应力混凝土连续梁桥。多点顶推通常采用拉杆式的顶推装置。它在每个墩位上设置一对液压穿心式水平千斤顶，千斤顶中穿过的拉杆采用高强螺纹钢筋，拉杆的前端通过锥形楔块固定在活塞插头部，后端有特制的拉锚器，锚锭板等连接器与箱梁连接，水平千斤顶固定在墩顶的台座上。当用水平千斤顶施顶时，将拉杆拉出一个顶程，急带动箱梁前进，收回千斤顶活塞后，锥形楔块又在新的位置上将拉杆固定在活塞杆的头部。

国外称多点顶推为 SSY 施工法，除上述拉杆式顶推装置外也可用水平与竖直千斤顶联合作业，此时顶推装置由水平、竖向千斤顶和滑道支承组成。施工顺序为落梁、推进、升梁和收回水平千斤顶的活塞，拉回支承垫块，如此反复作业。

多点顶推与单点顶推比较，可以免用大规模的顶推设备，并能有效地控制顶推梁的偏移，顶推对桥墩的水平推力可以减小，便于结构采用柔性墩，在顶推弯桥时，由于各墩均匀施加顶推力，能顺利施工，在顶推时如遇桥墩发生不均匀沉陷，只要局部调整滑板高度即可正常施工。采用拉杆式的多点顶推系统，免去每一循环顶推过程中使用竖向千斤顶将梁顶起，使水平千斤顶复位作业，从而简化了工艺流程，加快顶推速度，但多点顶推需要较多施工机具、设备，操作技术要求也较高。

(4) 其他类别顶推施工

顶推施工方法多种多样，上述重点介绍顶推施力不同的单点顶推与多点顶推法，下面简要介绍由支承系统和顶推方向进行分类的顶推施工。

① 设置临时滑动支承顶推

顶推施工的滑道是在墩上临时设置的，用于滑移梁体和起到支承作用，待主梁顶推就位后，更换正式支座，我国采用顶推施工的几座预应力混凝土连续梁桥均采用这种施工方法。在主梁就位后，拆除顶推设备，同时进行张拉后期索筋和管道压浆工作，待管道水泥浆达到设计强度后，用数只大吨位竖向千斤顶（目前国内用 3140kN）同步将一联主梁顶起，拆除滑道及滑道底座混凝土垫块，安放正式支座。

安放永久支座前，应依据设计要求检查支点反力和调整支座高度，对同一墩位的各支座反力按横向分布要求进行调整。支座更换是一项复杂而又细致的工作，支座高度变化 1mm，对其他支座的反应相当敏感。如某桥施工经验表明：支座高度变化 10mm，45m 跨支点反力变化 402kN，支点负弯矩变化 5552kN·m。所以调整支座前要周密计划，操作时统一指挥，做到分级、同步进行更换支座。

② 使用与永久支座兼用的滑动支承顶推

采用施工时的临时滑动支承与竣工后的永久支座兼用的支承进行顶推的方法。它将竣工后的永久支座安置在墩顶的设计位置上，施工时通过改造作为顶推滑道，主梁就位后，稍加改造恢复原支座状态,它不需拆除临时滑动支承,也不需要用大吨位千斤顶顶梁的作业。

国外称此法为 RS 施工法,RS 顶推装置的施工特点是采用兼用滑动带的支承自动循环,既可单点顶推,也可多点顶推。因此操作工艺简单,省工,省时,但支承构造复杂,价格较高。

③单向顶推

预制场设在桥梁一侧的台后引道上,从一端逐段预制,逐段顶推的施工方法,目前多数桥都采用单点单向顶推法。

④双向顶推

此法也称为相对顶推,桥两岸同时设预制场,两端分别按节段预制、逐段相向顶推,然后在跨中合龙的施工方法。它需要两个预制场,两套顶推设备,施工费用较高。主梁的倾覆稳定性常采用临时支柱、梁后压重、加临时支点等措施来保证。因此它宜用于中孔跨径较大且不易设临时墩的 3 跨连续梁桥,此外对桥长超过 600m 为了缩短工期和便于施工,也可采用双向顶推施工。

(5)顶推法施工特点及施工中应注意的问题

通过以上论述预应力混凝土连续梁桥采用顶推法施工具有如下特点:

①梁段集中在桥台后小型预制场制作,机械化、自动化程度高,占用场地小,使用简单设备建造长大桥梁,施工不受环境、气候的影响,质量容易保证,可在深水、山谷和高墩桥上采用,也可在曲率相同的弯桥,坡度不变的坡桥上使用;

②现浇法制作梁段,非预应力钢筋连续通过接缝,结构整体性能好,无需大型起重设备,节段长度由施工条件与结构合理综合考虑,一般为 $10\sim20\mathrm{m}$;

③预制场生产节段,避免高空作业,便于施工组织与管理,同时模板设备周转使用,桥愈长其经济效益愈好,正常条件下节段的生产周期为 $7\sim10$ 天,工程进度易控制施工工期较短;

④施工内力与运营状态相差较大且不断变化,因此截面设计与配索应兼顾施工和运营两方面的要求,施工中可采取临时墩,钢导梁及其他措施,以便减小施工内力;

⑤宜在等截面连续梁桥中使用,跨径较大时不仅材料浪费,而且增加施工难度,同时梁高增大,桥头引道土方量增加,还不利于美观。故设计推荐顶推法施工的跨径为 $40\sim50\mathrm{m}$,桥长也以 $500\sim600\mathrm{m}$ 为宜。

采用顶推法施工的连续梁桥,由于施工阶段的内力与运营阶段相差较大,从施工内力计算知施工过程中应使用一些临时设施如导梁,临时墩等减小施工中的内力。同时顶推法施工工艺较复杂,操作精度要求较高。所以使得顶推施工技术性强、施工难度较大,为了使施工安全、顺利地进行,施工中应注意以下几个问题:

①导梁与临时墩等临时设施应设计计算。导梁采用等截面或变截面钢桁梁,其底缘应与梁底在同一平面上,前端底缘呈上圆弧形,以便顶推时顺利通过桥墩。导梁的结构需要计算,从内力状态分析,导梁的控制内力位于导梁与箱梁连接处的最大正、负弯矩和下缘承受的最大支反力处。因此对控制截面进行强度验算,验算时应考虑动力系数,并使结构有足够的安全储备。

临时墩的设置与否应根据桥梁总体设计考虑,且个数要从分孔、通航、墩高、水深、地质、造价、工期和施工难易等因素综合考虑,因它仅在施工中应用,还要求在满足安全承载的条件下,造价低且便于装拆。为了减小临时墩承受的水平力并增加其稳定性,顶推前将临时墩与桥墩用钢丝绳拉紧。也可采用桥墩横向稳定束张拉,效果较好,施工也很方便。通常临时墩上仅设滑动支承装置,不设顶推装置。

②合理选择节段长度和预制场。主梁节段长度划分主要考虑结构受力上应避开最大的支点和跨中截面,同时考虑预制场的条件,使节段加工容易,减少节段数目加长节段长度,通常取10~20m。

节段箱梁的制作若有大型运输、起重设备时,可在工厂进行预制,再运送到桥位连接后顶推。此时节段长度一般不超过5m。一般采用现场就地预制,此时预制场地布置包括节段浇筑平台、模板、钢筋和钢索的加工场地,混凝土搅拌及砂、石、水泥堆放和运输线路的用地。一般设在桥台后,长度为预制节段长度的3倍以上,以便保证足够的施工场地和顶推中安全。

③预制节段的模板和预制周期。预制节段的模板是保证施工质量的关键,模板宜采用钢模,以便保证预制梁尺寸的准确性,而且重复周转使用。底模板安在预制平台上,其平整度必须严格控制,否则顶推时微小地高差就会引起梁内力较大变化,且直接影响到顶推工作的顺利进行。所以要求预制平台有整体性框架基础,它的总下沉量不超过5mm。在底模与基础之间设拆模设备,且底模重力要大于梁底混凝土黏结力,当起落设备放下时,底模自动脱落,并将节段落在滑道上。

节段预制周期是加快施工速度的关键。根据统计资料:量度预制工作量占上部总工作量55%~65%,因此设计上尽量减少梁段数目,施工中尽量加快制作速度对缩短工期有十分重要的意义。

④施工中的横向导向与纠偏。顶推施工时需在桥墩台主梁的两侧各安置一个水平千斤顶,以保证横向导向。千斤顶的高度与主梁底板位置平齐,由墩台上设临时支架固定位置。千斤顶拉杆与主梁侧面外缘之间放置滑块,顶推时千斤顶的拉杆与聚四氟乙烯构成滑动平面,并由专人负责不断更换滑块。如果施工中横向位置偏差较大时应纠偏,必须在顶推过程中进行调整,对于曲线桥,由于超高形成单向横坡,横向导向装置只设在外侧。

三、装配式拱桥的安装

1. 缆索吊装

缆索吊装施工方法,目前是我国大跨拱桥无支架施工的主要方法。在缆索吊装施工拱桥中,为了充分发展缆索的作用,加快拱桥施工速度,促进拱的工业化建设,拱上建筑结构也可相应采用预制装配法施工。缆索吊装施工工序为:拱箱或拱肋的预制、移运吊装拱箱或拱肋、主拱圈的安砌、拱上建筑的灌砌、桥面系施工。由此可知,除预制,移运和吊装拱箱或拱肋以及拱圈的安砌外,其他工序与有支架施工法相似。因此下面着重介绍缆索吊装的施工特点。

(1)拱箱(肋)的预制

预制拱箱(肋)首先要按设计图的要求,在样台上用直角坐标法放出拱箱(肋)的内弧下弦为X轴,在此X轴上作垂线为Y轴。用此X、Y的直角坐标,在X轴上每隔1m左右量出内外弧的Y坐标,作为拱箱(肋)分节放样的依据。拱箱(肋)的预制分别按各节段的箱(肋)进行。在放样时,应注意各接头的位置,力求准确,以减少安装困难。

拱箱(肋)的预制一般多采用立式预制,便于拱箱(肋)的起吊及移运。预制场多用砂卵石填筑拱胎,其上浇筑一层50mm厚的混凝土面层,在混凝土内顺横隔板及两横隔板之间中点位置埋入80mm×60mm木条,以便与拱箱横隔板相联系。

拱箱预制采用组装预制。即将拱箱分成底板、侧板、横隔板及盖板等几个部件分别进行预制。先预制侧板、横隔板,侧板长度取两横隔板之间的间距,也可采用侧板上缘短50mm,下缘短90mm左右使拱箱节段组拼成折线或曲线形状;再在拱箱节段的底模上组拼开口箱。先在拱胎面上放出拱箱边线,并分出横隔板中线,两侧钉好铁钉。为利于拱箱底板混凝土脱胎,可在拱胎面上铺油毛毡或塑料薄膜一层,然后铺设底板钢筋(纵、横钢筋),将侧板与横隔板安放就位,并绑扎好接头钢筋,浇底板混凝土及接缝混凝土,组成开口箱。如果设计要求闭口箱吊装时,可在开口箱内立顶板底模板、绑扎顶板钢筋,浇顶板混凝土,组成闭口箱。待混凝土达到设计强度后方可移运拱箱,重复进行下一节段拱箱的预制。

(2)缆索吊装设备

缆索吊装设备,按其用途和作用可以分为:主索、工作索、塔架和锚固装置四个基本组成部分。主要包括主索、起重索、牵引索、结索、扣索、缆风索、塔架(包括索鞍)、地锚、滑车(轮)、电动卷扬机或手摇绞车等设备和机具。

①主索

主索亦称为承重索或运输天线。它横跨桥墩,支承在两侧塔架的索鞍上,两端锚固于地锚。吊运拱箱(肋)或其他构件的行车支承于主索上。主索的断面根据吊运的构件重力、垂度、计算跨度等因素进行计算。一般根据桥面宽度(两外侧拱箱的距离)及设备供应情况可设1~2组主索。每组主索可由若干根平行钢丝绳组成。如我国目前最大缆索吊装施工的箱形拱桥(四川宜宾金沙江大桥),净跨 $l_0=150m$,采用5段吊装,2组主索,每组主索由8根 $\phi 47.5mm$ 钢丝绳组成。一般中、小跨径拱桥由2~4根平行钢丝绳组成。

②起重索

它主要用于垂直运输以便控制吊物的升降。一端与卷扬机滚筒相连,另一端固定于对岸的地锚上。当行车在主索上沿桥跨往复运行时,可保持行车与吊钩间的起重索长度不随行车的移动而改变。

③牵引索

牵引索用于拉动行车沿桥跨方向在主索上移动(即水平运输),故需一对牵引索。既可分别连接在两台卷扬机上,也可合拴在一台双滚筒卷扬机上,便于操作。

④结索

结索用于悬挂分索器。使主索、起重索、牵引索不致相互干扰。它仅承受分索器重力及自重。

⑤扣索

当拱箱(肋)分段吊装时,需用扣索悬挂端段箱(肋)及中段箱(肋),并可利用扣索调整端段、中段箱(肋)接头处高程。扣索的一端系在拱箱(肋)接头附近的扣环上,另一端通过扣索排架或过河缆索固定于地锚上。为了便于调整扣索的长度,可设置手摇绞车及张紧索。

⑥缆风索

缆风索亦称浪风索,用来保证塔架的纵横向稳定及拱肋安装就位后的横向稳定。

⑦塔架及索鞍

塔架是用来提高主索的临空高度及支承各种受力钢索的结构物。塔架的形式是多种多样的,按材料可分为木塔架和钢塔架两类。

木塔架的构造简单,制作、架设均很方便,但木料数量较多。一般高度在20m以下者可以采用。木塔架通常由4~6片人字撑架组成,其高宽比约为4:1。

当塔架高度在20m以上时多采用钢塔架。钢塔架可采用龙门架式、独脚扒杆式或万能杆件拼装成的各种形式。

塔架顶设置索鞍,作为设置主索、起重索、扣索等用,并可减小钢丝绳与塔架的摩阻力,使塔架承受较小的水平力,而且减轻钢丝绳的磨损。

⑧地锚

地锚也称为地垄或锚锭,其作用是锚固主索、扣索、起重索及绞车等,地貌的可靠性对缆索吊装的安全性起决定性的影响。设计和施工中必须足够重视。按承力的大小、地形、地质条件决定地锚的形式和构造多种多样。还可以利用桥墩、台作锚锭以便节省材料。否则需设置专门的锚锭。

⑨电动卷扬机及手摇绞车

这些设备主要用作牵引、起吊等的动力装置。电动卷扬机速度快,且不易控制,一般多用于起重索和牵引索。对于要求精细调整钢束的部位,多采用手摇绞车,以便操纵。

⑩其他附属设备

其他附属设备有在主索上行驶的行车(俗称跑马滑车)、起重滑车组、各种倒链葫芦、花兰螺栓、钢丝卡子(钢丝扎头)、千斤顶、横移索等。

缆索吊装设备的形式及规格都非常多。必须按照因地制宜的原则,结合各工程的具体情况合理地选用,才能取得良好的效果。

(3)吊装方法和加载程序

采用缆索吊装施工的拱桥,其吊装方法应根据桥的跨径大小、桥的总长及桥的宽度等具体情况而定。

拱桥的构件一般在河滩上或桥头岸边预制和预拼后,送至缆索下面,由起重行车起吊牵引至指定位置安装。为了使端段基肋在合拢前保持在一定位置,在其上用扣索临时系住,然后才能松开吊索。吊装应自一孔桥的两端向中间对称进行。在最后一节构件吊装就位,并将各接头位置调整到规定高程以后,才能放松吊索并将各接头逐渐合拢,最后才将所有扣索撤去。

基肋(指拱箱、拱肋或桁架拱片)吊装合拢要拟定正确的施工程序和施工细则并坚决按此执行。

拱桥跨径较大时,最好采用双基肋或多基肋合拢。基肋和基肋之间必须紧随拱段的拼装及时焊接(或临时连接)。端段拱箱(肋)就位后,除上端用扣索拉住外,并应在左右两侧用一对称缆风索牵住,以免左右摇摆。中段拱箱(肋)就位时,宜缓慢地松吊索,务使各接头顶紧,尽量避免简支搁置和冲击作用。

当拱箱(肋)吊装合拢成拱后,对后续各工序的施工,如拱箱之间的纵缝混凝土和拱上建筑等,如何合理安排这些工序,对保证工程质量和施工安全都有重大影响。如果采用的施工步骤不当(例如安排的工序不合理,拱顶或拱脚的压重不恰当,左右半拱施工进度不平衡,加载不对称等),就会导致拱轴线变形不均匀,而使拱圈开裂,严重的甚至造成倒塌事故。因此,对施工程序必须作出合理的设计。

施工加载程序设计的目的,就是要在裸拱上加载时,使拱肋各个截面在整个施工过程中,都能满足强度和稳定的要求。并在保证施工安全和工程质量的前提下,尽量减少施工工序,便于操作,以加快桥梁施工速度。

对中、小跨径拱桥,当拱肋的截面尺寸满足一定的要求时,可不作施工加载程序设计。按有支架施工方法对拱上结构作对称、均衡施工。

对于大、中跨径的箱形拱桥或双曲拱桥,一般多按分环、分段、均衡对称加载的总原则进行设计。即在拱的两个半跨上,按需要分成若干段,并在相应部位同时进行相等数量的施工加载。但对于坡拱桥,必须注意其特点,一般应使低拱脚半跨的加载量稍大于高拱脚半跨的加载量。在多孔拱桥的两个邻孔之间,也须均衡加载。两孔的施工进度不能相差太远,以免桥墩承受过大的单向推力而产生过大的位移,造成施工进度快的一孔的拱顶下沉,邻孔的拱顶上冒,而导致拱圈开裂。

(4)加载时挠度控制和加强稳定性的措施

加载程序设计时,应计算加载各工序各控制截面的挠度值,以便在施工中控制拱轴线的变形情况,其原因是施工中对拱肋的应力变化难以观测,应力通常只能通过拱肋的变形来反映。为了保证拱圈或拱肋的施工安全和工程质量,必须对计算挠度值与加载中观测的挠度值比较,如实测挠度过大或出现异常变形现象,应分析原因,采取措施,及时调整施工加载程序。

施工经验证明,计算挠度与实测值的差值有时较大,其主要原因是计算拱箱或拱肋截面刚度 EI 时,一是计算中未充分反映拱肋施工中出现裂缝的实际情况;二是计算采用的弹性模量与实际也不易一致。故对计算挠度值也要在施工中结合实测挠度值加以校核与修正。另外,温度变化对拱肋挠度的影响也很大,为了消除温度对拱肋加载变形的干扰,还必须对温度变化引起的拱肋挠度变化规律进行观测,以便校正实测的拱肋加载挠度值,正确地控制拱肋的受力情况。

拱桥采用缆索吊装施工时,为保证拱肋有足够的纵、横向稳定性,除要满足计算要求外,在构造、施工上都必须采取一些措施。

施工经验证明,如果拱肋截面高度过小,不能满足纵向稳定时在施工中采取措施保证拱肋纵向稳定要求是很困难的,对此一般都应使所拟定的拱肋截面高度大于纵向稳定所需要的最小高度。这样拱肋的宽度就不宜过大,以便减小吊装重力,通常设计中选择的拱肋宽度往往小于单肋合拢所需的最小宽度。在此情况下可采用双肋合拢或多肋同时合拢的形式,以满足拱肋横向稳定的要求。一般地跨径 $l \leqslant 50m$ 时采用单肋合拢;当跨径 $l > 50m$ 时采用双肋同时合拢。当选用双肋合拢时,肋与肋之间要用横夹木或斜撑木临时连接,以便构成横向框架,增强横向稳定性。端段拱箱或拱肋就位后,除上端用扣索拉住外,还应在左右两侧设一对缆风索牵住,以防止左右摇摆。中段就位后,宜缓缓地松吊索,务使接头顶紧,尽量避免简支搁置和冲击作用。而且在安排施工进度时还要尽快地完成肋间的横向联系如横隔板等的施工。

2.悬臂安装

这种方法时将拱圈的各个组成部分(侧板、上下底板等)事先预制,然后将整孔桥跨的拱肋(侧板)、立柱通过临时斜压杆(或斜拉杆)和上弦拉杆组成桁架拱片。沿桥跨分做几段(一般3~7段),再用横系梁和临时风钩将两个桁架拱片组装成框架。每节框架整体运至桥孔,由两端向跨中逐段悬臂拼装至合拢。悬伸出去的拱体通过上弦拉杆和锚固装置固定于墩、台上,维持稳定。也可以是将拱圈的各个组成部分分别在拱圈上悬臂组拼成拱圈,然后利用立柱与临时斜杆和上拉杆组成桁架体系,逐节拼装,直至合拢。

(1)预制拱片

悬拼法施工拱桥对拱片预制精度要求很高,最好整跨放样,整拱预制,分段出模移运、吊装。预制拱片时其接头连接装置和上弦拉杆一次预埋好。若拱脚段立柱较高,须设双层拉杆加强。拱顶段因无拱上立柱构成框架,所以需在拱腹附近设拉杆托架。

(2)组拼框架

预制拱片分段出模后,移运起吊时采用多点翻身以减小变形。在组拼框架时,使横系梁和临时风钩把两个拱片连为整体。拱顶段出模后安好托架再翻身,翻身前托架的法兰螺栓暂不旋紧,防止拱肋反向挠曲开裂,等拱片趋近竖直位置时,再拧紧法兰螺栓。

(3)吊装框架

采用陆上或水上运输框架,到桥孔后吊装就位。可直接在桥墩上安人字钢扒杆吊装,也可采用其他机具设备吊装,框架就位后,调整安装高度,然后锚固,设置横向缆风索,按此程序逐段向前悬拼直到合拢为止。

施工中采用一些临时杆件如上弦拉杆、斜压杆等,它所用连接形式和施工要求方面简要说明如下。

上弦拉杆:一般用钢筋束或型钢制作工具式的拉杆。

上弦拉杆预桥墩台之间的锚固:可根据拉力大小选择安全可靠的锚固装置。

斜压杆一般为钢筋混凝土矩形杆件,为便于周转使用,需使斜压杆工具化,即在下端设置落架设备:复式木楔连接器或倒顺螺旋连接器。连接器与压杆上预埋件焊接后放入拱片预制模型内浇筑成型,放松连接器的螺栓卸落,退出木楔使压杆脱离、拆除。

悬拼法施工拱桥其特点为:拱肋形成框架整体吊装,施工安全,刚度大,稳定性好;所需的吊装机具设备少;如清风桥最大吊装重48t,只用81t的吊装设备。但预制、组拼工序较多,框架整体运输较困难。

3. 转体施工

拱桥转体施工方法,是将拱圈分为两个半跨,分别在两岸利用地形作简单支架(或土牛拱胎),现浇或预制钢筋混凝土薄壁拱肋、板块件,组成拱箱(或桁拱,包括安装拱肋间横向联系),用扣索(钢丝绳或高强钢丝束)的一端锚固在拱箱(肋)的端部(靠近拱顶附近),经拱上临时支架至桥台尾部锚固,然后用液压千斤顶(或手摇卷扬机和链条滑车)收紧扣索,使拱箱(肋)脱模(或脱架);随后借助台身间预设的铺有聚四氟乙烯板或其他润滑材料和钢板的环形滑道(即转盘装置),用手摇卷扬机牵引,慢速地将拱箱(肋)转体180°(或小于180°)合拢,并浇筑拱顶端(约0.3m长)接头混凝土,即完成拱箱(肋)的全部合拢工作。最后再进行拱圈的其他部分(顶板、双曲拱的拱波等)安装和拱上建筑的施工。

转体施工法建造大跨径桥梁时,可不搭设费用高的支架,减少安装架设工序,把复杂的技术性强的高空作业和水上作业变为岸边陆地施工,不但施工安全、质量可靠,而且在通航河道或车辆繁忙的跨线立交桥施工中不干扰交通,减小对环境的损害,减少施工费用和施工机具设备,是具有良好的技术经济和社会效益的桥梁施工方法之一。

(1)转体施工的种类及适用的桥型

转体施工按桥梁结构在空间的转动方位可分为平面转体、竖面转体和平竖结合转体施工。目前已应用到拱桥、梁桥、斜拉桥、斜腿钢架桥等不同桥型上部构造的施工中,下面简要叙述各种转体施工方法及各自适用的桥型。

①平面转体施工

按照桥梁的设计高程先在两岸预制半座桥,当预制构件达到设计强度后,借助转动设备在水平面内转动至桥位中线处合龙成全桥。由于转动在平面内进行,故半桥的预制高程要准确,一般在岸边适当的位置先做模架,再在模架上预制。模架可采用简单的支架,也可做成土胎直接支承预制件。因在岸边施工,模架的构造与施工要简便得多。

平面转体施工可分为有平衡转体施工和无平衡转体施工。有平衡转体如前述拱桥转体施工方法,一般以桥台背墙作为平衡重,并作为桥上部结构转体用拉杆或拉索的锚锭反力墙,用此稳定转体体系和调整重心位置。因此平衡重不仅平衡转动桥体,而且要承受桥体转动重力的锚固力。故拱桥的平衡重转体受到转动体系重力的限制,过大的平衡重则施工不经济,一般适用于跨径 $l \leqslant 100m$ 的拱桥,梁式桥、斜拉桥的平面转体均为有平衡重转体施工。当跨径 $l >$

100m 的拱桥采用平面转体时应为无平衡重转体施工，它不需要平衡重结构，但需在两岸设置牢固的锚锭来锚固半跨桥悬臂状态时产生的拉力，并在立柱上端设转轴，下端设转盘，通过转动体系进行平面转体。因为取消平衡重，大大降低转动体系的重力，减少圬工数量，为转体施工拱桥向大跨度发展开辟了新途径。

②竖面转体施工

竖面转体用于拱桥转体施工，它是在桥台处先竖向预制半拱，再在桥位竖平面内转动成为拱跨结构，根据河道情况、桥位地形和自然环境条件，可以采用竖直向上预制半拱，向下转动成拱的施工方法。其特点是可以利用地形，施工场地小，预制可采用滑模施工，工期短，造价低。在预制时尽量保持垂直，以便减小新浇混凝土重力对尚未结硬混凝土的弯矩，并在浇注一定高度后加水平拉杆，以防拱形曲率的影响，产生较大的弯矩和变形。当地形可以选用俯卧预制时，可根据地形降低支架高度，预制完成后向上竖转合龙。

③平面、竖面结合转体施工

采用转体施工的桥梁，有时受地形条件所限，不可能在桥梁设计的平面和桥位竖面内预制，所以在转体时既需要平转，又需要竖转才能就位。平面转动和竖面转动方法与上述相同，但平竖结合转体的转动轴构造要复杂一些。

平转和竖转施工技术原理大致相似，结合我国的施工特点，下面主要介绍拱桥的有平衡重和无平衡重平面转体施工。

(2) 有平衡重转体施工

有平衡重转体施工的特点是转动重力大，施工的关键是转体。要把数百吨的转动体系顺利、稳妥地转动到设计位置主要依靠两项措施：一是正确的转体设计；二是制作灵活可靠的转动装置，并布设牵引驱动系统。

拱桥转体施工主要包括：转盘，平衡墙，扣索及拱圈上的支架等设备和拱体转动与拱体等主要工艺。

①转盘

转盘是转体施工方法的关键结构。它由下环道、转轴、上环道、上转盘等部分组成。

转盘滑行环道是根据环道上工作压力和确保转体转动时有足够的稳定性而选定，其内、外直径(目前一般按拱肋悬臂长度的 $1/3 \sim 1/6$ 左右取用)。当跨径在 $70 \sim 80m$ 时，环道宽一般可取为 $0.4 \sim 0.5m$，下环道高度约为 $0.6m$，嵌入桥台 $0.3m$，上环道约 $0.4m$，均为钢筋混凝土结构。上下环道之间铺设 $2.5mm$ 厚的四氟板，上环道底面嵌设宽 $100mm$ 的镀铬钢板。四氟板的工作压力控制在 $10MPa$ 内。氟板与镀铬钢板之间的滑动静摩擦系数约为 $0.0291 \sim 0.051$；动摩擦系数约为 $0.028 \sim 0.0398$；压力愈大，摩擦系数愈小。

转轴既是转体轴心，又是上转盘的中部支点。它是直径 $1m$ 的 25 号钢筋混凝土矮墩，中心设 $\phi100mm$ 的钢轴，钢轴上端车光镀铬，外套四氟管，四氟管外套封顶钢套并浇筑混凝土而构成轴帽并与上转盘联结，轴帽底面嵌镀铬钢板，下混凝土轴与轴帽之间铺四氟板以降低轴心摩擦力。

转动体系的重心与转盘轴心在一条竖直线上，为此可在转盘后部加砌平衡重(平衡墙)调整。

②平衡墙

平衡墙既是平衡配重，又是尾铰的反力支墩。虽然是临时建筑，但必须牢固，以确保转动体系的几何尺寸和高度符合设计要求。因此，应有足够的重视。尾铰可用槽钢内垫硬木铺双层四氟板,其上再安放铸铁管作铰。尾铰槽钢的安装位置和倾斜度须准确无误,否则会改变转动传力方向。

③扣索及支架

拱箱(肋)与拱座衔接处设临时铰,在接近拱顶截面中线处设置横梁,上系扣索,以承受半拱的推力。扣索通过设于拱背适当部位的支架锚固于转盘顶部顶梁上。顶梁的前方设锚梁,锚梁借铰锚固于上转盘尾部。在锚梁与顶梁之间设千斤顶,以调整扣索拉力和使半拱脱离支架。借调整拱背上的支架位置和高度与扣索拉力,可使半拱各截面的应力均匀或不出现拉应力。计算可利用平面杆系标准电算程序进行,并设支架不承受弯矩(即 $EI=0$),扣索只承受拉力($EI=0, EA=\infty$),为此,支架上部应设能自由转动的铰(同尾铰)。

④拱体转动

拱体转动是利用手摇绞车牵引,为了使启动平稳,同时采用两台水平放置的液压千斤顶启动,启动后用两台手摇卷扬机牵引。启动和牵引均应缓慢而且均匀地进行,防止转动拱体发生较大的振动,转动速度应控制在 $v \leqslant 0.03 \mathrm{m/s}$。

⑤拱体合龙

当一岸半拱就位后立即支承台尾,用石料填塞上盘四角,顶死尾端上转盘。待另一岸半拱就位固定上转盘后,焊接拱顶、拱脚钢筋,浇接头混凝土和转盘内外填封混凝土,封死转盘。待混凝土达到设计强度后,徐徐放松扣索,拱箱(肋)起拱的作用后,按拱桥常规施工程序进行拱圈加厚和拱上建筑施工。

综上所述,有平衡重平面转体施工拱桥的主要工序流程如下:(a)制作底盘;(b)制作上转盘;(c)试转上转盘预定的轴线位置;(d)填筑桥台背墙;(e)浇筑主拱圈;(f)张拉拉杆,使拱圈脱离支架,并且和上转盘、背墙形成一个转动体系,通过配重基本把拱体重心调到磨心处;(g)牵引转动体系,使半拱平面转动合龙;(h)封上下转盘,夯填桥台背土,封拱顶,松拉杆,事先体系转换。

施工经验表明,有平衡重平面转体施工拱桥与缆索吊装施工比较,全桥分两段且一次合拢,减少了吊装段数,结构整体刚度大,纵、横向稳定性好。根据相同跨径比较,转体施工比有支架施工可节约木材约 60% 左右;比用钢塔架缆索吊装施工可节约施工用钢材约 70%~80%。但目前转体施工方法还只适用于单跨拱桥施工,而且有些工艺还有待于进一步改进与完善。

(3)无平衡重转体施工

采用有平衡重转体施工拱桥时,转动体系的平衡重一般选用桥台背墙,但随拱桥跨径增大,需要的平衡配重急剧增加,不仅桥台无需如此大的圬工,而且转体质量太大也增加了施工难度。例如贵州瓮安鲤鱼塘大桥最大跨径的一孔 80m 钢筋混凝土箱肋双曲拱桥转体质量为 1 650t,平衡重已达 1 450t。若跨径为 200m 拱桥,其平衡墙重将达 7 000t 以上。它将使拱桥此类转动施工方法失去了一定的优越性。为此我国研究了无平衡重转体施工的新工艺,以便适应有平衡重转体施工困难和特大跨径拱桥的施工。

无平衡重转体施工是把有平衡重转体施工中的拱圈扣索拉力锚在两岸岩体中,从而节省庞大的平衡重。锚碇拉力是由尾索预加应力给引桥面板或平撑、斜撑,以压力的形式储备,桥面板的压力随拱体转动角度改变而变化,当转体到位时达到最小。依据桥位两岸的地形条件,无平衡重转体可以把半跨拱圈分成上、下游两半,同步对称转体,即双箱对称同步转体施工;或上、下游分别在不对称的位置上预制,转体时先转到对称位置,再对称同步转体,使扣索产生的横向力互相平衡;或直接做成桥全宽半跨拱体,一次转体合龙,我国一般采用双箱对称同步转体施工大跨径拱桥,它需要强大而又牢固的锚碇,故宜在山区地质条件好或跨越深谷急流处选用。

双箱对称同步转体施工的基本原理是:将前面转体施工中采用的平衡墙转体体系,改造为锚固、转动和位控3大体系。

①锚固体系

它由锚碇、尾索、平撑、锚梁或锚块及立柱组成。锚碇设在引道或边坡岩石中,锚梁或锚块支承在立柱上,两个方向的平撑及尾索形成稳定的三角体,使锚梁和上转轴为一个确定的固定点。拱箱转至任何角度,由锚固体系平衡拱箱扣索的拉力。

锚固体系施工的主要工序有:制作桥轴线上的开口地锚;设置斜向洞锚;安装轴向、斜向平撑;张拉尾索;张拉扣索。施工中要求锚固绝对安全、可靠。尾索张拉在锚梁上进行,扣索张拉在拱顶段箱内进行。张拉时分级、对称均衡加力,并注意锚碇和拱箱的变形、位移和裂缝,发现异常仔细分析,处理后再作下一工序,直至拱箱张拉脱架为止。

②转体体系

它由上、下转动构造、拱箱及扣索组成。在桥台起拱线下面边箱的轴线与桥台立柱中线相交位置的平台上,设一对转盘,在桥台立柱顶的锚梁上,对应于下转盘设一对转轴;在两岸引桥上、下游方向任一对称角度,利用地形安装搭架,预制4个半跨边箱待混凝土达到强度后,张拉扣索使拱箱脱架,从而组成转动体系。上转轴由$\phi 400mm$的钢轴与钢套组成,下转轴由两个环道及一个钢筋混凝土的转轴组成,转轴直径为2m,高近4m,下部为20mm厚的钢环(固定于钢筋混凝土柱上),表面车光。

转动体系施工工序有:设置下转轴,转盘及环道;设置拱座及制作拱箱,预制前搭设必要的支架、模板;设置立柱;安装锚梁、上转轴、轴套、环套;安装扣索。施工中注意保证转轴、转盘、轴套、环套的制作与安装精度及环道的高度精度,并做好转动前的准备工作。

③位控体系

位控体系:半跨双箱对称同步转体施工,是靠系于每一拱箱扣点处的上、下河缆风及预设的上、下转轴的偏心值c起动、转动和控制拱箱的位置。它由系在拱箱顶端扣点的缆风索与无级调速自控卷扬机、光电测角装置、控制台组成。用以控制在转动过程中拱体的转动速度和位置。

我国首创这种转体施工方法,特别是双箱对称同步转体施工方法为特大跨径拱桥施工探索了一种新的途径。施工过程中除注意锚固及转动体系的一些事项外,还应注意以下问题:正式转体前应再次对桥位各部分进行系统全面检查,合格后方可转体;为了缆风索受力合理,应设两个转向滑轮;缆风索启动速度宜用$0.5 \sim 0.6m/min$,行走时宜选用$0.8 \sim 1.0m/min$;拱顶合龙后的高差,通过张紧扣索提升拱顶、放松扣索降低拱顶调整到设计位置;封拱合龙时先用8对钢楔楔紧拱顶,焊接主筋,预埋软件,然后封桥台拱座混凝土,最后封拱顶接头混凝土,而且应选择低温时进行;当混凝土达到设计强度的70%后方可卸除扣索,卸索应对称、均衡、分级进行。

第五节 索结构施工

一、斜拉桥施工

斜拉桥的施工费用对整个工程具有重要意义,因此为了简化施工,现在的趋向是制造尽可能大的构件,并在工厂里拼装较大的工程构件而不是在危险的高空和露天的工地现场拼装许多小单元。由于现场只拼装少量的构件,在一定程度上避免变化莫测的恶劣气候影响。

1. 施工方法

斜拉桥的施工工艺和施工方法随着施工单位的素质和人数的多少而变化。作为斜拉桥主要组成部分的制造和安装,一般来说并不特殊,因此可以利用其他桥型的施工经验来完成。但由于斜拉桥塔、梁、索3个组成部分的相互影响等因素而形成复杂性,而且施工方法和程序还与斜拉桥的内力状态有关,因此在施工斜拉桥时要充分注意这些问题。斜拉桥的施工方法很多,常用的施工方法有4种:即支架法、顶推法、平转法和悬臂法。

斜拉桥施工中,其下部构造的施工及上部构造块件的制作并无特殊之处。因此这里只讨论上部构造的建造方法。

一般来说,混凝土梁式桥施工方法的任一种均可适合于混凝土斜拉桥,如支架上拼装或现浇,悬臂拼装或现浇,顶推法和平转法等都有采用的可能。由于斜拉桥梁体尺寸较小,各节段间有拉索,索塔还可用支架设辅助钢索,因此对各种无支架施工方法更为有利。采用任何施工方法,要根据斜拉桥构造特点,施工技术和机械设备,施工场地环境条件等因素,由设计部门和施工单位研究决定。

(1) 支架法

在支架或临时墩上施工斜拉桥的方法最为简单方便,它适用于桥下净空要求低和临时支架不影响桥下交通的场合。支架施工的优点是保持斜拉桥和几何形状和坡度的正确性,桥下净空低时带来造价上的便宜。例如采用节段预制拼装则可用临时支墩,而现浇则要搭支架,或在临时墩之间搭设托架,它一般用在桥不高,桥下容许搭支架或支墩的河滩边跨上,中跨则采用其他方法施工。

(2) 顶推法

斜拉桥的顶推法施工可分为纵移和横移两种情况。纵移施工方法与连续梁桥的顶推施工方法大致相同,但要增加索塔与拉索的制作与安装,在钢斜拉桥,有将完成的整座结构即索塔与梁固结的形式,一起顶推的成功经验。由于混凝土斜拉桥的重力大,采用顶推施工时,只能顶推主梁部分,在顶推过程中逐步安装与张拉拉索可以减小梁的负弯矩和悬臂挠度,但往往需要搭设临时墩,因此施工时工作量较大。横移是指在平行于桥轴线的桥位一侧修建上部构造,然后横向顶推到桥轴线位置。这种方法适用于改造旧桥,它使交通中断时间减少,但横移重力较纵移更大,因为有索塔的重力,因此该方法目前只在钢桥中试用过。

顶推工艺已在欧洲许多场合成功地运用,它通常应用于不容许干扰桥下交通并且悬臂施工又不可行的地方,该施工方法是将桥面的巨大节段在滚轴或聚四乙烯支承板上推过桥墩。桥的主梁从两边桥台向中心推进,或从一边桥台一直推到另一边桥台。在桥的一端或两端将一安装跨的构件拼装好,然后逐渐推向跨中,顶推施工斜拉桥可以简化施工工艺和降低造价。

(3) 平转法

平转法施工斜拉桥与拱桥中采用的平面转体施工方法相似,即将斜拉桥上部结构分为两半。沿河岸顺河流方向的矮支架上制作,然后以桥墩为圆心旋转到桥位合龙。此法修建的斜拉桥不多,跨径也不大。

(4) 悬臂法

悬臂施工斜拉桥是最常用的方法。它来源于T型刚构桥的悬臂施工,不论主梁为T构连续梁或悬臂梁的斜拉桥均可采用,此法同样有悬臂拼装和悬臂浇筑两种,其施工方法与T构桥悬臂施工大致相同。但要增加索的安装,张拉和调整并注意控制悬臂施工的挠度。

悬臂施工可以在支架上或支墩上建造边跨,然后中跨采用悬臂施工的单悬臂法,也可用对称平衡施工的双悬臂法。

悬臂施工的优点是不干扰桥下交通,但用钢量有所增加,以适应施工中附加的弯矩和剪力。

2. 施工特点

(1)索塔的施工可视其结构、体形、材料、施工设备的设计综合考虑选用合适的方法。裸塔施工宜用爬模法,横梁较多的高塔宜用劲性骨架挂模提升法。

(2)混凝土主梁:主梁零号段及其两旁的梁端,在支架和塔下托架上浇筑时,应消除温度、弹性和非弹性变形及支承等因素对变形和施工质量的不良影响。

(3)采用挂篮悬浇主梁时,除应符合梁桥挂篮施工的有关规定外,还应按下列规定执行:

①挂篮的悬臂梁及挂篮全部构件制作后均应进行检验和试拼,合格后再于现场整体组装检验,并按设计荷载及技术要求进行预压,同时测定悬臂梁和挂篮的弹性挠度、调整高程性能及其他技术性能;

②挂篮设计和主梁挠度浇筑时应考虑抗风振的刚度要求;

③拉索张拉时应对称同步进行,以减少其对塔与梁的位移和内力影响;

(4)为防止合拢梁段施工出现的裂缝,应采用以下方法改善受力和施工状况:

①在梁上下底板或两肋端部预埋临时连接钢构件,或设置临时纵向连接预应力索,或用千斤顶调节合拢口的应力和合拢口长度;

②合拢两端高程在设计允许范围内时,可视情况进行适当压重;

③观测合拢前连日的昼夜温度场变化与合拢高程及合拢口长度变化的关系,选定适当的合拢浇筑时间;

(5)合拢梁段浇筑后至纵向预应力索张拉前应禁止施工荷载的超平衡变化:

①预制梁段,如设计无规定,宜选用长线台座(可分段设置),亦可采用多段的联线台座,每联宜多于5段,先预制顺序中的1、3、5段,脱模后再在其间浇2、4段,使各断面啮合密贴,端面不应随意修补;

②应在底模上调整主梁分段形体所受竖曲线的影响。拼装中多段积累的超误差,可用湿接缝调整;

③梁段拼合前应试拼,以便及时调整;

④湿接缝拼合面应进行表面凿毛和清扫,干接缝应保持结合面清洁,粘合料应涂刷均匀;

⑤采用垫片调整梁段拼装线形时,每次垫片调整的高程不应大于20mm。

(6)长拉索在抗振阻尼支点尚未安装前,应采用钢索或杆件(平面索时)将一侧拉索联结以抑制和减小拉索的振动。

(7)大跨径主梁施工时应缩短双向长悬臂持续时间,尽快使一侧固定,以减少风振的不利影响,必要时应采取临时抗风措施。

(8)钢主梁(包括叠合梁和混合梁)应注意:

①钢主梁应由资质合格的专业单位加工制作、试拼,经检验合格后安全运至工地备用;

②钢梁制作的材料应符合设计要求;

③应进行钢梁的连日温度变形观测对照,确定适宜的合拢温度及实施程序,并应满足钢梁安装就位时高强螺栓定位所需的时间。

二、悬索桥施工

1.索塔

索塔的施工要求与高桥墩的施工要求基本相同,应着重控制构造物各部的平面位置、高度、尺寸和质量,其一般要求可按《公路桥涵施工技术规范》的有关规定执行。

混凝土、钢筋混凝土和预应力混凝土索塔可按下列方法施工:

(1)整体搭架分节立模浇筑法,宜先设置支架,一般可用万能杆件、装配式公路钢桥桁架片或组合型钢安装。

(2)滑升模板法。

(3)装配式混凝土或钢筋混凝土环圈代替模板法。

(4)采用装配式预应力混凝土预制块件逐节吊装,然后在块件预留上下贯通的孔道内穿入预应力钢筋后张拉锚固。

混凝土、钢筋混凝土索塔施工过程中,必须加强混凝土的养护,可在已浇筑的混凝土顶部或顶部脚手架上设置漏水的容器,使水缓慢流出,以达到自动养护的目的。

钢索塔的施工一般是在工厂将构件制造之后运到工地,然后用铆钉或高强度螺栓安装。

索塔施工应注意下列事项:

①塔基、塔身平面位置和水平高度应严格控制,以保证塔顶的平面和水平高度的正确性;

②如塔脚设计为铰接,在安装或浇筑塔身时应将塔身按设计位置临时固定,不使其摇动,以保证安装质量;

③钢索塔构件运到工地后应对构件编号进行检查、核对,并按照安装次序排列,对碰损或弯曲构件进行处理或矫正;

④塔身修建到一定高度后,应采取稳定措施或设置风缆;

⑤在修建塔身过程中,应密切注意天气变化,发生大风或雷雨时,应停止安装作业;

⑥装配式预应力混凝土预制块件的预应力张拉工作应按设计要求和规范的有关规定执行;

⑦索塔施工应严格遵守高空作业的安全操作规程,在块件或杆件安装过程中,应经常检查起重设备,保证安全。

2.锚锭

采用重力式锚锭时,锚锭体的混凝土、钢筋混凝土或砌体工程的施工,应按规范的有关规定执行。

采用山洞式锚锭时,对锚洞的开挖和衬砌除参照规范中挖孔桩和隧道施工有关规定办理外,还应注意炮眼不宜太深,装药量应严格控制,以振松后能将岩石撬掉为标准,使非开挖部分的岩石层保持完整。

锚锭体和承托板的位置、高程、倾角,在施工前必须仔细测量,施工过程中必须经常复核,严格掌握。锚锭承托板采用钢筋混凝土时,由于板内钢筋层次较多、较密且互相交错,板中锚孔密布,施工时对锚孔设置方法应事先考虑周全,保证位置准确,锚孔成型一般可采用钢管固定于钢筋网格或模板上。锚洞顶部混凝土衬砌于岩层之间的空隙,应压注水泥砂浆,使混凝土衬砌与岩层紧密结合。

锚锭承托板完成后,应将锚孔按设计要求将锚索编号,并标志在锚孔侧,以便对号按次序进行主索安装。锚锭工作室施工时,应做好地下水和地面水的防水和排水设施,使锚锭工作室保持干燥。

3. 主索制备和安装

在丈量、制备主索之前,应对已完成的主孔跨径(即两索塔中距)、塔顶高程、索塔中心至锚锭板中心水平距离和锚锭板中心高程等进行复测。

缆索制备前应截取一段钢索(应采用钢芯钢索),两端浇筑在锚头内制作3个试件进行破断试验。试验要求是:钢索的总破断力应满足设计要求,破断位置应在钢索部分,钢索不得从锚头中拔出。

计算主索的切割长度时,除按实际的主跨、边跨和索塔高程、锚锭板高程计算额达设计长度外,还应考虑主索跨越塔顶鞍圆弧几何形状影响、两端套筒长度、插入套筒散头后需增长度和主索受力后的弹性、非弹性伸长及切割时要求的各种预留量。

主跨的主索设计长度宜用较精确的公式计算:

$$L_0 = \left[1 + \frac{8}{3}\left(\frac{f}{l}\right)^2 - \frac{32}{5}\left(\frac{f}{l}\right)^4 + \frac{256}{7}\left(\frac{f}{l}\right)^6\right] \tag{5-6}$$

式中:L_0——主跨的主索设计长度(m);

f——主跨的主索设计挠度(m);

l——主跨的跨径(索塔顶中距)(m)。

丈量主索时应注意下列事项:

(1)丈量时的温度变化对丈量结果影响较大,应使用温度计贴在主索上面测出其温度,并按照设计规定的温度对量出的主索长度予以调整;丈量工作应避免在烈日下进行。

(2)丈量的钢尺应经过校定,并应按照规定的拉力丈量。

(3)应对每根主索进行预拉,所施预拉力可取设计恒载的1.1~1.15倍,施力持续10~15min,以消除主索的非弹性延伸值和主索受力后延伸不一致的影响;在预拉同时可进行主索丈量。

(4)在预拉主索时应测定主索在设计恒载时的弹性延伸值并与计算值进行校核。

(5)在张拉主索时必须掌握拉力大小,可适用振动式应力仪、电子称量仪或带压力表的千斤顶测定。

主索预拉时应选择适当场地,埋设足够强度的地锚,对预张拉设备应严格检查,确保安全。丈量钢索时,一般应整理一块不小于主索长度及宽度约3m的平坦场地,并分别在跨中、塔顶、锚锭的下料长度相应位置处浇筑高出地面约10cm的混凝土墩,墩顶面划出十字位置线,进行丈量;或搭设临时水平托架,在托架上丈量。

丈量主索的切割位置应以油漆为标志;切割处的相邻两端以细铁丝捆扎,防止切割时主索松散。为了便于调整主索、控制垂度及安全索夹,在丈量主索束外表的几根钢索时,应将跨中垂度点、塔顶索鞍中心及吊杆位置用细镀锌钢丝绳缠扎涂以油漆标志;索头上应挂有主索标号牌子。

钢索切割一般可采用下列方法:

(1)人工剁切:将钢索切断处放在铁墩上,用錾子和大锤人工剁切。

(2)落锤剁切:做一剁切器,用落锤剁切。

(3)焰切:用乙炔焰割,但切割处两端有一段钢索产生退火影响,可在切割位置两端用湿黄泥包裹后再焰割;必要时应将切割处富余多留一点,焰割后将索头插入套筒内并熔灌合金,再将过长的钢丝逐根切除平整。

钢索切断后,应将端部钢丝散开,并整理成与锚头套筒相似的锥形,以便插入套筒后浇铸合金熔液时使熔液均匀地分布在钢丝间。锚具套筒应用超声波或射线探伤检查,无内部损伤时方可使用。

为了使钢丝插入锚头套筒内与浇铸的合金固结,浇铸合金前必须将套筒和钢丝表面的油脂、泥污和防锈层、锈迹等清洗干净。一般可按下列工序进行:

(1)放入汽油内,将油脂、泥污清洗干净。

(2)放入盐酸或硫酸溶液中,使钢丝表面已松脱的镀锌防锈层和锈迹溶掉;溶液浓度和温度以能较快的脱去镀锌层和锈迹,减少金属"浓解",使金属敲击声音清脆为度。

(3)放入肥皂水中使酸性中和。

(4)放入热水中将肥皂水洗掉。

(5)擦干或晾干,必要时再放入汽油中清洗一次。

浇筑锚头合金时,应注意下列事项:

(1)合金配合比例应按设计规定先经过试验,达到规范要求。

(2)浇筑合金前,应将套筒用喷灯预热到200～400℃,并将套筒大口向上,钢索位于套筒中心正确位置,使套筒根部的钢索受力均匀。

(3)调整坩锅内已溶化的液态合金温度,达到要求的温度(根据合金比例试验确定)时进行锚头浇铸;先灌入套筒少许合金,使索根固结,以免索根处漏出合金,随即一次灌满;将快灌满时,宜放慢浇灌速度,使合金表面恰好填平。

下端与墩台固结的索塔,安装索鞍时,应考虑全桥(全部恒载)安装完毕后,在设计温度时,使索鞍处于索塔中心附近要求的位置。因此,安装主索时,索鞍位置应向边跨预先偏离适当距离(预偏量),即索鞍需向边跨偏移 L 时,则滚筒须向边跨偏移 $L/2$。

L 值可按下列公式计算:

$$L=s+s' \tag{5-7}$$

式中:L——索鞍预偏量(cm)(安装温度与设计温度不同时,应另考虑温度差的预偏量,其值根据温差值与索长计算);

s——在某种计算荷载下,由于锚索弹性延伸引起的索鞍位移量;

s'——锚索下挠引起的预偏量。

$$s=\frac{HD}{AE_c}$$

$$s'=l-l_0$$

式中:H——在某种计算荷载下锚索的水平拉力(kN);

D——锚索的计算长度(cm);

A——锚索的截面积(cm^2);

E_c——锚索的弹性模量(MPa),可将锚索预拉,用测震仪等仪具测定其应力 σ,用电阻应变仪测定其相应伸长率 ε,则:

$$E_c=\frac{\sigma}{\varepsilon}$$

l——某种计算荷载下,锚索的水平投影长度(cm);

l_0——主索安装就位后锚索的水平投影长度(cm);

l 或 l_0 可按下式计算：

$$l \text{ 或 } l_0 = \frac{H}{q}\sqrt{-6+\frac{q}{H}\sqrt{\frac{36H^2}{q^2}+12(D^2-h^2)}} \tag{5-8}$$

式中：H——求 l 或 l_0 时，相应计算荷载下锚索的水平拉力(kN)；

q——锚索沿水平投影方向每厘米长的重力(kN/cm)；

D——锚索的计算长度(cm)；

h——锚索两端的高差(cm)。

当索鞍按照预偏差的位置施工妥当后，应将索鞍初步固定，待全部主索安装完毕并调整之后再松开，使索鞍可随中孔加载而自由滚动。索鞍安装时滚筒间应涂黄油，以保持润滑，滚动灵活。索鞍罩安装应严密，使之起到防尘作用。

索塔下端设计为铰接时，必须在铰接部位临时固定，待主索安装并调整完毕后，恢复铰接。主索跨过索塔顶的索鞍应紧固在索鞍上，索鞍下部不设滚筒，安装在索塔顶中心，不考虑索鞍预偏离问题。塔身倾斜度可通过锚碇螺栓调整；或先向岸跨倾斜，使全桥完成后索塔的倾斜度在设计要求范围内。主索长度的计算、预拉和丈量应按设计规定并参照有关条文办理。

缆索安装方案应根据当地地形、机具设备、河流水深与流速、是否通航及河床地质等情况决定。一般可采取下列各方案：

(1)先牵引较小的钢索作为托索过河后，悬挂在塔架上，然后将主索悬挂在托索上牵引过河。

(2)冬季封冻河流可在冰面上牵引过河。

(3)在通航河流上可利用浮船牵引过河，必须注意防止主索触水。

主索过河后应即吊升引入索鞍；主索过河宜上下游逐根交叉进行。

悬索桥主索一般用多根钢索组成六边形断面；当底层 1、2、3 号钢索吊装就位后，应通过锚碇承托板前面的连接螺栓调整钢索的挠度，使 3 根钢索在同一水平高度上，且均符合设计要求。随后应在钢索上捆扎 3~6 处，以防散开。第二、三排钢索吊装并调整好后也应捆扎，待全部钢索的吊装完毕并调整好后，再进行全断面的捆扎，以确保主索的六边形断面。同时将第一、二、三排捆扎的铁丝解掉。在吊装多根钢索就位时，宜使主索跨中挠度较设计的略小，使调整钢索时，只需将锚固拉杆螺栓松几个丝扣，即能达到设计要求。若钢索过长、挠度过大，依靠锚固拉杆螺栓拧紧调整是很困难的。上(下)游另一组主索也应按此办理。

4. 索夹、吊杆和加劲桁构(梁)安装

索夹安装前应使用水平仪检查钢索跨中的垂度标志是否与设计相符，否则应调整。索夹位置应以钢索中挠度点与设计相符合时所标志的位置为准。制造索夹和索夹螺栓时，应安在主索上的位置次序予以编号，安装前油漆时，不可将号码盖住，避免安装位置号码不符，使索夹与主索斜度不合而夹不紧或螺栓、钢销穿不上。索夹采用高强度螺栓栓合时，螺栓的拧合扭矩应先经试验，使索夹下的吊杆承受全部荷载时，索夹不致在主索上向下滑移。施工操作时应按试验的扭矩控制，关于栓合高强度螺栓注意事项，应按规范的有关规定办理。

索夹及吊杆的安装可在主索上面设置工作悬索、悬挂工作篮进行，使用悬索吊装设备的注意事项应按规范的有关规定办理。

加劲桁构(梁)采用钢结构时，其制造要求应按规范有关规定执行。

加劲桁构(梁)可以整节安装或分片安装；安装顺序可以从跨中向两岸进行，或从两岸向跨中合龙。双链悬索桥一般从 1/4 跨度处分向两岸进行，使之顺利地形成双链链形和拱度。

加劲桁构(梁)的吊装可以另行设置悬索吊装设备,也可利用主索作为运送桁(梁)节的索道。此时,应设置适应主索的特制滑车。利用悬索桥主索作为运送桁节的索道以安装加劲桁构(梁)时,宜从跨中向两岸进行,索夹与吊杆应配合加劲桁构(梁)同时安装,不可先安装索夹、吊杆。

安装加劲桁构(梁)时应注意下列事项:

(1)利用主索吊装加劲桁构(梁)构件时,宜在索塔前的组装平台上进行桁(梁)节组拼,组拼后再利用主索吊运到河中与索夹、吊杆同时安装;若在塔顶另设工作缆索,可在地面拼组桁(梁)节,运到索塔口起吊,牵引工作缆索的跑马滑车,滑向安装部位安装。

(2)在安装此一节时,由于主索链形状不是完工后的抛物线而呈多边形,两节间的连接钢销(高强螺栓)将存在不易插入的情况,为此必须先使吊杆的调整螺栓丝扣下放或提高,以利两节间的连接钢销(高强螺栓)插入。

(3)在全部桁构(梁)安装完毕以后,尚未进行桥面安装之前,应按规范规定的方法进行第一次吊杆调整工作,使吊杆长度符合或接近设计要求。

(4)随着加劲桁构(梁)的安装,当索塔下端为固结时,主索的荷载随之增加,索鞍将逐步向河心偏移,施工过程中应对索鞍的实际偏移量进行观测,防止超过设计允许偏移量,影响塔架的安全;当索塔下端为铰接时,应按设计规定观测索塔的偏斜量,防止超过设计允许的偏斜量。

(5)加劲桁构(梁)安装完毕,桥面工程安装完成,各吊杆应力调整均匀,建筑拱度调整结束后,方可进行加劲桁构(梁)的铆合或高强度螺栓栓合。

(6)如采用高强度螺栓栓合并在高空进行摩擦面的喷砂处理时,必须合理地控制施工进度,防止与其他工序互相干扰。

在加劲桁构(梁)拼装完毕、桥面工程完成正式铆合或栓合前,应对吊杆长度和吊杆内力进行调整,使加劲桁构(梁)的建筑拱度符合设计要求,并使各吊杆受力均匀。吊杆受力的调整应先按下列公式计算吊杆的内力 T:

$$T = H(\tan\theta_1 - \tan\theta_2) \tag{5-9}$$

式中:H——各吊杆处主索拉力的水平分力;

θ_1、θ_2——吊杆夹索处两侧主索与水平面的夹角。

使各根吊杆受力均匀,即各吊杆处的 T 相等。调整方法可先测出各吊杆处链形坐标,计算出各点的理论调整值,每次调整时只调整理论值的一半。这样反复多次测量、调整,使主索链形和吊杆受力符合设计要求。

为了调整吊杆内力,应在施工过程中或安装完毕后测定每条主索受力大小。主索应力宜采用振动式应力仪、电子称量仪或其他简易钢索测力器测定。

全部构件安装完毕,加劲桁构(梁)的建筑拱度和两端支垫处高程调整好,桁构(梁)两端并用临时支座垫搁后,方可浇筑支座混凝土,安装两端的固定和活动支座。支座安装后,应将支座垫板、上下摇座等焊接成整体。待支座垫混凝土符合设计要求强度后,方可将加劲桁构(梁)顶起,撤除临时支座,使之落在正式支座上。当支座承受有正负反力时,固定支座一般采用上下承座销式支座;活动支座一般采用摇臂或滚轴支座。在安装活动支座时,应考虑安装时的温度与设计温度之差及加劲桁构下弦承受荷载发生的平均拉应力引起伸长量而使支座摇臂产生偏移的因素,将支座摇臂或滚轴按照上述偏移值的一半向反向一侧偏移。

5.桥面

桥面工程的安装,一般包括横梁以上的纵梁行车道板、人行道板、泄水管、水电管道、桥面铺装、栏杆和灯柱等,可根据其采用的材料参照规范的有关规定办理。桥面工程安装应待加劲桁构(梁)全部完成后施工。各项工程安装顺序应按设计规定办理。如设计无规定,可自一端向另一端进行。

6. 斜缆式悬索桥

斜缆式悬索桥的构造是将主索与吊索组成不同的三角形网状。活载在桥上任何位置,每根斜缆都只承受拉力,使三角的几何形状保持不变,刚度较大,不需要设置加劲桁构。斜缆式悬索桥的索塔、锚锭和缆索的施工方法可按规范有关规定办理。

斜缆系的节点,采用钢销把各个不同方向的网索连接。为此,应先将每根网索的长度按设计要求(扣除环形拉杆长度)经过预拉后准确丈量、截取;再将每根网索的末端浇筑在特制套筒内,每个套筒两侧加宽部分应设圆孔,以穿过环形拉杆的末端(末端设螺纹),用螺帽和保险帽穿拧在环形拉杆上,使环形拉杆与套筒连接牢固。再将在节点会合的环形拉杆都套在一个共同的钢销上,或连接节点板上。

安装网索时可在一岸的桥台上将一根主索的全部网索包括节点板在内一次拼装好,然后使用悬索吊装设备牵引到桥跨内,分别安装在两岸索塔顶部的节点上。各节点处会合的网索应与节点对称地连接,以保持网索在空间的稳定性。各根网索拉得一样紧,尽可能使各钢索受力均匀。调整钢索的松紧,可通过拧动套管上螺母来达到。

网索也可分别进行安装,先安装主要节点,将其提升到塔顶与塔顶节点连接,然后再安装各次要节点,这样起重力较小,施工也比较安全。桥面系横、纵梁的桥面部分的安装,应在网索安装完毕调整后,由两岸同时向跨中进行。

第六节 桥面系施工

一、桥面铺装及伸缩缝施工

1. 桥面铺装施工

桥面铺装即行车道铺装,亦称桥面保护层,它是车轮直接作用的部分。桥面铺装的作用在于防止车辆轮胎或履带直接磨耗行车道板,保护主梁免受雨水侵蚀,并对车辆轮重的集中荷载起分布作用。因此,行车道铺装要求有抗车辙、行车舒适、抗滑、不透水(和桥面板一起作用时)、刚度好等性能。行车道铺装可采用水泥混凝土、沥青混凝土、沥青表面处治和泥结碎石等各种类型材料。水泥混凝土和沥青混凝土桥面铺装用得较广,能满足各项要求。水泥混凝土铺装的耐磨性能好,适合重载交通,但养生期长,以后修补较麻烦。沥青混凝土桥面铺装维修养护方便,但易老化和变形。沥青表面处治和泥结碎石桥面铺装,耐久性较差,仅在中级和低级公路桥梁上使用。

桥面铺装一般不作受力计算,如在施工中能确保铺装层与行车道板紧密结合成整体,则铺装层的混凝土(除去作为车轮磨耗部分可取 0.01~0.02m 厚外)还可以计算在行车道的厚度内和行车道板共同受力。为使铺装层具有足够的强度和良好的整体性(能起联系各主梁共同受力的作用),一般宜在混凝土内设置直径为 4~6mm 的钢筋网。

2. 伸缩缝施工

桥梁在气温变化时,桥面有膨胀或收缩的纵向变形,车辆荷载也将引起梁端的转动和纵向位移。

为使车辆平稳通过桥面并满足桥面变形,需要在桥面伸缩缝处设置一定的伸缩装置。这种装置称为桥面伸缩缝装置。

到目前为止,我国公路桥梁和城市桥梁工程上使用的伸缩缝种类很多,可分成五大类,即对接式伸缩缝、钢制支承式伸缩缝、橡胶组合剪切式伸缩缝、模数支承式伸缩缝和无缝式伸缩缝。

对桥面伸缩缝的设计与施工,应全面考虑下述要求:

(1)能够使桥梁温度变化所引起的伸缩。除了考虑年最高温度变化所引起的伸缩外,还必须考虑施工时温度变化所需的调整量,以便在全部的预期温度范围内都能可靠地工作。

(2)桥面平坦,行驶性良好的构造。伸缩缝装置与前后桥面必须找平,包括伸缩缝装置在内的前后桥面平整度,在3m长范围内,必须保证误差在±3mm内。在桥墩、桥台与桥头引道沉降结束后,上述误差应在±8mm以内。所谓行驶性,不仅对汽车而言,而且包括自行车在内。

(3)施工安装方便,且与桥梁结构连为整体。如果在主梁上只需预留钢筋头,预埋件均敷设在铺装层内,且无复杂工艺的话,那么,这种装置无疑是比较受欢迎的。

(4)具有能够安全排水和防水的构造。钢制伸缩缝装置本身大部分缺乏排水功能,这就易产生支座生锈与雨水下漏等弊病。因此,各种桥面伸缩缝装置均应采取有效措施,保证具有良好的防水性能。

(5)承担各种车辆荷载的作用。伸缩缝装置之所以易于破损和寿命短,一般认为不全是由于交通量引起的,而往往是由重型车辆引起的。因此重型车交通量大的道路,应选择耐久性好的伸缩缝装置。

(6)养护、修理与更换方便。修理与更换的难易首先取决于损坏的部位,是橡胶件还是桥面混凝土或钢件。前者容易更换,后者取决于桥面破坏程度。伸缩缝装置大修的周期最好至少与面层的大修周期一样长。

(7)经济价廉。经济性问题,不仅只就各种伸缩缝建筑投资来比较,还要尽量使伸缩缝装置寿命与桥面寿命相等。

3. 防水处理

桥面的防水层,设置在行车道铺装层下边,它将透过铺装层渗下的雨水汇集到排水设备(泄水管)排出。

钢筋混凝土桥面板与铺装层之间是否要设防水层,应视当地的气温、雨量、桥梁结构和桥面铺装的形式等具体情况而定。桥面伸缩缝处应连续铺设,不可切断;桥面纵向应铺过桥台背;桥面横向两侧,则应伸过缘石底面人行道与缘石砌缝里向上叠起0.10m。如无需设防水层,但考虑桥面铺装长期磨损,如桥面排水不良等,仍可能漏水,故桥面在主梁受弯作用处应设置防水层。

按现行《公路沥青路面设计规范》(JTG D50—2006)的有关条文,沥青铺装由黏结层、防水层及沥青面层组成。为提高桥面使用年限,减少维修养护,应在黏结层上设置防水层。

防水层有三种类型:

(1)洒布薄层沥青或改性沥青,其上撒布一层砂,经碾压形成沥青涂胶下封层。

(2)涂刷聚氨酯胶泥、环氧树脂、阳离子乳化沥青、氯丁胶乳等高分子聚合物涂料。

(3)铺装沥青或改性沥青防水卷材,以及浸渍沥青的无纺土工布等。

高分子聚合物沥青防水涂料是以石油沥青为主要原料,以各种表面活性剂及多种化学助剂为辅助原料,再掺加大剂量的高分子聚合物进行改性而成的复合防水涂料。该涂料不但具有高分子聚合物的优异弹塑性、耐热性和黏结性,又具有与石油沥青制品良好的亲和性,以适应沥青混凝土在高温条件下施工。因操作方便安全,无环境污染,已成为各类大型桥梁及高架桥桥面防水施工专用涂料。

沥青防水卷材为结构材料的防水层,造价高,施工麻烦费时。它虽有防水作用,但因把行车道与铺装层分开,如施工处理不当,将使行车道铺装层似有一弹性垫层,在车轮荷载作用下铺装层容易起壳开裂。

无防水层时,水泥混凝土铺装应采用防水混凝土。对于沥青混凝土铺装则应加强排水和养护。

二、人行道、栏杆及护栏

桥梁上的人行道由人行交通量决定,可选用 0.75m、1m,大于 1m 时,按 0.5m 倍数递增。行人稀少地区可不设人行道,为保障交通安全,在行车道边缘设置高出行车道的带状构造物——安全带。

近年来高速公路、一级公路的桥梁则采用将栏杆和安全带完美结合的构造物——防撞护栏。

1. 安全带

不设人行道的桥上,两边应设宽度不小于 0.25m,高为 0.25～0.35m 的护轮安全带。为了保证行车安全,安全带的高度已超过 0.4m。

安全带可以做成预制块件与桥面铺装层一起现浇。预制的安全带有矩形截面和肋板式截面两种。现浇的安全带宜每隔 2.5～3m 做一断缝,以免参与主梁受力而破坏。

2. 人行道

人行道是用缘石或护栏及其他类似设施加以分隔的专门供人行走的部分。

按人行道在桥梁结构中所处高程不同有以下几种形式:

(1)人行道设在桥梁承重结构的顶面,而且高出行车道。

(2)双层桥面布置,即人行道(含非机动车道)与行车道布置在两个高程不同的桥面系。

按人行道的施工方法分又有就地浇筑式、预制装配式、部分装配和部分现浇的混合式。

就地浇筑式的人行道用于跨径较小的桥梁中,有时人行道与行车道板及梁整体地联结在一起。由于人行道的恒载及活载很小,故将设在桥梁行车道的悬臂挑出部分,但目前此种做法已很少采用。

预制装配式的人行道,是将人行道做成预制块件安装,按预制块件分有整体式和分块式两种;按安装在桥上的形式分,有悬臂式和搁置式两种。

人行道顶面一般铺设 20mm 厚的水泥砂浆或沥青砂作为面层,并以此形成人行道顶面的排水横坡。

桥面铺装中若设贴式防水层,就要在人行道内侧设置缘石,以便把防水层伸过缘石底面,从人行道与缘石之间的砌缝里向上叠起。

人行道在桥面断缝处也必须做伸缩缝。现在桥梁人行道伸缩缝与行车道伸缩缝是连在一起的。

3. 栏杆

栏杆是桥上的安全设施,要求坚固;栏杆又是桥梁的表面建筑,也要有一个美好的艺术造型。栏杆的高度约 0.8～1.2m,标准设计为 1.0m;栏杆的间距一般为 1.6～2.7m,标准设计为 2.5m。

公路与城市道路的栏杆常用混凝土、钢筋混凝土、钢、铸铁或钢与混凝土混合材料制作。从形式上可分为节间式与连续式。节间式由立柱、扶手及横档(或栏杆板)组成,扶手支承与立柱上。连续式具有连续的扶手,一般由扶手、栏杆板(柱)及底座组成。节间式栏杆便于预制安装,能配合灯柱设计,但对于不等跨分孔的桥梁,在划分上感到困难。连续式栏杆有规则的栏杆板,富有节奏感,简洁、明快,但一般自重比较大。

栏杆的设计首先要考虑结构安全可靠,选材合理,栏杆柱或栏杆底座要直接与浇在混凝土中的预埋件焊牢,以增强抗冲能力。同时栏杆要经济实用,工序简单,互换方便。对于艺术处理则根据桥梁的类别有不同要求,公路桥的栏杆要求简单明快,栏杆的材料和尺度与整体工程配合,常采用简单的上扶手、下扶手和栏杆柱组成,给驾乘人员有一个广阔的视野。城市桥梁的栏杆艺术造型应当予以重视,以使栏杆与周围环境和桥梁本身相协调。这主要是指栏杆在形式、色调、图案和轮廓层次上应富有美感,而不是过分追求华丽的装饰。

4.护栏

一般桥梁上的栏杆,当设于人行道上时,主要作用是给行人安全感,遮拦行人,防止其掉入桥下;当无人行道时,桥上的栏杆虽也有时起防止行人跌落桥下,但其主要作用与高填路堤或危险路段所设护栏相仿,用以诱导视线,起到一些轮廓标的作用,使车辆尽量在路幅之内行驶,并给驾驶员以安全感。用于高速公路、一级汽车专用公路、城市快速道路、主干道路、立交工程等的护栏是用以封闭沿线两侧,不使人畜与非机动车辆闯入公路的隔离设施,它同时具有吸收碰撞能量、迫使失控车辆改变方向并使其恢复到原有行驶方向,防止其越出路外或跌落桥下的作用。

防撞护栏按防撞性能有刚性护栏、半刚性护栏和柔性护栏之分。

刚性护栏是一种基本不变形的护栏结构。混凝土护栏是刚性护栏的主要形式,它是以一定形状的混凝土相互连接而组成的墙式结构,它利用失控车辆碰撞后爬高并转向来吸收碰撞能量。

半刚性护栏是一种连续的梁柱式护栏结构,具有一定的刚度和柔性。波形护栏是半刚性护栏的主要代表形式,它是一种以波纹状钢护栏板相互拼接并由立柱支撑而组成的连续结构,它利用土基、立柱、波形梁的变形来吸收碰撞能量,并迫使失控车辆改变方向。

柔性护栏是一种具有较大缓冲能力的韧性护栏结构。缆索护栏是柔性护栏的主要代表形式,它是一种以根数施加初张力的缆索固定于立柱上而组成的结构,它主要依靠缆索的拉应力来抵抗车辆的碰撞,吸收碰撞能量。

第七节 隧道工程施工

一、隧道施工方法

1.盾构法

盾构是一种钢制的活动防护装置或活动支撑,是通过软弱含水层,特别是河底、海底,以及城市中心区修建隧道的一种机械。在它的掩护下,头部可以安全地开挖地层,一次掘进相当于装配式衬砌一环的宽度。尾部可以装配预制管片或砌块,迅速地拼装成隧道永久衬砌,并将衬砌与土层之间的空隙用水泥压浆填实,防止周围地层的继续变形和围岩压力的增长。

2.新奥法

(1)基本理论

①新奥法理论假定

(a)围岩是各向同性的连续弹性体,围岩在塑性变形、剪切破坏的极限平衡中仍表现有剩余强度。

(b)隧道初始应力场为自重应力场,侧压力系数为1。

(c)隧道形状为曲墙曲拱。

(d)隧道在一定的埋深条件下,将它看作无限体中的孔洞问题。

②用最小的支护阻力设计支护结构。

③控制围岩的初始变形。

④适应围岩的特性,采用薄层柔性支护结构。

⑤采用量测来检验并修改设计及施工。

(2)施工方法

新奥法的施工方法根据地质条件、断面开挖宽度的不同,一般采用全断面法、台阶法及侧壁导坑法。全断面法及台阶法应用最广,约占新奥法施工总量的98%,其施工程序及施工方法同矿山法。

侧壁导坑法仅在以下情况采用:断面开挖宽度大于8m,围岩十分软弱;采用其他方法基础承载力不能满足要求;对地面沉陷有严格控制时。

3. 矿山法

矿山法包括全断面法、台阶法、台阶分部法、上下导坑法、上导坑法、单侧壁导坑法、双侧壁导坑法。

4. 全断面掘进机法

隧道掘进机是暗挖法修建隧道的综合专用机械。它是装置有破碎岩石的刀具,采用机械破碎岩石的方法开挖隧道,并将破碎的石渣传送出机外的一种开挖与出渣联合作业的掘进机械,能连续掘进。

二、隧道施工量测

1. 施工观测的必要性

隧道与地下工程是特殊的工程结构体系。从岩体力学的角度看,它是处于与围岩相互作用的体系之中的结构物;从地质力学的角度看,它是处于千变万化的地质之中的工程单元体。在这样的岩体和地质中,隧道一经开挖,其中所包容的原状力学体系便被打破,四周原有的受力状态已经改变。随着开挖断面增大或者深度的增长,这种改变也将不断地延续。在支护敷设后的一段时间内,虽然受力状态已经发生改变,但是支护与围岩之间的力的作用还没有达到最终平衡。随着时间的推移,根据得到的信息对支护再做若干变动,这种受力状态的改变才逐渐停止,支护与围岩间力的作用体系逐渐达到最终平衡。

从隧道与地下工程的这种复杂的力学发展过程,我们可以认识到以下两点:

第一,隧道与地下工程如果作为一种工程结构物看待,它的受力特点和地面工程有很大的差别。由于隧道与地下工程是处于千变万化的岩体之中,其所受外力是不明确的。迄今为止,国内外和工程界对外荷体系的分布和量值还处于研究阶段,这就决定了隧道与地下工程设计是建立在若干假定条件下进行的。

第二,隧道与地下工程的形成过程,自始至终都存在着受力状态变化这一特性。换言之,隧道从开挖起,一直到受力平衡和体系稳定,或者到结构受损,围岩内部结构一直在变动,支护和衬砌的内力和外形也在变动之中。

从上面两点可以看出,试验性研究,特别是隧道现场监控测量,是从个体到群体解决隧道与地下工程力学、设计、施工问题的一种重要手段和主要途径。可以断言,如果没有这种手段和途径,要最终解决复杂围岩中的隧道与地下工程问题是不可想象的。正因为如此,国内外的许多隧道与地下工程都应用了并正在不断应用着现场监控量测方法来对付工程中出现的复杂受力问题。

2.施工观测的任务

(1)确保安全。为此需要掌握围岩和支护状态,进行动态管理,根据量测信息,科学施工。

(2)指导施工。量测数据经过分析处理,预测和确认隧道围岩最终稳定时间,指导施工顺序和施作二次衬砌的时间。

(3)修正设计。根据开挖后所获得的量测信息,进行综合分析,检验和修正施工设计。

(4)积累资料。已有工程的量测结果可以间接地应用到其他类似工程中,作为设计和施工的参考资料。

3.施工量测一般规定

(1)控制测量的精度应以中误差衡量,最大误差(极限误差)规定为中误差的两倍。

(2)隧道施工时应做好下列工作:

①长隧道设置的精密三角网或精密导线网,应定期对其基准点和水准点进行校核;

②洞外水准点、中线点应根据隧道平纵面、隧道长度等定期进行复核,洞内控制点应根据施工进度设定。

(3)洞内施工隧道测量,桩点必须稳定、可靠,且通视良好。水准点应设于不易损坏处,并加以妥善保护。测量仪器、工具在使用前应作检校,保证仪器具的技术状态符合使用要求。使用光电测距仪时,应按其使用规定要求进行。

(4)隧道平面控制测量的精度、隧道内两相向施工中线在贯通面上的极限误差、由洞外和洞口内控制测量误差引起在贯通面产生的贯通误差影响值、洞内导线测角、量距的精度以及两洞口水准点间往返测高差不符值,均应符合《公路勘测规范》(JTG C10—2007)的规定。

(5)隧道竣工后应提交贯通测量技术成果书、贯通误差的实测成果和说明、净空断面测量和永久中线点、水准点的实测成果及示意图。

4.洞内施工测量

(1)洞内导线应根据洞口投点向洞内作引伸测量,洞口投点应纳入控制网内,由洞口投点传递进洞方向的连接角测角中误差,不应超过测量等级的要求,后视方向的长度不宜小于300m。导线点应尽量沿路线中线布设,导线边长在直线地段不宜短于200m;曲线地段不宜短于70m。无闭合条件的单导线,应进行二组独立观测,相互校核:

①用中线法进行洞内测量的隧道,中线点间距直线部分不宜短于100m;曲线不宜短于50m;

②当用正倒镜延长直线法或曲线偏角法检测延伸的中线点时,其点位横向偏差不得大于5mm。

(2)特长隧道、长隧道及采用大型掘进机械施工的隧道,宜用激光设备导向。

(3)供导坑延伸和掘进用的临时点可用中线法标定,其延伸长度在直线部分不应大于30m;曲线部分不应大于20m,串线法的两吊线间距不宜小于5m。用串线法标定开挖面中线时,其距离可用皮尺丈量。

(4)开挖前应在开挖断面标出设计断面尺寸轮廓线,开挖工作完成后应及时测量并给出断面图。采用上下导坑法施工的隧道,上部导坑的中线每引伸一定距离后,应与下部导坑的中线联测一次,用以校核上部导坑的中线或向上部导坑引点。

(5)供衬砌用的临时中线点,必须用经纬仪测定,其间距可视放样需要适当加密,但不宜大于10m。

(6)衬砌立模前应复核中线和高程,标出拱架顶、边墙底和起拱线高程,用设计衬砌断面的支距控制架立拱模和墙模。立模后必须进行检查和校正,确保无误。

(7)洞内布设路线应由洞口高程控制点向洞内布设,结合洞内施工情况,测点高距以200~500m为宜。洞内施工用的水准点,应根据洞外、洞内已设定的水准点,按施工需要加设。为使施工方便,在导坑内拱部、边墙施工地段宜每100m设立一个临时水准点,并定期复核。

5. 贯通误差的测定及调整

(1)贯通误差的测定应按下列要求进行:

①采用精密导线测量时,在贯通面附近定一临时点,由进测的两方向分别测量该点的坐标,所得的闭合差分别投影至贯通面及其垂直的方向上,得出实际的横向和纵向贯通误差,再置镜于该临时点测求方位角贯通误差;

②采用中线法测量时,应由测量的相向两方向分别向贯通面延伸,并取一临时点,量出两点的横向和纵向距离,得出该隧道的实际贯通误差;

③水准路线由两端向洞内进测,分别测至贯通面附近的同一水准点或中线点上,所测得的高程差值即为实际的高程贯通误差。

(2)贯通误差的调整应按以下方法进行:

①用折线法调整直线隧道中线;

②曲线隧道,根据实际贯通误差,由曲线的两端向贯通面按长度比例调整中线;

③采取精密导线法测量时,贯通误差用坐标增量来调整;

④进行高程贯通误差调整时,贯通点附近的水准点高程,采用由进出口分别引测的高程平均值作为调整后的高程;

⑤隧道贯通后,施工中线及高程的实际贯通误差,应在未衬砌的100m地段内(即调线地段)调整。该段的开挖及衬砌均应以调整后的中线及高程进行放样。

6. 竣工测量

(1)隧道竣工后,应在直线地段每50m、曲线地段每20m及需要加测断面处,测绘以路线中线为准的隧道实际净空,标出拱顶高程、起拱线宽度、路面水平宽度。

(2)隧道永久中线点,应在竣工测量后用混凝土包埋金属标志。直线上的永久中线点,每200~250m设一个,曲线上应在缓和曲线的起终点各设一个;曲线中部,可根据通视条件适当增加。永久中线点设立后,应在隧道边墙上画出标志。

(3)洞内水准点每公里应埋设一个,短于1km的隧道应至少设一个,并应在隧道边墙上画出标志。

7. GPS测量

GPS测量与传统测量相比的一个显著优点是,GPS测量不需要点与点之间的相互通视,且不受图形强度的限制,从而使选点工作具有很大的灵活性,特别是贯穿树木茂密通视困难地区隧道测量。

(1)布设GPS隧道控制网时,每个洞口至少有一个GPS点在隧道轴线上(即洞口投点),

并以最简单的图形将洞口两端联系起来,但不允许出现自由基线矢量,使 GPS 网构成闭合图形,以便检核。

(2) GPS 点虽不要求相互通视,但为了给隧道施工提供进洞方向,要求每个洞口至少有一个相互通视的方向,在通视条件允许的情况下,最好再增加一个检核方向。

(3)在设计图形时,应充分考虑加强异步环路的检查,可以检核外业观测中的对中整平误差,大气变化等因素对成果的影响,同时可避免粗差的存在。

(4)对长的隧道贯通,由于点间距较远,在编制调度计划时,必须顾及到交通工具、交通路线,以保证作业人员有充分的时间抵达点位,并作好观测前的准备工作。

(5)由于测区环视条件相当差,使 GPS 观测受到极大的限制。而各控制点上障碍物的高度角、方位角都不一样,这就容易造成每站上观测到同一卫星的时间不同,因此要求在观测前必须定出高度准确的计划,并保证观测工作按计划进行,使观测一次成功。

8.施工过程的控制测量

(1)监控量测应达到以下目的:

①掌握围岩核支护的动态信息并及时反馈,指导施工作业;

②通过对围岩核支护的变位、应力量测,修改支护系统设计。

(2)复合式衬砌的隧道应按《公路隧道施工技术规范》选择量测项目。

(3)爆破开挖后应立即进行工程地质与水文地质状况的观察和记录,并进行地质描述。地质变化处和重要地段,应有照片记载。初期支护完成后应进行喷层表面的观察和记录,并进行裂缝。

(4)隧道开挖后应及时进行围岩、初期支护的周边位移量测、拱顶下沉量测;安设锚杆后,应进行锚杆抗拔力试验。当围岩差、段面大或地表控制严时宜进行围岩体内位移量测和其他量测。位于 III～I 类围岩中且覆盖层厚度小于 40m 的隧道,应进行地表沉降量测。

三、洞口施工

隧道洞口地段,一般地质条件差,且地表水汇集,施工难度较大。施工时要结合洞外场地和相邻工程的情况,全面考虑、妥善安排及早施工,为隧道洞身施工创造条件。

由于每座隧道的地形、地质及线路位置不同,要很明确规定洞口段的范围是比较困难的。在一般情况下,可以将由于隧道可能给上坡地表造成不良影响的范围称为洞口加强段。每座隧道应根据各自的围岩条件来确定洞口段范围。

1.洞口施工内容

隧道洞口工程主要包括边、仰坡土石方;边、仰坡防护;端墙、翼墙等洞门污工;洞口排水系统;洞口检查设备安装;洞口段洞身衬砌。洞口工程中的洞门施工,一般可在进洞后做,并应做好仰坡防护,施工应注意以下事项:

(1)清理作施工准备时,应先清理洞口上方及侧方有可能滑塌的表土,灌木及山坡危石,平整洞顶地表,排除积水,整理隧道周围流水沟渠。然后施做洞口边、仰坡顶处的天沟。

(2)施工宜避开雨季和融雪期。在进行洞口土石方工程时,不得采用深眼大爆破或集中药包爆破,以免影响边、仰坡的稳定。应按设计要求进行边、仰坡放线自上而下逐段开挖,不得掏底开挖或上下重叠开挖。

(3)洞门圬工基础必须置于稳固的地基上。须将废渣杂物、泥化软层和积水清除干净。对于地基强度不够时,可结合具体条件采取扩大基础、桩基、压浆加固地基等措施。

(4)墙应与洞内相邻的拱墙衬砌同时施工连成整体,确保拱墙连接良好。洞门端墙的砌筑与回填应两侧同时进行,防止对衬砌产生偏压。

(5)洞身施工时,应根据地质条件,地表沉陷控制以及保障施工安全等因素选择开挖方法和支护方式。洞口段洞身衬砌应根据工程地质、水文地质地形条件,至少设置小于5m长的模筑混凝土加强段,以提高圬工的整体性。

(6)完工后,洞门以上仰坡脚受破坏处,应及时处理。如仰坡地层松软破碎,宜用浆砌片石或铺种草皮防护。

2. 进洞开挖方法

洞口段施工中最关键的工序就是进洞开挖。隧道进洞前应对边仰坡进行妥善防护或加固,做好排水系统。洞口段施工方法的确定取决于诸多因素。如施工机具设备情况、工程地质、水文地质和地形条件;洞外相邻建筑的影响;隧道自身构造特点等。根据地层情况,可分为以下几种施工方法:

(1)洞口段围岩为Ⅳ类以上,地层条件良好时,一般可采用全断面直接开挖进洞,初始10~20m区段的开挖,爆破进尺应控制在2~3m。施工支护,于拱部可施做局部锚杆;墙、拱采用素喷混凝土支护。洞口3~5m区段可以挂网喷混凝土及设钢拱架予以加强。

(2)洞口段围岩为Ⅲ~Ⅳ类,地层条件较好时,宜采用正台阶法进洞(不短于20m区段)。爆破进尺控制在1.5~2.5m。施工支护采用拱、墙系统锚杆和钢筋网喷射混凝土。必要时设钢拱架加固施工支护。

(3)洞口段围岩为Ⅱ~Ⅲ类,地层条件较差时,宜采用上半断面长台阶法进洞施工。上半断面先进50m左右后,拉中槽落底,在保证岩体稳定的条件下,再进行边墙扩大及底部开挖。上部开挖进尺一般控制在1.5m以下,并严格控制爆破药量。施工支护采用超前锚杆与系统锚杆相结合,挂网喷射混凝土。拱部安装间距为0.5~1.0m的钢拱架支护,及早施做混凝土衬砌,确保稳定和安全。

(4)洞口段围岩为Ⅱ类以下,地层条件差时,可采用分布开挖法和其他特殊方法进洞施工。具体方法有:①预留核心土环形开挖法;②插板法或管棚法;③侧壁导坑法;④下导坑先进再上挑扩大,由里向外施工法;⑤预切槽法等。开挖进尺控制在1m以下,宜采用人工开挖,必要时才采用弱爆破。开挖前应对围岩进行预加固措施,如采用超前预注浆锚杆或采用管棚注浆法加固岩层后,用钢架加紧贴洞口开挖前面进行支护,再进行开挖作业。在洞身开挖中,支撑应紧跟开挖工序,随挖随支。施工支护采用网喷混凝土,系统锚杆支护;架立钢拱架间距为0.5m,必要时可在开挖底面施做临时仰拱。开挖完毕后及早施作混凝土内层衬砌。当衬砌采用先拱后墙法施工时,下部断面开挖符合下列要求:①拱圈混凝土达到设计强度70%之后方可进行下部断面的开挖;②可采用扩大拱脚,打设拱脚锚杆,加强纵向连接等措施加固拱脚;③下部边墙部位开挖后,应及早、及时做好支护,确保上部混凝土拱的稳定。

施工前,在工艺设计中,应对施工的各工序进行必要的力学分析。施工过程中应建立健全量测体系,收集两侧数据及时分析,用以指导施工。

四、洞身施工

1. 开挖

洞身施工就是挖除岩体,并尽量保持坑道围岩的稳定。显然,开挖是隧道施工的第一道工序,也是关键工序。在坑道的开挖过程中,围岩稳定与否,虽然主要取决于围岩本身的工程地质条件,但无疑开挖对围岩的稳定状态有着直接而重要的影响。

因此,隧道开挖的基本原则是:在保证围岩稳定或减少对围岩的扰动的前提条件下,选择恰当的开挖方法和掘进方式,并尽量提高掘进速度。

(1)开挖方法

隧道施工中,开挖方法是影响围岩稳定的重要因素之一。因此,在选择开挖方法时,应对隧道断面大小及形状、围岩的工程地质条件、支护条件、工期要求、工区长度、机械设备能力、经济性等相关因素进行综合分析,采用恰当的开挖方法,尤其应与支护条件相适应。

隧道开挖方法实际上是指开挖成形方法。按开挖隧道的横断面分部情形来分,开挖方法可分为全断面开挖法、台阶开挖法、分部开挖法。

(2)掘进方式及岩体的工程分级

①掘进方式

隧道施工的掘进方式是指对坑道范围内岩体的破碎挖除方式。常用的掘进方式有钻眼爆破掘进、单臂掘进机掘进、人工掘进三种掘进方式。

②岩体的工程分级

选择掘进方式时,不仅要考虑围岩的稳定性,而且应考虑坑道范围内岩体的坚固性,即挖掘岩体的难易程度。我国隧道工程,可直接借用土石方工程的分级方法,将岩体挖掘的难易程度分为六级,分别是:松土、普通土、硬土、软石、次坚石、坚石。

(3)钻眼爆破掘进

①钻眼机具

隧道工程中常使用的凿岩机有风动凿岩机和液压凿岩机。另有电动凿岩机和内燃凿岩机,但较少采用。其工作原理都是利用镶嵌在钻头体前端的凿刃反复冲击并转动破碎岩石而成孔。有的可通过调节冲击波大小和转动速度以适应不同硬度的石质,达到最佳成孔效果。

②爆破材料

隧道工程中常用的炸药一般以某种或几种单质炸药为主要成分,另外加一些外加剂混合而成。目前在隧道爆破施工中使用最广的是硝铵类炸药。硝铵类炸药品种极多,但其主要成分是硝酸铵,占60%以上,其次是梯恩梯或硝酸钠(钾),占10%~15%。

起爆材料(系统)有:(a)导火索与火雷管;(b)电雷管;(c)塑料导爆管与非电雷管;(d)导爆索与继爆管。

③爆破方法

在石质隧道中,采用最多的是钻眼爆破法。其原理是利用装入钻孔中的炸药爆炸时产生的冲击波及爆炸生成物做功来破碎坑道范围内的岩体。

(4)单臂掘进机及人工掘进

在软质岩石及土质隧道中,为减少对围岩的扰动,避免爆破震动对围岩的破坏,可以采用单臂掘进机掘进。常用的单臂掘进机是铣盘式采矿机。挖斗式挖掘机及铲斗式装渣机亦可以用于隧道掘进。

在不能采用爆破掘进的软质破碎围岩和土质隧道中,若隧道工程量不大,工期要求不太紧,又无机械或不宜采用机械掘进时,则可采用人工掘进。

2.出渣运输

出渣是隧道施工的基本作业之一。出渣作业能力的强弱,决定了它在整个作业循环中所占时间的长短(一般在40%~60%)。因此,出渣运输能力的强弱在很大程度上影响施工速度。

在选择出渣方式时,应对隧道或开挖坑道断面的大小、围岩的地质条件、一次开挖量、机械配套能力、经济性及工期要求等相关因素综合考虑。出渣作业可以分解为装渣、运渣、卸渣三个环节。

3. 初期支护

隧道开挖后,除围岩完全能够自稳而无须支护以外,在围岩稳定能力不足时,则须加以支护才能使其进入稳定状态,称为初期支护。若围岩完全不能自稳,表现为随挖随坍甚至不挖即坍,则须先支护后开挖,称为超前支护。必要时还须先进行注浆加固围岩和堵水,然后才能开挖,称为地层改良。考虑到隧道投入使用后的服务年限很长久,设计时一般采用混凝土或钢筋混凝土内层衬砌,以保证隧道在服务过程中的稳定、耐久、减少阻力和美观等,称为二次支护。

初期支护施作后即成为永久性承载结构的一部分,它与围岩共同构成了永久的隧道结构承载体系。在这一点上,初期支护不同于传统施工方法中采用的钢木构件支撑。构件支撑在模筑整体式衬砌时,通常应予以拆除,不作为永久承载构件,称为临时支撑。

4. 量测与监控

由于对地下工程的受力特点及其复杂性认识的加深,自20世纪50年代以来,国际上就开始通过对地下工程的现场量测来监视围岩和支护的稳定性,并用现场量测结果修正设计和指导施工。

近年来,现场量测又与工程地质、力学分析紧密配合,正在逐渐形成一整套监控设计(或称信息设计)的原理和方法,较好地反映和适应地下工程的动态变化规律。尽管这种方法目前还很不完善,但无疑是今后发展的方向。随着岩体力学和测试技术的研究和发展,以及电算工具的广泛应用,将会进一步促进地下工程监控设计方法的完善。

监控设计的原理是通过现场量测获得围岩力学动态和支护工作状态的有关数据(信息)再通过对这些数据(信息)的数理和力学分析,来判断围岩和支护体系的稳定性及工作状态,从而选择和修正支护参数以及指导施工。

监控设计通常包括两个阶段:初始设计阶段和修正设计阶段。初始设计一般应用工程类比法与数理初步分析法进行;修正设计则是根据现场量测所得数据进行数值分析和理论解析,作出更为接近工程实际的判断,以此来修正支护参数和指导施工。

5. 二次支护

在永久性的隧道及地下工程中常用的衬砌形式有三种:整体式衬砌、复合式衬砌及锚喷衬砌。

复合式衬砌是由初期支护和二次支护组成的。初期支护是帮助围岩达成施工期间的初步稳定,二次支护则是提供安全储备或承受后期围岩压力。因此,初期支护应按主要承载结构设计。二次支护在Ⅳ类及以上围岩时按安全储备设计;在Ⅲ类及以下围岩时按承载(后期围压)结构设计,并均应满足构造要求。

锚喷衬砌的设计基本上同复合式衬砌中的初期支护的设计,只是应增加一定的安全储备量。它主要适用于Ⅳ类及以上围岩条件,公路隧道设计规范已提供了锚喷衬砌的设计参数。锚喷衬砌的施工方法亦基本上同初期支护。

对提供安全储备的二次支护,应在围岩或围岩加初期支护稳定后施作;对于要求承载的二次支护,则应及时施作。

二次支护的施工方法和模板类型的选择,应充分考虑到与围岩条件、开挖方法、支护方法、混凝土施工能力等相适应。

五、特殊地质施工

1. 流沙地段施工

(1) 首先应制止水夹泥沙涌入坑道，施工需用"先护后挖"、"密闭支撑"、"边挖边封"的方法，必要时可采用双层插板支撑，两层板间作滤水层（如塞麻袋），避免流水过多带起泥沙而造成塌方。

(2) 隧道结构应采用有仰拱的封闭式衬砌，地下水不允许经隧道排走，以免流水带走泥沙导致坍塌。施工中除用小断面，工序紧跟、封闭支撑外，还应注意留有足够的预留沉落量，并随时注意观察、量测实际情况。

(3) 其他，如降低地下水法、硅化法、冻结法、压气法等特殊施工方法。这些方法在遇到特大流沙时常被采用。

2. 涌水地段施工

根据设计文件对隧道可能出现涌水地段的涌水量大小、补给方式、变化规律及水质成分等进行详细调查，选择既经济又合理，又能确保围岩稳定，并保护环境的治水方案。处理涌水可用下列辅助施工办法：

(1) 超前钻孔或辅助坑道排水；

(2) 超前小导管预注浆；

(3) 超前围岩预注浆堵水；

(4) 井点降水及深井降水。

3. 软卧层地段施工

(1) 在地质不良的地区修建隧道，常会遇到洞顶围岩下塌、侧壁滑动等现象，甚至会发生冒顶等严重现象，这些现象在施工中称为塌方。塌方会威胁人身安全、使施工延误工期、围岩更不稳定，故在施工中因预防其发生，发生塌方后需及时正确的处理，减少塌方带来的危害。

(2) 对于塌方应以预防为主。首先应认真作好勘查工作。施工中要仔细核对设计文件，并必须做必要的补测和验证。预测可能发生塌方的区段，事先作好必要的准备，并在施工中采取相应的措施，如在不良地段采取先排水、短开挖、弱爆破、强支撑、快衬砌、各工序紧跟的措施，消除不利因素，尽快修好衬砌，避免塌方发生。

(3) 在施工中还需加强观察分析。如顶部围岩旁边出现裂缝岩粉，或洞内无故尘土飞扬，或不断掉小石块，或围岩裂缝逐渐扩大等，说明塌方即将发生；支撑压坏或变形不断加大，说明围岩压力在不断加大，有塌方的可能性；围岩中突然出水或水压突然增加，要注意是否即将发生塌方；地下水冲走裂隙中的填充物，会使围岩松动下塌，当水由浊变清，说明裂隙中填充物已经冲走很多，水量加大，则可能有塌方；洞顶滴水位置不定来回移动，表明岩体在变形，当变形达到一定程度有可能坍塌。

六、防水与排水及附属设施

1. 防排水施工

在隧道工程中，防排水是保持正常运营的极为重要因素之一。隧道漏水，将损坏顶棚、内装、通风、照明、安全以及其他各种附属设施，使之霉烂、锈蚀、变质、失效。路面积水后将改变路面反光条件，引起眩光。使车辆打滑，影响正常行驶。在严寒地区，隧道渗水将产生侵入限界的"挂冰"。路面结冰会导致路面凸起和车辆打滑,结冰冻胀还会破坏衬砌。

隧道的防排水是从地质调查时开始的。为了保证在丰富地下水地区的施工,可以使用导水法、注浆法、冻结法以及混合法等。例如用钻孔抽水、导坑排水、井点降水等方法导水,用水泥、黏土、水玻璃系、铬木素丙烯系树脂等注浆法。施工中的防排水是临时性措施。

隧道的永久性防排水,是用防排水工程措施实现的。可以概括为用"截、堵、排"综合治理的办法。

"截"是切断涌向隧道的水流。即把可能流入隧道的地表水和地下水的通道截断。在隧道未开挖前,地表水和地下水各自经过原有渠道和孔隙流动,隧道一旦开挖之后,便形成了新的地下通路,地下水会大量汇集并涌入隧道,地表水也会大量渗入。

在地表水和地下水都很丰富的地区,应把地表水引开。例如在洞外设置截水沟,使地表水不会涌向洞口和洞身上方地面。必须流经隧道上方时,也应砌筑排水沟,或喷抹灰浆,使地表水不易渗入。地下水有明显流向并有稳定的补给来源时,可在适当位置设置截水导坑。

"堵"即在隧道内设置防水层,使地下水不能涌入隧道,有可能时,应在衬砌表面设置外贴式防水层。早期多用钢壳防水(水下沉管隧道)。20世纪50年代开始,逐渐改为柔性防水层,用沥青油毡、玻璃纤维油毡、异丁橡胶卷材及防水涂料等材料。外贴防水层多用于沉管隧道和明挖隧道,暗挖隧道很难应用。内敷式防水层(刚性防水层)可用于暗挖隧道。它是在衬砌内表面上高速喷射水泥砂浆或混凝土,形成刚性防水层。把沥青油毡等贴在衬砌内表面时,称为内贴式防水层,但需要有衬套拱托住。当地下水压力较大或有侵蚀性时,不宜设置内贴式和内敷式防水层。60年代以后,开始改用以防水混凝土为主的防水措施,逐渐取代外贴式防水层。

向衬砌背后压浆,能填充衬砌背后的回填物空隙,并能填充围岩的裂隙和孔洞,能起到一定的防水作用。在围岩破碎和不稳定地段,还能起到加固作用。

在新奥法施工中,采用复合式衬砌结构时,在喷混凝土衬砌内表面上,张挂聚乙烯或聚氯乙烯板做防水层,再灌注整体式混凝土衬砌作为支撑衬套,效果良好。有的只在隧道内张挂聚氯乙烯板作防水伞。

在地下水较丰富的地区,衬砌接缝处常用止水带防水。其类型很多,如金属(铜片)止水带,聚氯乙烯止水带,以及橡胶止水带等。金属止水带已经很少使用了,聚氯乙烯止水带的弹性较差,只能用于相对变形较小的场所,橡胶止水带则可用于变形幅度较大的场合。在水底隧道中,20世纪50年代以后广泛使用钢边止水带,它是在两侧镶有0.6~0.7mm厚的钢片翼缘的一种橡胶止水带,刚度较高,便于安装。

"排"水是利用盲沟、泄水管、渡槽、中心排水沟或排水侧沟等,将水排出洞外。盲沟是在衬砌背后用片石或卵石干砌而成的厚30~40cm,宽100~150cm的排水通道。盲沟可以根据需要砌至拱脚或砌至边墙底部,然后用泄水管将水引入隧道的排水沟内。盲沟间距因地制宜地设置。渡槽是在衬砌内表面设置的环向槽,其尺寸按水量大小确定,其间距一般应与筑拱环节长度配合,施工缝往往是漏水最多的位置。

隧道的排水一般均采用排水沟方式,类型主要有中心排水沟和路侧排水沟,在严寒地区应设置防冻水沟。排水沟断面可为矩形或圆形,通常为矩形,并便于清理和检查。过水面积应根据水量大小确定。沿纵向在适当间隔处设置检查坑和汇水坑,但不应设在车道中心。

2. 附属设施

道路隧道的附属设施是指为确保交通安全和顺适而设置的通风设施、照明设施、安全设施、应急设施以及公用设施等。

(1)紧急停车带与方向转换场

紧急停车带是为故障车辆离开干道进行避让,以免发生交通事故,引起混乱,影响通行能力的专供紧急停车使用的停车位置。尤其在长大隧道中,故障车必须尽快离开干道,否则必然引起阻塞,甚至导致交通事故。为使车辆能在发生火灾时避难和退避还应设置方向转换场。

紧急停车带的间隔,主要根据故障车的可能滑行距离和人力可能推动距离确定。一般很难断言其距离大小,如小轿车较卡车滑行距离长,人力推动也较省力,下坡较上坡时滑行距离长,推动时也省力。在隧道内一般可取500～800m。汽车专用隧道可取500m,隧道长度大于600m时即应在中间设置一处。混合交通隧道可取800m,隧道长度大于900m时即应在中间设置一处。紧急停车的有效长度,应满足停放车辆进入所需长度,一般考虑全挂车可以进入需20m,最低值为15m。宽度一般为3.0m。隧道内的缓和段施工复杂,所以通常是将停车带两端各延长5m左右即可。

(2)公用隧管

公用隧管(亦称公用沟、管线廊)是在城市隧道和水底隧道中为敷设各种管线而设置的专用隧管。其中有隧道本身所需的各种设备,也有公用事业要求通过的各种管线。

公用隧管所需断面,应根据所需通过管线的数量和种类、维修通道和操作空间确定。沿纵向在适当间隔处应设置检修口,供检修人员进出、搬运材料、通风等使用。

第六章 安全设施及环保质量控制与管理

高等级公路必须设置交通安全设施,其主要内容包括:标志与标线、护栏及隔离栅、防眩设施和视线诱导设施等。交通安全设施的施工质量控制是高等级公路运营安全性、舒适性、可靠性和实用性的保障。

环境保护是我国的一项长期基本国策,按国家有关环保规定,在公路建设项目和可行性研究阶段,执行环境影响评价制度。针对环保影响提出防治措施,并要求在项目规划设计、施工及运营阶段严格落实执行。因此,公路施工中实行环保质量控制,是项目全过程环境保护管理的一个重要环节。

第一节 交通安全设施

一、道路交通标志与标线

道路交通标志质量控制与管理内容包括:各种道路交通标志、界碑、里程牌等材料质量要求及施工质量控制措施,道路交通标线质量控制与管理则包括在完成的沥青混凝土和水泥混凝土路面上喷涂路面标线,安装突起路标、轮廓标及其附属工程等内容。

1. 交通标志材料要求

(1)立柱:要求立柱所用的钢板、角钢及槽钢应符合规范,一般采用热轧无缝钢管并要求有柱帽。

(2)标志板:面板材料应无裂缝或无其他表面缺陷,尺寸满足设计要求,制作时板面平整,板边缘应整齐光滑。大型指路标志最多只能分割成4块,并尽可能减少分块数量,板块拼接符合设计规定。标志板背面不得涂漆,但应采用合理的物理或化学方法使其不产生反光现象。

(3)标志面的逆反射材料有反光膜、反光涂料及反光器,要求其光质性能、色度性能、耐盐雾腐蚀性能、耐溶剂性能、抗冲击性能、抗弯曲性能、耐高低温性能、附着性能均应满足有关规范要求。

2. 交通标志施工措施

(1)进场材料控制:对交通标志所用的各种材料、图案、尺寸等应进行认真检查,使其满足图纸和相关技术标准的要求。

(2)标志基础定位与设置:按图纸要求定位标志基础,可现浇混凝土或预制后再埋置施工,注意正确设置锚栓位置,基坑回填压实合格。

(3)标志支撑结构的安装:钢支撑结构、管状支撑结构或钢筋混凝土预制支撑结构应符合图纸要求,在移动或安装时如有变形、损坏或其他缺陷时都不得使用。

(4)标志牌的制作:标志牌应按图纸设计的材料、形状、尺寸制作,板正面应光滑平整,背面进行不反光的防锈处理;大型牌面拼装时,应接缝紧密,弥合平整,不影响反光效果。标志面的材料、颜色、图案、文字应符合图纸和标准汉字要求;表面光滑平整无破损;必须有接头时,最好以搭接为主,接缝紧密,平整无皱褶和气泡损坏,反光效果好。

(5)立柱和标志牌安装:立柱安装时,在直线段应垂直架立,在有超高弯道处立柱应按要求的倾角向内倾斜架立,立柱镀锌面无损坏,颜色均匀。标志牌安装应注意角度、高度、牢固性,保证反光性能良好,要求标志牌与交通流接近直角,在曲线路段应由交通流的前进方向确定标志牌的角度,为了避免车前灯产生反射眩光,路侧标志应向右旋转约5°。

(6)里程牌、公路界碑、百米桩等各类混凝土预制块应按规定的尺寸、形状、颜色制作,按图案位置安装牢固。

3.交通标线的材料要求

(1)基本要求

路面标线的各种材料均应满足沥青混凝土、水泥混凝土耐久性使用的要求,且应有合适的施工机械与之配套。每批到货材料都需要抽样试验,产品在运输时应防止雨淋、日晒,产品存放时应保持通风、干燥,防止日晒雨淋,隔绝火源,温度过高时应设法降温。

(2)突起路标和轮廓标

①反光突起路标,底面应粗糙,以保证与路面牢固黏结。路标反射体反射性能应均匀,完整无缺角、缺口,突起路标底壳应完整,外表面不得有明显的划伤,颜色应均匀一致。

②轮廓标尺寸、形状、性能应满足规范和图纸要求,逆反射材料通过支架按图纸所示位置固定在相应的结构物上或直接粘贴在结构物上。

③柱式轮廓标的机械性能、耐久性应符合规范要求。逆反射材料应镶在轮廓标柱体的表面且不易脱落。

④逆反射材料应采用反射器或反光膜,各类性能均应符合有关规定。

4.交通标线施工控制

(1)路面标线施工

①标线材料的选择与检查:控制涂料品质,检查每批来料的品质,注意产品的包装、运输和存放。

②标线尺寸、位置、间距、线形应根据图纸要求结合道路走向在实地给出控制暗线。

③施工方法选择:开始标线作业前,承包人可先涂刷100~150m长试验段,以检查施工机具、检测仪器、涂料方法,从而确定合适的施工方法指导施工。

④标线涂刷:涂刷路面标线时,路面必须清洁、干燥,涂料加热温度应合适,保证标线与路面牢固黏结,使用耐久;随时控制涂刷厚度。线形、位置、颜色、尺寸正确,标线外形应等宽圆顺,涂料均匀,色泽一致。标线涂刷过程中应禁止车辆、行人通行,直至标线充分干燥为止。在水泥路面涂刷时,应先在混凝土上涂一层与标线相容的黏结底料,以提高其黏结力。

(2)突起标和轮廓标安装

①安装突起路标的位置、间距应符合图纸要求,施工时路面面层应干燥清洁、无杂屑,以环氧树脂将突起标黏结于正确位置,在降雨、风速过大或温度过高或过低时不得施工。

②柱式轮廓标应在预制的基础中埋入标柱的套管,按图纸要求进行施工。附着式轮廓标安装时应将反光膜用不剥落的热活性胶粘在正确位置,表面应防止产生任何气泡和污损。

(3)立面标记设置

根据图纸的位置要求,立面上涂刷黑黄相间的倾斜线条,斜交角为45°,线宽及其间距为150mm,设置时应把向下倾斜的一边朝向行车道。

二、护栏及隔离栅

护栏包括中央分隔带公路侧设置的波形钢板护栏,在中央分隔带开口处设置活动式钢护栏以及混凝土护栏的设置等有关的施工作业。隔离栅包括隔离栅的制作、安装等施工作业。

1. 护栏施工

(1) 混凝土护栏

混凝土护栏分为现浇和预制施工,施工时应确保护栏位置、尺寸、线形及高程的正确性。对于预制护栏先将基础面及相邻块件的各接缝面湿润和坐浆,厚度均匀后再将护栏块件逐渐落座,块件间的错位不大于5mm,进行纵向企口连接,注意护栏施工时不应破坏排水设施、集水井及预埋管线等设施。最终要求护栏线形顺适、高度一致、外观光洁干净。

(2) 波形钢板护栏

①进场材料的控制。对进场的护栏各部件的外观、尺寸、防腐处理进行抽样检查,使其符合相关技术标准的要求。

②保证护栏安装位置正确、线形顺适。平面上根据图纸放样、测距确定立柱中心位置,使之符合图纸对线形的要求且与道路平面线形一致。立面上应控制立柱的高度、埋置深度、顶面高程,使其与道路纵坡和竖曲线一致。立柱可采用打入法、钻孔法、预留孔法安装。

③安装质量控制。要求护栏板、立柱不应产生明显的变形、倾斜、扭曲或裂纹;在安装过程中应及时调整栏板位置,栏板搭接方向要正确,各组成构件镀锌应均匀,色泽一致,安装牢固,避免损坏路面、电缆和管道。

(3) 活动式护栏

基础应在路面铺装前施工完,注意准确预留插座位置,安装时应使其垂直于地面,线形顺适,不得有凹凸和扭曲现象,安装后应易于拔出及重新插入。

2. 隔离栅施工

(1) 进场材料控制

隔离栅网片网眼纺织及间距应均匀美观,尺寸符合要求;立柱内在和外观质量满足图纸要求;所有部件都具有耐腐蚀性能。

(2) 立柱平面位置的控制

按图纸要求结合实际地形、地物情况进行施工放样,测距定出合适的立柱中心线,遇到特殊地段时立柱可作适当调整。

(3) 立柱的埋设

立柱埋设时应分段进行,先埋两端立柱后拉线埋设中间立柱,纵面看立柱轴线应在一条直线上,不得出现参差不齐的现象,从高度看柱顶应平顺,不得出现高低不平的现象。

(4) 确保安装质量

控制立柱垂直度、柱顶高度、中距、立面线形使栅顶面为一圆滑平顺轮廓,平面线形顺适,网应绷紧伸展,无明显的翘曲和凹凸现象且不得有锈蚀损伤等缺陷;立柱与基础、隔离栅与立柱之间连接牢固,整体稳定性好。

三、防眩设施及预埋管道

1. 防眩设施施工要求

(1) 确保防眩效果。要求防眩板材料、形状、尺寸、平面弯曲度、防腐处理满足设计要求,其表面色泽均匀,且无气泡、裂纹、疤痕、端面分层,在施工中不得损伤金属涂层,防眩设施安装时立柱垂直,板间距、高度、遮光角度正确,安装牢固。

(2)正确控制防眩设施线形与道路线形相协调,外形上不得有高低不平和扭曲现象。

(3)在防眩设施施工过程中,不得损坏中央分隔带上通信管道及护栏等。

2.预埋管道施工

预埋管道施工包括通信、监控、照明、供配电等预埋管道和基础工程、紧急电话设施基础、接地系统等施工作业。其施工要求如下:

(1)材料质量检查。检查通信管道、监控、电缆管道材料、回填及填缝料、接地系统材料、水泥混凝土、钢筋、砂浆等所有材料,使其符合相应规范和图纸要求。

(2)紧急电话设施的施工。按图纸要求检查基础平面位置、尺寸、立柱垂直度、顶面高程、水泥混凝土质量及通话质量。

(3)管道工程的施工。按图纸要求确定管道平面、立面位置,基底平整密实,管节铺设顺直,接缝平整密实,防水,无开裂脱皮等现象。

第二节　工程环保质量控制标准

一、有关概念及环境标准

1.环境

环境是指影响人类生存和发展的各种天然的和经过人工改造的自然因素的总体,包括大气、水、海洋、土地、矿藏、森林、草原、野生动物和植物、自然遗迹、人文遗迹、自然保护区、风景名胜区、城市和乡村等。

人类是环境的产物,人类离不开环境,人类要依赖自然环境才能生存和发展。同时,人类又是环境的改造者,通过社会性生产活动来利用和改造环境,使其适合人类的生存和发展。

2.环境问题

环境问题是指由于人类活动或者自然原因使环境条件发生不利于人类的变化,产生了影响人类的生产和生活,给人类带来灾害的问题。某些自然原因如火山爆发等引起的环境问题,与人类活动无关,被称为第一环境问题。由于人类活动产生的环境问题则称为第二环境问题,狭义的环境问题仅指由于人类活动产生的环境问题。而环境问题又分为自然环境破坏问题和环境污染问题两类。

3.环境保护法

环境保护法是国家制定和认可的,由国家强制力保证其执行,调整因保护和改善环境而产生的社会关系的各种法律规范的总称。环境保护法的调整对象是人们在保护和改善环境的活动中产生的各种社会关系。其社会关系包括:与合理开发、利用和保护各种自然环境有关的社会关系;与防治污染和其他公害有关的社会关系;与防止自然灾害和减轻自然灾害不良影响有关的社会关系。

我国现行《环境保护法》、《海洋环境保护法》、《水污染防治法》、《大气污染防治法》等专门的环保法对环境保护作了具体规定,《森林法》、《草原法》、《水法》、《矿产资源法》等对自然环境和资源等的保护也作了相应规定。

4.环境标准

环境标准是指有关控制污染、保护环境的各种标准的总称,是强制性标准,也是环境保护法的重要组成部分。环境标准包括多种内容、多种形式、多种用途的标准。我国的环境标准体系是由三类两级标准组成的,即:环境质量标准、污染物排放标准、环境基础和方法标准三类;国家标准和地方标准两级。

(1)环境质量标准

环境质量标准是指以保护人类健康、促进生态良性循环为目标,规定的环境要素中所含有害物质或者因素的最高限额的标准。它是环境保护的目标值,是制定污染物排放标准的依据。如果超过了它规定的限值,人的身体健康就会受害,生态平衡就可能被破坏。

(2)污染物排放标准

污染物排放标准是指为了实现环境质量标准,结合技术经济条件或者环境特点而制定的,规定污染源容许排放的污染物的最高限额。它对污染源有直接的约束力,是实现环境目标的重要控制手段。

(3)环境基础标准和方法标准

环境基础标准是对在环境保护工作范围内全国统一的有领导意见的名词、术语、符号、指南等所作的规定。环境方法标准是在环境保护工作范围内对全国普遍适用的试验、检查、分析、抽样、统计、作业等方面的各种方法所制订的标准。

二、环境设施"三个同时"制度

1."三个同时"制度的概念

"三个同时"制度,是指一切新建、改建和扩建的基本建设项目、技术改造项目、区域开发建设项目等可能对环境造成损害的工程建设项目中防治污染的设施,必须与主体工程同时设计、同时施工、同时投产使用。

"三个同时"制度是我国首创的,1973年《关于保护和改善环境的若干规定》首次规定:一切新建、改建和扩建的项目必须执行"三个同时",正在建设的项目没有采取防治措施的必须补上。各级环境保护部门要参与审查设计和竣工验收。之后,"三个同时"制度不断得到完善,执行的建设项目也不断扩大和增多。

2."三个同时"制度相关规定

我国《建设项目环境保护管理条例》的"第三章环境保护设施建设"中,对"三个同时"制度作了具体规定:

(1)建设项目的初步设计,应当按照环境保护设计规范的要求,编制环境保护篇,并根据已批准的建设项目环境影响报告书或者环境影响报告表,在环境保护篇中落实防治环境污染和生态破坏的措施以及环境保护设施投资概算。

(2)建筑项目的主体工程完工后,需要进行试生产的,其配套建设的环境保护设施必须与主体工程同时投入试运行。

(3)建设项目试生产期间,建设单位应当对环境保护设施运行情况和建设项目对环境的影响进行监测。

(4)建设项目竣工后,建设单位应向审批该建设项目环境影响报告书、环境影响报告表或者环境影响登记表的环境保护行政主管部门,申请该建设项目需要配套建设的环境保护设施竣工验收。

(5)环境保护设施竣工验收,应当与主体工程竣工验收同时进行。需要进行试生产的建设项目,建设单位应当自建设项目投入试生产之日起3个月内,向审批该建设项目环境影响报告书、环境影响报告表或者环境影响登记表的环境保护行政主管部门,申请该建设项目需要配套建设的环境保护设施竣工验收。

(6)分期建设、分期投入生产或者使用的建设项目,其相应的环境保护设施应当分期验收。

(7)环境保护行政主管部门应当自收到环境保护设施验收申请之日起30日内,完成验收。

(8)建设项目需要配套建设的环境保护设施经验收合格后,该建设项目方可正式投入生产或者使用。建设项目环境保护设施竣工验收合格应具备以下条件:

①建设项目建设前期环保审查、审批手续完备,技术资料齐全,环境设施按批准的环境影响报告书(表)和设计要求建成;

②环境保护设施安装质量符合国家和有关部门颁发的专业工程验收规范、规程和验收评定标准;

③环保设施与主体建设后经负荷试车合格,其防治污染能力适应主体工程的需要;

④外排污染物符合经批准的设计文件和环境影响报告书(表)中提出的要求;

⑤建设过程中受到破坏并且可恢复的环境已经得到修整;

⑥环境保护设施能正常运转,符合交付使用要求;

⑦环保管理和监测机构,包括人员、仪器、设备、监测制度和管理制度均符合环境影响报告书(表)和有关规定的要求。

三、项目施工中的环保

1. 项目施工可能对环境的影响

随着我国建设事业的发展,大型建设项目越来越多,施工中使用的设备、仪器日趋大型化、复杂化,这使得建设项目的施工本身也会对环境造成一定的影响和破坏。特别是在大中城市,由于施工对环境造成的影响而产生的矛盾已经十分尖锐。

建设项目施工中可能对环境的影响主要表现在两个方面:一是对自然环境造成了破坏;二是施工生产的粉尘、噪声、振动等对周围环境的污染和危害。

因此,建设单位与施工单位在施工过程中都要保护施工现场环境,防止对自然环境造成不应有的破坏;防止和减轻粉尘、噪声、振动对周围环境的污染和危害。建设项目竣工后,施工单位应当修整和恢复在建过程中受到破坏的环境。

2. 施工单位环境措施

施工单位应当采取措施控制施工现场的各种粉尘、废气、废水、固体废弃物以及噪声、振动对环境的污染和危害。具体环保措施如下:

(1)妥善处理泥浆水,未经处理不得直接排入城市排水设施和河流。

(2)除设备符合规定的装置外,不得在施工现场熔融沥青或焚烧油毡、油漆以及其他产生有毒有害烟尘和恶臭气味的物质。

(3)使用封闭式的圈筒或者采取其他措施处理高空废弃物。

(4)采用有效措施控制施工过程中的扬尘。

(5)禁止将有毒有害废弃物用作土方回填。

(6)对产生噪声、振动的施工机械,应采取有效控制措施,以减轻其影响。

3. 施工噪声污染防治

施工单位向周围生活环境排放噪声,应当符合国家规定的排放标准。凡在施工中使用机器、设备排放噪声超标的,应在工程开工15日前向环保部门申报,说明施工场地及施工期限,可能排入的噪声强度和采用的污染防治措施等。排放噪声超过规定标准、危害周围生活环境时,环保部门在报经县级以上人民政府批准后,可限制其施工作业时间。

在城市市区噪声敏感建筑物集中区域内,禁止夜间进行产生环境噪声污染的建筑施工作业,但抢修、抢险作业和因生产工艺上要求或者特殊需要必须连续作业的项目除外,其项目必须有县级以上人民政府或者其有关主管部门的证明。

4.施工水污染防治

(1)防止地表水污染

我国《水污染防治法》对防止地表水污染作出了如下规定:

①禁止向水体排放油类、酸液、碱液或者剧毒废液;

②禁止在水体清洗装储过油类或者有毒污染物的车辆和容器;

③禁止将含有汞、镉、砷、铬、氯化物、黄磷等可渗性剧毒废渣向水体排放、倾倒或者直接埋入地下;

④禁止向水体排放和倾倒工业废渣、城市垃圾和其他废弃物;

⑤禁止向水体排放、倾倒放射性固体废弃物或者高、中放射性物质的废水,排放低放射性废水必须达标;

⑥禁止在江河、湖泊、运河、渠道、水库最高水位线以下的滩地堆放、存储固体废弃物和其他有害污染物;

⑦向水体排放热水,要保证水体温度符合水质量环境标准;

⑧农田灌溉渠道排放污水,应保证其下游最近灌溉取水点水质符合农灌标准,并防止土壤、地下水、农产品污染;

⑨船舶排放的含油废水、生活污水,必须达到相应的标准,禁止向水体倾倒船舶垃圾。

(2)防止地下水污染

①禁止企业利用渗坑、渗井、裂隙和溶洞倾倒含有毒物质的废水,含病菌废水和其他废弃物;

②禁止企业在无良好隔渗地层,使用无防渗措施的沟渠、坑塘输送或储存有毒废水和含病原体废水;

③对已受污染的潜水和承压水不得混合开采地下水;

④地下工程应采取防护性措施,防止地下水污染;

⑤人工回灌补给地下水不得恶化地下水质。

第三节　公路施工期环保要求

一、临时设施的环保要求

1.生活用水

生活用水必须符合国家有关饮用水标准。

2.生活污水

(1)临时设施必须建有化粪池或其他能满足使用要求的系统,并进行维护与管理至合同终止。此污水处理系统,用以汇集与处理由临时驻地、住房、办公室及其他建筑物和流动性设施中排放的污水。

(2)污水处理系统的位置,容量与设计能满足正常使用要求。

(3)每一处临时施工现场均应设有临时污水汇集设施,对拌和场清洁砂石料的污水应汇集回收利用,不得向施工现场以外任意排放。

3.垃圾处理

(1)临时驻地产生的一切垃圾必须每天有专人负责清理集中并送到指定的地点处理,临时施工现场产生的施工垃圾必须随日作业班组清理集中处理,以保证作业现场整洁卫生。垃圾清理应工作到工程竣工交验为止。

(2)临时工程施工应尽量减少对自然环境的破坏,在竣工拆除临时工程后,应恢复原有的自然状态。

4.控制扬尘

(1)拌和场

对产生扬尘的细料拌和作业,要求在其作业现场设置喷水嘴洒水,以使其产生的扬尘减至最低程度。

(2)运输

对易产生扬尘的材料运输,运输车辆就备有帆布、盖灰及类似的物品进行遮盖。

(3)料场

对易产生扬尘的细料粉料场应进行遮盖或洒水措施处理。

5.噪声控制

施工机械噪声对附近居民的影响超过国家标准规定时,应采取降噪措施或调整作业时间,以保证居民有安静的休息环境。

二、路基与路面施工环保要求

1.路基施工

(1)场地清理

①公路用地及借土场范围内所有垃圾和非适用材料应清除和移运到指定的地方妥善处理;

②清除的表层腐殖土应集中堆放,以备工程后期用于绿化,或用于弃土、渣场覆土还耕。

(2)防水、排水

①临时排水设施与永久性排水设施相结合,污水不得排入农田、耕地和污染自然水源,也不得引起淤积和冲刷;

②在施工过程中,不论何种原因,在没有得到有关部门书面同意的情况下,各类施工活动不应干扰河流、水道,或现有灌渠或排水系统的自然流动;

③在路基和排水施工期间,应当给临近的土地所有者提供灌溉与排水用的临时管道。

(3)路基挖方

①路基挖方及其开挖方法应考虑对地下历史文物、自然保护区的保护措施,同时不得对临近的设施产生破坏与干扰;

②挖方施工中产生的弃土不得侵占可用耕地、农田、渠道、河道、现有通车道路等,必须运至指定的弃土场;

③弃土的堆放应整齐、美观稳定,必要时坡脚应予以加固处理,且要求排水畅通。

(4)路基填方

①在取土和运输过程不得损坏自然环境;

②借土结束或借土场废弃时,应对借土场地进行修整和清理。条件许可时最好在地表覆土还耕。

③粉煤灰路堤施工中,粉煤灰的运输和堆放应是潮湿状态,运输车辆周边应封闭,顶面加盖,以防粉煤灰沿路散落飞扬而污染环境。同时在施工路堤两侧应有良好的排水设施和防冲刷的措施,以防粉煤灰遭雨水冲刷流失污染附近水源和农田等。

2.路面施工

(1)拌和场

①拌和场选址应遵从远离自然村落,并放在常年主导风向下风口处;

②拌和场设备应配有集尘装置。

(2)路面摊铺

沥青路面和水泥混凝土路面摊铺施工过程中,其剩余废弃料必须及时收集运到废料场集中处理,不得随意抛弃。

三、桥梁与隧道施工环境要求

1.桥梁施工

(1)桥梁施工现场材料堆放应整齐有序,废弃的材料应坚持每日清理收集。

(2)施工现场应设置临时简易厕所,以防粪便侵入河道污染河水。

(3)桥梁桩基施工钻孔灌注桩必须设置泥浆沉淀池,不得将钻孔泥浆直接排入河水或河道中。

(4)桥梁预测厂必须设置排水系统,防止产生的废水随意溢流。有条件的也可采取废水回收处理后循环使用。

2.隧道施工

(1)隧道凿岩施工必须采用湿法钻孔。通风量必须保证能够有效地通风除尘并交换新鲜空气进入作业面。

(2)作业面应有瓦斯监测报警装置,以防瓦斯浓度超过警戒浓度,威胁施工人员生命及造成安全生产事故。

(3)隧道弃渣应充分予以利用。多余的渣应弃放到指定的弃渣场,并堆放整齐、稳固,及时修建必要的排水设施。

(4)隧道施工废水经过处理后方可进行排放,不得对附近居民的生活水造成污染。

第四节 绿 化 工 程

绿化工程内容是指工程设计文件给出的、公路建设征地范围内的铺设表土、撒播草种、种植乔木、灌木和铺草皮等绿化施工及种植与管理。

一、绿化与管理

1.铺设表土

在绿化工作开始前,在绿化区域周边按图纸布置和要求,进行地表的平整、翻松和铺设表土。表土为松散的,具有透水作用并含有机物质的土壤,能有助于植物生长,不含有害物质。

2. 撒播草种

撒播草种应注意草种、肥料、水的选取,且选择合适的播种季节、播种机械、播种方法及用量。

3. 种植乔木、灌木、攀缘植物和铺草皮

(1)选择植物品种

所有的植物宜选择适合于当地气候条件,易于生长并有丰满叶枝体系和苗壮根系的品种,植物应无缺损树枝、擦伤树皮、受风伤害及其他损伤,并且有正常健康的外形,能承受上部及根部适当的修剪。

(2)植物检查及运输

承包人应提供有关植物供应来源的全部资料,并附植物病害及昆虫传染检疫证明。在运输植物前,应由园艺人员负责挖出、包扎、打捆、运输,任何植物根系应保持潮湿,防冻,防热。

(3)植物种植

植物的种植应选择合适的季节,应有经验工人按图纸和规范要求种植,并注意种植深度、间距、施肥、浇水,应确保种植成活。

(4)植物管理

种植前后应进行修剪以保持各植物的自然状态,及时防治病虫害,并按正常的园艺惯例进行种植管理。

二、绿化要求及种植管理

1. 绿化一般要求

(1)公路绿化工程应符合图纸和有关规范要求。在绿化工程施工前,应制订详细的施工计划,说明栽种位置、种植范围和植物种类等。

(2)在公路建设过程中,应尽量保护道路用地范围之外的现有植被不被破坏。若有临时工程施工破坏了现有植被,则必须在拆除临时工程的同时予以等量恢复。

(3)在绿化工程施工全过程中,必须有园林专业工程师作为技术指导或代理人,在技术上领导或指导全部绿化作业。

2. 种植与管理

(1)植物的种植应选择当地各类植物的最佳季节种植。

(2)种植用土应选择含有植物生长的有机物质的腐殖土。

(3)植物苗应选择健康无病害的苗木,以保证成活率达到设计要求。

(4)种植工作结束,应进行有效的管理,使植物保持良好的生长条件。其种植管理工作包括浇水、修剪、清除杂草、垃圾、防治病虫害及保持种植地带整洁美观。

(5)在种植管理期间,对有害或严重损伤或不符合生长条件的植物应立即清除,在季节条件许可时,及时补种同样种类的植物。

参考文献

[1] 张树森,唐有君,等.道路工程经济与管理.北京:人民交通出版社,1991.
[2] 周伟,王选仓.道路工程经济与管理.北京:人民交通出版社,1998.
[3] 严作人,孙立军.道路工程经济与管理.上海:同济大学出版社,1995.
[4] 廖正环.道路施工组织与管理.北京:人民交通出版社,1990.
[5] 苏寅申.桥梁施工及组织管理(下册).北京:人民交通出版社,1999.
[6] 严薇.土木工程项目管理与施工组织设计.北京:人民交通出版社,1999.
[7] 雷俊卿,等.土木工程项目管理手册.北京:人民交通出版社,1995.
[8] 高速公路丛书编委会.高速公路建设管理.北京:人民交通出版社,1999.
[9] 李宇峙,秦仁杰.工程质量监理(第二版).北京:人民交通出版社,2007.
[10] 中华人民共和国交通运输部.公路工程标准施工招标文件(2009年版).北京:人民交通出版社,2009.
[11] 陈传德,吴丽萍.公路施工项目管理.北京:人民交通出版社,1996.
[12] 黄绳武.桥梁施工及组织管理(上册).北京:人民交通出版社,1992.
[13] 邬晓光.桥梁施工技术.西安:西北工业大学出版社,1993.
[14] 王明怀.高等级公路施工技术与管理.北京:人民交通出版社,1999.
[15] 张登良.沥青与沥青混合料.北京:人民交通出版社,1993.
[16] 叶国铮,等.道路与桥梁工程概论.北京:人民交通出版社,1998.

人民交通出版社公路类教材一览

(◆教育部普通高等教育"十一五"国家级规划教材 ▲建设部土建学科专业"十一五"规划教材)

一、交通工程教学指导分委员会规划推荐教材
1. ◆交通规划（王 炜）………………………… 33元
2. ◆道路交通安全（裴玉龙）…………………… 36元
3. ◆交通设计（杨晓光）………………………… 35元
4. ◆交通系统分析（王殿海）…………………… 31元
5. ◆交通管理与控制（徐建闽）………………… 26元
6. ◆交通经济学（邵春福）……………………… 25元

二、21世纪交通版高等学校教材
（一）交通工程专业
1. ◆交通工程总论（第三版）（徐吉谦）……… 36元
2. ◆交通工程学（第二版）（任福田）………… 38元
3. ◆交通管理与控制（第四版）（吴 兵）…… 35元
4. ◆道路通行能力分析（陈宽民）……………… 27元
5. ◆交通工程设计理论与方法（第二版）（马荣国）… 40元
6. ◆公路网规划（裴玉龙）……………………… 27元
7. 交通工程专业英语（裴玉龙）………………… 28元
8. ◆交通运输工程导论（第二版）（姚祖康）… 23元
9. 交通流理论（王殿海）………………………… 21元
10. 交通系统仿真技术（刘运通）……………… 26元
11. 停车场规划设计与管理（关宏志）………… 30元
12. 交通工程设施设计（李峻利）……………… 35元
13. ◆智能运输系统概论（第二版）（杨兆升）… 25元
14. 智能运输系统概论（第二版）（黄 卫）… 24元
15. ◆运输经济学（第二版）（严作人）……… 44元
16. 道路交通工程系统分析方法（第二版）（王 炜）… 32元
17. 交通调查与分析（第二版）（严宝杰）…… 38元
18. ◆交通运输设施与管理（郭忠印）………… 33元
19. 道路交通安全管理法规概论及案例分析（裴玉龙）… 29元
20. 交通地理信息系统（符锌砂）……………… 31元
21. 公路建设项目可行性研究（过秀成）……… 27元
22. 交通工程专业生产实习指导书（朱从坤）… 7元
23. 土木规划学（石 京）……………………… 38元

（二）城市轨道交通系列教材
1. 城市轨道交通概论（孙 章）………………… 40元
2. 城市轨道交通系统（彭 辉）………………… 32元
3. 轨道工程（练松良）…………………………… 36元
4. 城市轨道交通设备系统（周顺华）…………… 32元
5. 城市轨道交通结构设计与施工（周顺华）…… 36元
6. ◆地铁与轻轨（第二版）（张庆贺）………… 40元

（三）土木工程专业（路桥）/道路桥梁与渡河工程专业
I. 专业基础课教材
1. 土木工程概论（项海帆）……………………… 32元
2. 道路概论（第二版）（孙家驷）……………… 20元
3. 土质学与土力学（第四版）（袁聚云）……… 30元
4. 公路工程地质（第三版）（窦明健）………… 23元
5. ◆道路工程制图（第四版）（谢步瀛）……… 36元
6. ◆道路工程制图习题集（第四版）（袁 果）… 26元
7. 土木工程计算机绘图基础（第二版）（袁 果）… 45元
8. ◆道路工程材料（第五版）（李立寒）……… 45元
9. 测量学（第四版）（许娅娅）………………… 37元
10. ◆基础工程（第四版）（王晓谋）………… 33元
11. 结构设计原理（第二版）（叶见曙）……… 51元
12. 公路经济学教程（袁剑波）………………… 23元
13. 专业英语（第二版）（李 嘉）…………… 33元

II. 专业核心课教材
14. 路基路面工程（第三版）（邓学钧）……… 52元
15. 道路勘测设计（第三版）（杨少伟）……… 42元
16. 道路结构力学计算（上、下）（郑传超、王秉纲）… 50元
17. 水力学（王亚玲）…………………………… 19元
18. ◆桥梁工程（第二版）（姚玲森）………… 62元
19. 桥梁工程（第二版）（土木、交通工程）（邵旭东）… 52元
20. ◆桥梁工程（第二版）（上）（范立础）… 42元
21. ◆桥梁工程（第二版）（下）（顾安邦）… 38元
22. 桥梁工程（陈宝春）………………………… 45元
23. ◆桥涵水文（第四版）（高冬光）………… 28元
24. ◆预应力混凝土结构设计原理（第二版）… 28元(估)
25. 现代钢桥（上）（吴 冲）………………… 34元
26. 钢桥（徐君兰）……………………………… 16元
27. 公路施工组织及概预算（第三版）（王首绪）… 32元
28. ▲桥梁施工及组织管理（第二版）（上）（魏红一）… 39元
29. ▲桥梁施工及组织管理（第二版）（下）（邬晓光）… 39元
30. ◆隧道工程（第二版）（上）（王毅才）… 65元

III. 专业方向选修课教材
31. ◆道路工程（第二版）（严作人）………… 40元
32. 道路工程（第二版）（土木工程专业）（凌天清）… 35元
33. ◆高速公路（第二版）（方守恩）………… 21元
34. ◆高速公路设计（赵一飞）………………… 38元
35. 城市道路设计（吴瑞麟）…………………… 22元
36. GPS测量原理及其应用（胡伍生）………… 28元
37. 公路测设新技术（锥 应）………………… 36元
38. 公路施工技术与管理（第二版）（魏建明）… 40元
39. 土木工程造价控制（石勇民）……………… 30元
40. 公路工程定额原理与估价（石勇民）……… 36元
41. 道路桥梁检测技术（胡昌斌）……………… 31元
42. 特殊地区基础工程（冯忠居）……………… 29元
43. 道路与桥梁工程计算机绘图（许令良）…… 31元
44. ◆公路小桥涵勘测设计（第四版）（孙家驷）… 31元
45. 路基设计原理与计算（李峻利）…………… 40元
46. 路基路面工程检测技术（李宇santos）…… 46元
47. ◆公路土工合成材料应用原理（黄晓明）… 22元
48. 水泥与水泥混凝土（申爱琴）……………… 30元
49. ◆环境经济学（第二版）（董小林）……… 40元
50. 公路环境与景观设计（刘朝晖）…………… 30元
51. 桥梁工程概论（第二版）（罗 娜）……… 27元
52. 桥梁检测与加固（王国鼎）………………… 27元
53. 桥梁钢—混凝土组合结构设计原理（黄 侨）… 26元
54. 桥梁结构试验（第二版）（章关永）……… 22元
55. 桥梁结构电算（第二版）…………………… 35元
56. 桥梁抗震（叶爱君）………………………… 15元
57. ◆桥梁建筑美学（第二版）（盛洪飞）…… 30元
58. 大跨度桥梁结构计算理论（李传习）……… 18元
59. 隧道结构力学计算（夏永旭）……………… 29元
60. 公路隧道运营管理（吕康成）……………… 22元
61. 隧道与地下工程灾害防护（张庆贺）……… 45元

IV. 实践环节教材及教参教辅
62. 《道路勘测设计》毕业设计指导（许金良）… 30元
63. 桥梁计算示例丛书—桥梁地基与基础（第二版）（赵明华）… 18元
64. 桥梁计算示例丛书—混凝土简支梁（板）桥（第三版）（易建国）… 27元
65. 桥梁计算示例丛书—连续桥梁（邹毅松）… 20元
66. 结构设计原理计算示例（叶见曙）………… 40元
67. 道路工程毕业设计指南（应荣华）………… 34元
68. 桥梁工程毕业设计指南（向中富）………… 35元

V. 研究生教学用书
道路与铁道工程
1. 现代加筋土理论与技术（雷胜友）………… 24元

2. 道路规划与几何设计(朱照宏) ……… 32元
3. 沥青与沥青混合料(郝培文) ……… 35元
4. 工程机械机电液系统动态传真(王国庆) ……… 18元

桥梁与隧道工程

1. 高等桥梁结构理论(项海帆) ……… 35元
2. 高等钢筋混凝土结构(周志祥) ……… 27元
3. 结构分析的有限元法与MATIAB程序设计(徐荣桥) ……… 28元
4. 工程结构数值分析方法(夏永旭) ……… 27元
5. 箱形梁设计理论(第二版)(房贞政) ……… 32元

(四)公路工程管理专业

1. ◆工程项目融资(第二版)(赵 华) ……… 35元
2. 管理信息系统(李友根) ……… 31元
3. 公路工程定额原理与估价(石勇民) ……… 36元
4. 工程风险管理(邓铁军) ……… 21元
5. ◆工程质量控制与管理(邬晓光) ……… 29元
6. 公路工程造价编制与管理(第二版)(沈其明) ……… 43元
7. 工程项目招标与投标(周 直) ……… 30元
8. 高速公路管理(王选仓) ……… 35元

(五)工程机械专业

1. ◆施工机械概论(王 进) ……… 35元
2. ◆公路施工机械(第二版)(李自光) ……… 43元
3. 现代工程机械发动机与底盘构造(陈新轩) ……… 38元
4. 工程机械维修(许 安) ……… 38元
5. 工程机械状态检测与故障诊断(陈新轩) ……… 29元
6. 工程机械底盘设计(郁录平) ……… 36元
7. 公路工程机械化施工与管理(第二版)(郭小宏) ……… 37元
8. 工程机械设计(吴永平) ……… 38元
9. 工程机械技术经济学(吴永平) ……… 23元
10. 工程机械专业英语(宋永刚) ……… 36元
11. 工程机械机电液系统动态仿真(王国庆) ……… 18元

三、普通高等学校规划教材

1. 现代土木工程(付宏渊) ……… 36元
2. 理论力学(东南大学) ……… 29元
3. 材料力学(东南大学) ……… 25元
4. 工程力学(东南大学) ……… 29元
5. 交通土建工程制图(第二版)(和丕壮) ……… 38元
6. 交通土建工程制图习题集(第二版)(和丕壮) ……… 20元
7. 画法几何与土建制图(第二版)(林国华) ……… 39元
9. 画法几何与土建制图习题集(第二版)(林国华) ……… 25元
9. 土木工程制图(丁建梅 周佳新) ……… 36元
10. 土木工程制图习题集(丁建梅 周佳新) ……… 18元
11. 土木工程制图(张 爽) ……… 36元
12. 土木工程制图习题集(张 爽) ……… 15元
13. 工程经济学(李雪淋) ……… 22元
14. 工程测量(胡伍生) ……… 25元
15. 交通土木工程测量(张坤宜) ……… 33元
16. 结构设计原理(毛瑞祥) ……… 26元
17. 路基路面工程(何兆益) ……… 45元
18. 道路勘测设计(第二版)(孙家驷) ……… 46元
19. 道路勘测设计(裴玉龙) ……… 38元
20. 道路工程材料(申爱琴) ……… 45元
21. 道路与桥梁工程概论(黄晓明) ……… 32元
22. 道路经济与管理 ……… 16元
23. 公路施工组织与管理(赖少武 李文华) ……… 35元
24. 公路工程施工组织学(第二版)(姚玉玲) ……… 38元
25. 公路施工与组织管理(廖正环) ……… 22元
26. 公路养护与管理(许永明) ……… 18元
27. 水力学与桥涵水文(叶镇国) ……… 38元
28. 桥位勘测设计(高冬光) ……… 20元
29. 道路规划与设计(李清波) ……… 46元
30. 道路交通环境工程(张玉芬) ……… 19元
31. 公路实用勘测设计(何景华) ……… 19元
32. 公路计算机辅助设计(符锌砂) ……… 30元
33. 交通计算机辅助工程(任刚) ……… 25元
34. 公路工程预算与工程量清单计价(雷书华) ……… 35元
35. 公路工程造价(周世生) ……… 42元
36. 软土环境工程地质学(唐益群) ……… 35元
37. 公路与桥梁施工技术(盛可鉴) ……… 30元
38. 桥梁美学(和丕壮) ……… 40元
39. 桥梁结构理论与计算方法(贺拴海) ……… 58元
40. 钢管混凝土(胡曙光) ……… 38元
41. 隧道施工(于书翰) ……… 23元
42. 公路隧道机、电工程(赵忠杰) ……… 40元
43. ◆道路交通管理与控制(袁振洲) ……… 40元
44. 交通工程学(第二版)(李作敏) ……… 28元
45. 交通工程学(双语教材)(王瑛宏) ……… 38元
46. 交通管理与控制(罗 霞) ……… 36元
47. 交通项目评估与管理(谢海红) ……… 36元
48. 工程项目管理(周 直) ……… 20元
49. 道路运输统计(张志俊) ……… 28元
50. 测绘工程基础(李芹芳) ……… 36元
51. 工程机械运用技术(许 安) ……… 40元
52. 现代工程机械液压与液力系统(颜荣庆) ……… 39元
53. 水泥混凝土路面施工与施工机械(何挺继) ……… 30元
54. 现代公路施工机械(何挺继) ……… 45元
55. 工程机械机电液一体化(焦生杰) ……… 28元
56. 工程机械可靠度(吴永平) ……… 20元
57. 工程机械地面力学与作业理论(杨士敏) ……… 35元
58. 公路机械化施工与管理(任 继) ……… 26元

四、高等学校应用型本科规划教材

1. 结构力学(万德臣) ……… 30元
2. 结构力学学习指导(于克萍) ……… 22元
3. 道路工程制图(谭海洋) ……… 28元
4. 道路工程制图习题集(谭海洋) ……… 24元
5. 道路建筑材料(伍必庆) ……… 37元
6. 土木工程材料(张爱勤) ……… 39元
7. 土质学与土力学(赵明阶) ……… 30元
8. 结构设计原理(黄平明) ……… 47元
9. 结构设计原理学习指导(安静波) ……… 35元
10. 结构设计原理计算示例(赵志蒙) ……… 40元
11. 工程测量(朱爱民) ……… 30元
12. 基础工程(刘 辉) ……… 26元
13. 道路勘测设计(张维全) ……… 32元
14. 桥梁工程(刘龄嘉) ……… 45元
15. 公路工程试验检测(乔志琴) ……… 47元
16. 路桥工程专业英语(赵永平) ……… 44元
17. 水力学与桥涵水文(王丽荣) ……… 27元
18. 工程招标与合同管理(刘 燕) ……… 33元
19. 工程项目管理(李佳升) ……… 32元
20. 公路施工技术(杨渡军) ……… 64元
21. 公路工程机械化施工技术(徐永杰) ……… 32元
22. 公路工程经济(周福田) ……… 22元
23. 公路工程监理(朱爱民) ……… 33元
24. 道路工程(资建民) ……… 38元
25. 道路工程CAD(许金良) ……… 23元
26. 路基路面工程(陈忠达) ……… 46元

各地经销商电话见人民交通出版社网站首页,网址:http://www.ccpress.com.cn。
咨询电话:010-85285965(岑瑜)